Elektrotechnik für Studierende

Gleichstrom

Dipl.-Ing. Univ. Leonhard Stiny

Elektrotechnik für Studierende

Gleichstrom

160 Abbildungen und 70 Beispiele mit ausführlichen Musterlösungen

1. Auflage 2012

Dr.-Ing. Paul Christiani GmbH & Co. KG

Titelbild: © Robert Kneschke/fotolia.com

Bestell-Nr. 93173

ISBN: 978-3-86522-715-7

1. Auflage 2012

Inhalt

Vorwort

Der erste Band dieser Buchreihe „Elektrotechnik für Studierende" behandelt mathematische Verfahren und Konzepte, erläutert die Ursachen des Stromes und die Grundlagen elektrischer Stromkreise.

So wie Band 1 ist auch dieser Band 2 als Lehr- und Studienbuch für alle gedacht, die sich in ihrem Studium mit der Elektrotechnik beschäftigen müssen. Die Ausführungen im Band 2 geben sowohl für die Fachrichtung Elektrotechnik als auch für Studiengänge anderer technisch-naturwissenschaftlicher Zweige wie Maschinenbau, Automatisierungs- und Produktionstechnik, Biomedical Engineering oder Informatik eine verständliche Einführung in das Gebiet der Gleichstromtechnik. Dieser Bereich steht oft zu Beginn von Vorlesungen der Elektrotechnik. An Akademien, Fachhochschulen und Universitäten kann dieses Werk als Leitfaden von Lehrveranstaltungen dienen, welche Gleichstrom zum Inhalt haben. Für Studierende ist es sowohl zum Selbststudium als auch als vorlesungsbegleitendes Ergänzungswerk geeignet. Ingenieure in der Berufspraxis können ihr Wissen um Vorgehensweisen und Berechnungsverfahren auffrischen und vertiefen.

Vorausgesetzt werden Kenntnisse in Mathematik, welche in etwa dem Abitur an einem mathematisch-naturwissenschaftlichen Gymnasium oder dem Abschluss in einem technischen Zweig einer Fachoberschule oder Berufsoberschule entsprechen. Differenzieren und Integrieren und auch das Rechnen mit Matrizen wird als geläufig angenommen. Ein Grundwissen in der Elektrophysik sollte ebenfalls vorhanden sein.

Nach einer Festlegung und Erläuterung von Grundbegriffen im ersten Abschnitt wird im zweiten Abschnitt der einfache Gleichstromkreis behandelt. Grafische Darstellungen von technischen Sachverhalten, wie sie in der Elektrotechnik üblich sind, bilden die Grundlage für die Erläuterung von Aufbau und Eigenschaften des Grundstromkreises. Quellen und Verbraucher werden mit ihren ausführbaren Betriebsfällen und möglichen Arten der Zusammenschaltung untersucht.

Die Gesetze zur Berechnung verzweigter Gleichstromkreise werden in Abschnitt drei vorgestellt. In Abschnitt vier wird ein grundlegendes Wissen um das Messen von Größen in Gleichstromkreisen vermittelt.

Abschnitt fünf zeigt, wie Netzwerke mit standardisierten Berechnungsmethoden analysiert werden können. Der Einsatz von Matrizen spielt hier eine zentrale Rolle.

In Abschnitt sechs werden einfache Ausgleichsvorgänge in Gleichstromkreisen behandelt. Dabei wird nicht nur auf fertige Formeln zurückgegriffen, es wird das Verständnis der physikalischen Vorgänge und mathematischen Lösungsverfahren gefördert.

Abschnitt sieben zeigt in konzentrierter Form die Möglichkeiten zu einer grafischen Analyse von nichtlinearen Gleichstromkreisen.

Viele Abbildungen erleichtern das Verständnis des Stoffes. Zusammenfassungen am Ende der Kapitel heben das Wesentliche hervor. Vor allem aber ermöglichen zahlreiche Beispiele, die meisten in Form von Übungsaufgaben mit ausführlichen Lösungen, das Wissen durch eigene Berechnungen zu vertiefen und zu festigen. Somit kann das Werk auch eine Hilfe sein, um sich auf eine Prüfung vorzubereiten.

Haag a. d. Amper, im September 2012

Leonhard Stiny

1 Grundbegriffe, Definitionen

1.1 Elektrische Ladung

Ladungsträger sind z. B. Elektronen oder Protonen. Eine Menge an Ladungsträgern (eine Menge an Elektrizität) wird als **Ladung** bezeichnet. Die elektrische Ladung Q eines Körpers ist ein Maß für Überschuss oder Mangel an ruhenden, elektrischen Ladungsträgern.

Die kleinste Einheit der Ladung ist die Elementarladung $e = 1{,}602 \cdot 10^{-19}$ C. Elektrische Ladung kommt nur in ganzzahligen Vielfachen der Elementarladung vor:

$$\boxed{Q = \pm n \cdot e} \quad n = 1,\ 2,\ 3 \ldots \tag{1.1}$$

Die Einheit der Ladung ist:

$$\boxed{[Q] = 1\ \mathrm{As} = 1\ \mathrm{C} \quad (\mathrm{Coulomb})} \tag{1.2}$$

Die Ladung eines Elektrons ist $Q = -e$, die Ladung eines Protons ist $Q = +e$.

Ladungen rufen in ihrer Umgebung ein elektrisches Feld hervor. Ladungen mit gleichem Vorzeichen stoßen sich ab, Ladungen mit ungleichem Vorzeichen ziehen sich an.

Die Kraft, die auf eine Ladung Q im elektrischen Feld mit der Feldstärke E ausgeübt wird, ist:

$$\boxed{F = Q \cdot E} \tag{1.3}$$

$[F] = \mathrm{N}$ (Newton), $[Q] = \mathrm{C}$ (Coulomb), $[E] = \frac{\mathrm{V}}{\mathrm{m}}$ (Volt pro Meter)

Ruhende Ladungen können homogen oder inhomogen verteilt sein. Nach der Art der Verteilung werden Punkt-, Linien-, Flächen- und Raumladung unterschieden.

Gemäß dem Ladungserhaltungssatz kann Ladung weder erzeugt noch vernichtet werden. Die Summe der in einem abgeschlossenen Volumen enthaltenen Ladungen ist konstant.

In Leitern (Metallen) ist ein Elektron der äußersten Schale nicht an den Atomkern gebunden. Solche Elektronen werden als **freie Ladungsträger** bezeichnet. Driften diese freien Ladungsträger in einem elektrischen Feld durch dessen Krafteinwirkung in eine Vorzugsrichtung, so stellt dies den elektrischen Strom dar.

Die Dichte der frei beweglichen Elektronen (Leitungselektronen) in Metallen beträgt ca. 10^{23} Elektronen pro cm^3.

Beispiel 1

Aus wie vielen Elektronen besteht eine negative Ladung von $0{,}5\ \mathrm{C}$?

Lösung:

$$n = \frac{1}{1{,}602 \cdot 10^{-19}\ \mathrm{C}} \cdot 0{,}5\ \mathrm{C} = \underline{\underline{3{,}1211 \cdot 10^{18}}}$$

1.2 Elektrischer Strom

Hier wird nur der durch Ladungsträger hervorgerufene Konvektionsstrom betrachtet. – **Elektrischer Strom ist der gerichtete Fluss elektrischer Ladung.** In Metallen befinden sich viele frei bewegliche Elektronen, Metalle sind gute Leiter (Elektronenleiter). Durch eine elektrische Energiequelle (kurz **Quelle**, z. B. eine Batterie als Spannungsquelle) kann in einem Metalldraht ein Stromfluss erzeugt werden. Die Ladung fließt dann normalerweise vom einen Pol der Quelle durch einen „**Verbraucher**" (eigentlich ein Energiewandler, da Ladung nicht „verbraucht" werden kann) zum anderen Pol der Quelle. Dabei nimmt die potenzielle Energie der Ladung ab, es wird Arbeit verrichtet (siehe Abschnitte 1.4 und 1.5).

Die elektrische **Stromstärke** (allgemein als elektrischer Strom bezeichnet) ist durch die Menge der Ladung ΔQ definiert, die in einem bestimmten Zeitabschnitt Δt durch eine festgelegte Fläche A fließt. Somit ist die Stromstärke gleich dem Ladungsfluss durch einen Querschnitt pro Zeiteinheit.

$$I = \frac{\Delta Q}{\Delta t} \tag{1.4}$$

Die Einheit der Stromstärke ist:

$$[I] = \frac{\mathrm{C}}{\mathrm{s}} = \frac{\mathrm{As}}{\mathrm{s}} = \mathrm{A}\ \text{(Ampere)} \tag{1.5}$$

Wie die Ladung ist auch der elektrische Strom (die Stromstärke) eine skalare Größe.

Ein **zeitlich konstanter Strom** wird als **Gleichstrom** bezeichnet.

Bei Gleichstrom ist es unwesentlich, zu welchem Zeitpunkt das Zeitintervall Δt in (1.4) betrachtet wird. Beginnt man die Zeitmessung mit dem Einschalten des Stromes, so gilt für den Gleichstrom:

$$I = \frac{Q}{t} \tag{1.6}$$

In einem Strom-Zeit-Diagramm bleibt Gleichstrom unabhängig von der Zeit konstant.

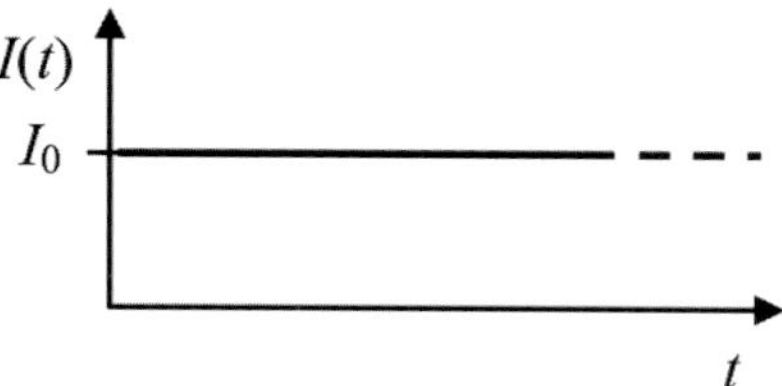

Abb. 1: Gleichstrom in Abhängigkeit der Zeit

Liegt ein zeitlich veränderlicher Strom $I(t)$ vor, dann ist der Augenblickswert des Stromes zum Zeitpunkt t:

$$I(t) = \frac{dQ(t)}{dt} \tag{1.7}$$

Daraus folgt für die Zeitfunktion der Ladung bei gegebener Stromzeitfunktion:

$$Q(t) = \int_{\tau=t_0}^{t} I(\tau)\, d\tau + Q(t_0) \quad \text{mit } Q(t_0) = \text{Anfangsladung} \tag{1.8}$$

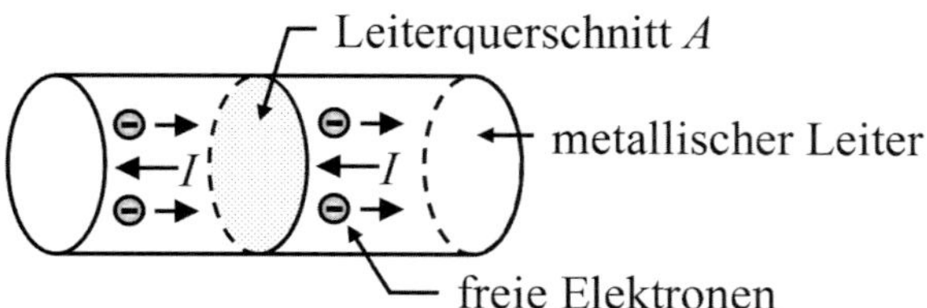

Abb. 2: Stromfluss durch gerichtete Elektronenbewegung in einem metallischen Leiter

Bei einer Gleichspannungsquelle werden die Klemmen (die Anschlüsse) als Pluspol (+) und Minuspol (–) bezeichnet. Durch eine Ladungstrennung herrscht am Pluspol ein Mangel, am Minuspol ein Überschuss an Elektronen. Per Definition ist die **Stromrichtung** (Stromflussrichtung, gekennzeichnet mit einem Zählpfeil für I) **außerhalb einer Quelle vom Pluspol zum Minuspol** der Quelle festgelegt. Dies wird als **technische Stromrichtung** bezeichnet. Die Elektronen hingegen fließen im äußeren Stromkreis vom Minuspol zum Pluspol der Quelle. Physikalische und technische Stromrichtung sind also entgegengesetzt gerichtet. In elektrischen Schaltbildern und bei Berechnungen wird immer die technische Stromrichtung verwendet.

Beispiel 2

Wie viel Elektronen müssen pro Sekunde durch einen Leiter fließen, damit ein Strom von 1 A fließt?

Lösung:

$$I = \frac{\Delta Q}{\Delta t} = \frac{n \cdot e}{\Delta t}; \; n = I \cdot \frac{\Delta t}{e} = 1\,\text{A} \cdot \frac{1\,\text{s}}{1{,}6 \cdot 10^{-19}\,\text{As}}; \; \underline{\underline{n = 6{,}25 \cdot 10^{18}}}$$

Beispiel 3

Die Ladung $Q(t)$ steigt vom Wert $Q(t=0)=0$ während der Zeit t_0 linear auf den Wert $Q(t_0)=Q_{max}$ an und bleibt dann konstant. Wie ist der zeitliche Verlauf des Stromes $I(t)$?

Lösung:

Zuerst wird der zeitliche Verlauf der Ladung $Q(t)$ gezeichnet.

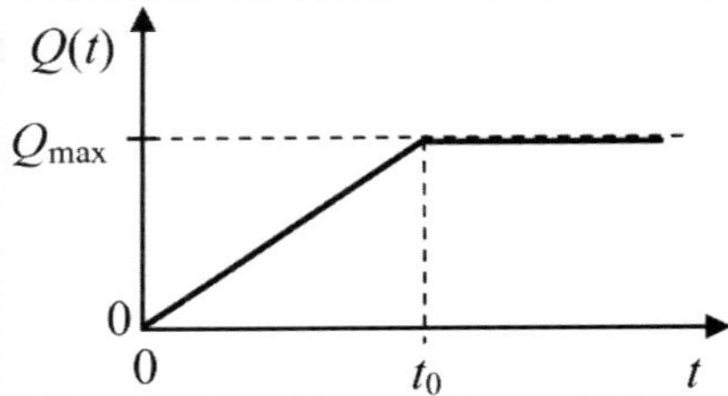

Abb. 3: Verlauf der Ladung $Q(t)$

Zeitintervall $0 \le t < t_0$: Die Zeitfunktion der Ladung ist $Q(t) = \frac{Q_{max}}{t_0} \cdot t$.

Somit ist die Zeitfunktion des Stromes: $I(t) = \frac{dQ(t)}{dt}$, $\underline{\underline{I(t) = \frac{Q_{max}}{t_0}}}$

Zeitintervall $t \ge t_0$: $Q(t) = Q_{max} \Rightarrow I(t) = \frac{dQ(t)}{dt}$, $\underline{\underline{I(t) = 0}}$

Für $t \ge t_0$ fließt keine Ladung mehr, der Strom ist null.

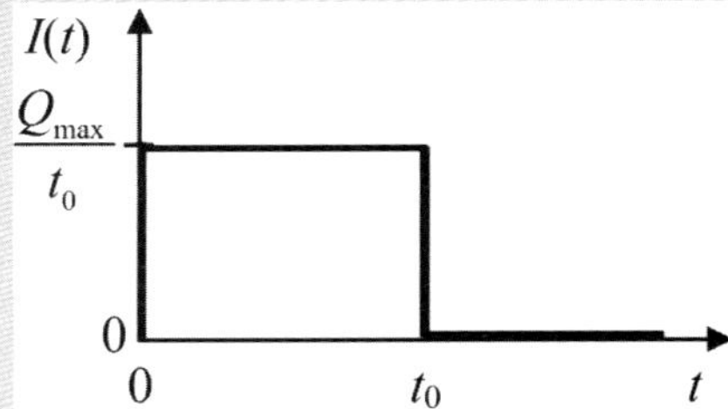

Abb. 4: Verlauf des Stromes $I(t)$

Beispiel 4

Gegeben ist ein zeitlich rechteckförmiger Verlauf des Stromes $I(t)$ mit $I_{max} = \pm 100$ mA entsprechend Abb. 5. Gesucht ist der zeitliche Verlauf der Ladung $Q(t)$.

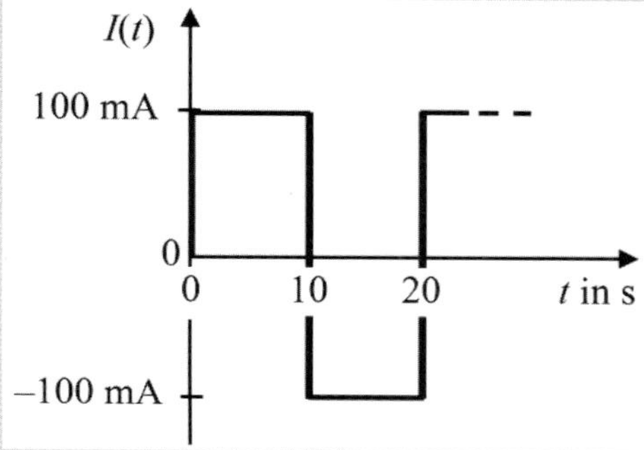

Abb. 5: Verlauf des Stromes $I(t)$ in Beispiel 4

Lösung:

Zeitintervall $0 \le t < 10$ s:

$$Q(t) = \int_{\tau=0}^{t} I(\tau)\, d\tau = \int_{\tau=0}^{t} I_{max} d\tau = [I_{max} \cdot \tau]_0^t = I_{max} \cdot t;\ \underline{\underline{Q(t) = \pm 0{,}1\ \text{A} \cdot t}}$$

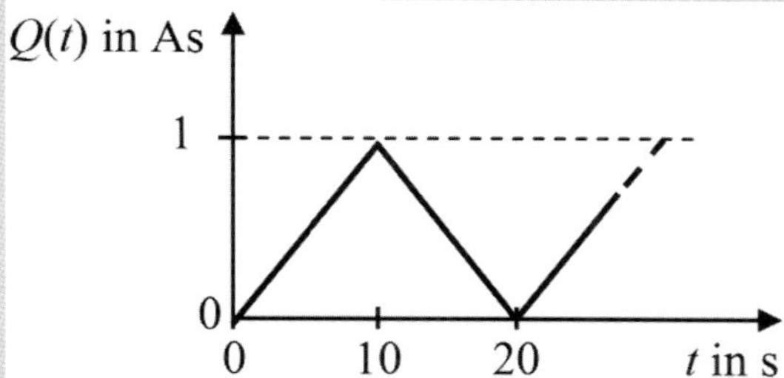

Abb. 6: Verlauf der Ladung $Q(t)$

1.3 Stromdichte

Die Strom**stärke** I ist in einem Leiter an jeder Stelle gleich, auch wenn sich der Querschnitt des Leiters ändert. Wird die durch eine bestimmte Querschnittsfläche A eines Leiters fließende Stromstärke betrachtet, so ergibt sich ein Maß für die Belastung des Leiters. Die *Stromstärke I pro Querschnittsfläche A* eines Leiters wird als Strom**dichte** S bezeichnet. Die Stromdichte wird auch *Stromflussdichte* genannt, als Formelzeichen wird statt S auch j oder J verwendet.

Bei homogenem Stromfluss (gleichmäßig verteilten Ladungsträgern) senkrecht durch eine Querschnittsfläche des Leiters gilt:

$$\boxed{S = \frac{I}{A}} \tag{1.9}$$

Die Einheit der Stromdichte ist:

$$\boxed{[S] = \frac{\mathrm{A}}{\mathrm{m}^2} = 10^{-4}\,\frac{\mathrm{A}}{\mathrm{cm}^2} = 10^{-6}\,\frac{\mathrm{A}}{\mathrm{mm}^2}} \tag{1.10}$$

Die wirksame durchströmte Querschnittsfläche eines Leiters ist abhängig von ihrer Lage zur Strömungsrichtung der Ladungsträger. Die Stromdichte ist daher eine vektorielle Größe.

Durch einen Vektor $\vec{S}$ der Stromdichte können die Richtung von strömenden Elektronen und die Lage der durchströmten Fläche zueinander in Bezug gebracht werden. $\vec{S}$ hat die gleiche Richtung wie der Geschwindigkeitsvektor der Ladungsträger, sein Betrag ist durch die elektrische Feldstärke gegeben, welche das Fließen der Ladungsträger hervorruft. Die durchströmte Querschnittsfläche besitzt den Flächenvektor $\vec{A}$ mit dem Betrag der Fläche und der Richtung der Flächennormalen. Die Bewegungsrichtung der Ladungsträger bildet mit der durchströmten Fläche den Winkel α. Der Strom ist das Skalarprodukt aus $\vec{S}$ und $\vec{A}$:

$$\boxed{I = \vec{S} \bullet \vec{A} = S \cdot A \cdot \cos(\alpha)} \tag{1.11}$$

Der Betrag der Stromdichte ist dann:

$$\boxed{S = \frac{I}{A} \cdot \cos(\alpha)} \tag{1.12}$$

Beispiel 5

Ein Kleintransformator soll primärseitig $0{,}5\ \mathrm{A}$ aufnehmen. Um die Lackisolation der Drahtwicklung thermisch nicht zu überlasten, darf eine Stromdichte von $4\ \mathrm{A/mm^2}$ nicht überschritten werden. Wie groß muss der Durchmesser des Drahtes mindestens sein?

Lösung:

Die Querschnittsfläche eines kreisrunden Drahtes ist $A = \left(\frac{d}{2}\right)^2 \cdot \pi$.

Aus $S = \frac{I}{A}$ folgt $A = \left(\frac{d}{2}\right)^2 \cdot \pi = \frac{I}{S} \Rightarrow d = \sqrt{\frac{4 \cdot I}{\pi \cdot S}}$; $\underline{\underline{d = 0{,}4\ \mathrm{mm}}}$.

1.4 Elektrisches Potenzial

In der Umgebung einer Ladung oder zwischen ruhenden, räumlich getrennten Ladungen bildet sich ein elektrostatisches Kraftfeld aus. In einem elektrischen Feld wird auf eine Ladung eine Kraft ausgeübt. Die Kraft ist bei ungleicher Polarität der Ladungen anziehend, andernfalls abstoßend. Wird eine Ladung Q in einem elektrischen Feld bewegt, so muss Kraft aufgewendet und damit mechanische Arbeit W verrichtet werden. Die im elektrischen Feld vom Punkt P_0 zum Punkt P_1 verschobene Ladung Q hat die an ihr verrichtete Arbeit in Form von potenzieller Energie gespeichert. Ihre potenzielle Energie im Punkt P_1 ist:

$$W_1 = \varphi_1 \cdot Q \tag{1.13}$$

Die Einheit der Energie bzw. Arbeit ist:

$$[W] = \mathrm{Ws} = \mathrm{Nm} = \mathrm{J\ (Joule)} \tag{1.14}$$

Ws = Wattsekunde, Nm = Newtonmeter

Unter dem Potenzial φ einer Ladung Q wird deren *Arbeitsfähigkeit* (potenzielle Energie) in einem Punkt eines elektrischen Feldes bezüglich eines anderen Punktes verstanden.

War das Potenzial φ der Ladung im Bezugspunkt P_0 vor der Verschiebung null, so hat die Ladung nach der Verschiebung im Punkt P_1 in Bezug auf ihren vorherigen Ort das elektrische Potenzial:

$$\varphi(P_1) = \varphi_1 = \frac{W_1}{Q} \tag{1.15}$$

Die Einheit des Potenzials ist Energie pro Ladung:

$$[\varphi] = \frac{\mathrm{J}}{\mathrm{C}} = \mathrm{V}\ (\mathrm{Volt}) \tag{1.16}$$

Das elektrische Potenzial φ gibt die örtliche Verteilung der Höhe der potenziellen Energie im elektrischen Feld an. Das Potenzial lässt sich durch Äquipotenzialflächen (Flächen gleichen Potenzials) anschaulich darstellen.

Zu einem Potenzial gehört in der Praxis immer ein **Bezugspunkt** oder **Bezugsniveau** (**Nullniveau**) mit dem Potenzial $\varphi = 0\ \mathrm{V}$.

1.5 Elektrische Spannung

Bei Quellen und Verbrauchern interessiert weniger die Größe der potenziellen Energie einer Ladung, sondern die Energiedifferenz, die eine Ladung beim Durchlaufen der Quelle oder des Verbrauchers erfährt.

Wird die Energiedifferenz

$$\Delta W = W_2 - W_1 = (\varphi_2 - \varphi_1) \cdot Q = U \cdot Q \tag{1.17}$$

zwischen zwei Punkten im elektrischen Feld auf die Ladung Q bezogen, so wird das Verhältnis $\Delta W / Q$ als **elektrische Spannung** $\boldsymbol{U}$ bezeichnet.

$$U = \varphi_2 - \varphi_1 \tag{1.18}$$

Die Einheit der Spannung ist Energie pro Ladung:

$$[U] = \frac{\mathrm{J}}{\mathrm{C}} = \mathrm{V}\ (\mathrm{Volt}) \tag{1.19}$$

Eine Spannung besteht immer zwischen zwei Punkten.

Die Spannung U_{12} eines Punktes P_1 gegenüber einem Punkt P_2 wird positiv gerechnet, wenn das Potenzial im Punkt P_1 größer ist als im Punkt P_2.

$$U_{12} = \varphi(P_1) - \varphi(P_2) = \varphi_1 - \varphi_2 = -U_{21} \tag{1.20}$$

In der Elektronik wird als Bezugs- oder **Massepotenzial** meistens das elektrische Potenzial der Erdoberfläche (Erdungspunkt) verwendet und als null definiert. In elektronischen Schaltungen wird der Bezugspunkt als **Masse** bezeichnet und mit dem Schaltzeichen „⊥“ versehen. Häufig ist dieser Bezugspunkt das Potenzial des Chassis (Montageblech, Gehäuse). Üblich ist dies vor allem in der Kraftfahrzeugelektronik, bei fast allen Kraftfahrzeugen ist der negative Pol der Batterie mit dem Chassis verbunden. In einem Schaltplan (grafische Darstellung von Bauteilen und zugehörigen elektrischen Verbindungen) werden oft Gleichspannungen an ausgewählten Punkten der Schaltung als Potenzial gegen Masse eingetragen, um die Funktionsweise rasch prüfen und Fehler schnell finden zu können.

Eine **Gleichspannung** ist eine zeitlich konstante Spannung. Wie aus Gl. (1.20) ersichtlich, gibt die Reihenfolge der Indizes das Vorzeichen der Spannung an. Ist $U_{12} > 0$, dann hat Punkt 1 das höhere Potenzial, Punkt 1 ist positiv gegenüber Punkt 2. In Schaltplänen wird die positive Spannung U_{12} durch einen *Richtungspfeil* von Punkt 1 nach Punkt 2 gekennzeichnet. Sind die Größen der Potenziale bekannt, so wird der Pfeil vom höheren (positiveren) Potenzial (+) zum niedrigeren (negativen) Potenzial (–) zeigend eingezeichnet. Sind die Potenziale (bzw. die Spannungen) erst zu berechnen, so werden für die Berechnung willkürlich gerichtete *Zählpfeile* der Spannungen (also willkürliche Spannungsrichtungen) angesetzt. Ergibt das Ergebnis der Berechnung $U > 0$, so gibt der Zählpfeil die tatsächliche Spannungsrichtung an. Ist das Ergebnis $U < 0$, so ist die tatsächliche Spannungsrichtung entgegen der vorher angenommenen Zählpfeilrichtung.

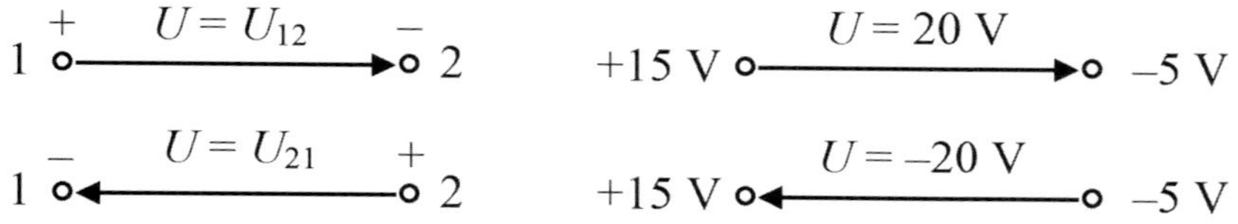

+ $U = U_{12}$ –
1 → 2
+15 V → –5 V ($U = 20$ V)
– $U = U_{21}$ +
1 ← 2
+15 V ← –5 V ($U = -20$ V)

Abb. 7: Richtungs- und Zählpfeile von Spannungen

Elektrische Spannung wird immer durch eine Ladungstrennung durch Einwirkung anderer Energieformen erzeugt, wie z. B. mechanischer Energie (Generator) oder chemischer Energie (Batterie). Andere Energien werden in elektrische Energie umgewandelt, indem sie die Ladungstrennung bewirken und aufrechterhalten. Elektrische Energie bedeutet die potenzielle Energie von getrennten ungleichnamigen Ladungen.

Bei leitenden Materialien kann jedem Punkt ein Potenzial zugeordnet werden. Der Zusammenhang zwischen Potenzial φ, Spannung U und Feldstärke E lässt sich an einem stromdurchflossenen Leiter der Länge l mit konstantem Querschnitt erläutern. Entlang des Leiters ergibt sich eine gleichmäßige Verteilung des Potenzials, es steigt linear mit der Entfernung vom Bezugspunkt bei $x = 0$ an. Die Abhängigkeit des Potenzials vom Weg x wird im Potenzial-Weg-Diagramm $\varphi = f(x)$ durch eine Gerade durch den Nullpunkt beschrieben.

$$\boxed{\varphi(x) = \frac{U}{l} \cdot x} \tag{1.21}$$

Der Ausdruck U/l wird betragsmäßig als Feldstärke bezeichnet. Die Feldstärke ist von Plus nach Minus und somit vom Ort höheren Potenzials zum Ort niedrigeren Potenzials gerichtet. Für ein homogenes Feld gilt:

$$\boxed{E = \frac{U}{l}} \tag{1.22}$$

Die Einheit der elektrischen Feldstärke ist:

$$\boxed{[E] = \frac{\mathrm{V}}{\mathrm{m}}} \tag{1.23}$$

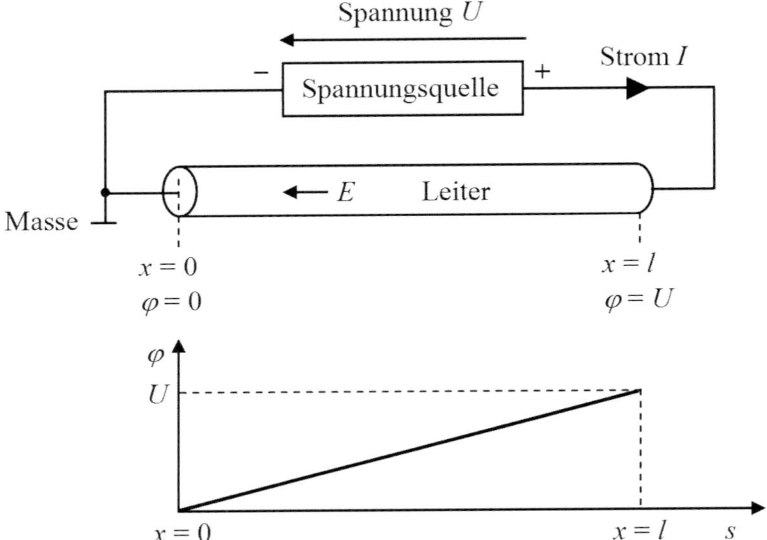

Abb. 8: Potenzial und Spannung entlang eines stromdurchflossenen Leiters

Da der positiveren Ladung ein höheres Potenzial zugeordnet wird, zeigen die Feldlinien des elektrischen Feldes $\vec{E}$ entsprechend der Potenzialabnahme in negative Richtung der x-Achse. Man spricht von einem Potenzialgefälle am Verbraucher (Leiter) in Stromrichtung. Hier hat der Begriff Spannungsabfall seinen Ursprung. Die Spannung U am Verbraucher ist eine Potenzialdifferenz und wird als **Spannungsabfall** bezeichnet. Der Spannungsabfall ist eine **passive Spannung**, diese ist nicht in der Lage, einen Strom anzutreiben, sondern entsteht erst durch die Wirkung des Stromes! Den Stromfluss bewirkt die **aktive Spannung** U der Spannungsquelle. Diese Spannung entsteht durch die innere Wirkungsweise der Quelle, sie ist auch ohne Strom vorhanden und ist in der Lage, einen Stromfluss herbeizuführen. Anschaulich wird der Unterschied zwischen Spannungsabfall am Verbraucher und Strom treibender Spannung einer Spannungsquelle, wenn mehrere Verbraucher hintereinander geschaltet sind (jeder wird vom Strom durchflossen und an jedem entsteht ein Spannungsabfall) und wenn diese „Verbraucherkette“ an einer Quelle liegt.

Die Differenziation von Gl. (1.21) ergibt unter Beachtung des Vorzeichens:

$$\frac{d\varphi(x)}{dx} = \frac{U}{l} = -E_x \tag{1.24}$$

Wird wie bisher nur die x-Koordinatenrichtung betrachtet, so erhält man:

$$E_x = -\frac{d\varphi}{dx} \tag{1.25}$$

Bei Berücksichtigung von drei Koordinatenrichtungen muss in jeder Richtung partiell differenziert werden. Es wird der Gradient des Potenzials gebildet.

$$\vec{E} = \begin{pmatrix} E_x \\ E_y \\ E_z \end{pmatrix} = -\operatorname{grad}(\varphi) = \begin{pmatrix} \frac{\partial \varphi}{\partial x} \\ \frac{\partial \varphi}{\partial y} \\ \frac{\partial \varphi}{\partial z} \end{pmatrix} \tag{1.26}$$

In einem homogenen Feld folgt daraus betragsmäßig Gl. (1.22). In einem nichthomogenen Feld mit nur einer x-Komponente erhält man für die Feldstärke Gl. (1.25). Das Potenzial berechnet sich dann zu:

$$U_{21} = \varphi_2 - \varphi_1 = \varphi(P_2) - \varphi(P_1) = -\int_{x=x_1}^{x_2} E_x \, dx \tag{1.27}$$

Dabei ist der Punkt P_2 an der Stelle x_2 positiver als der Punkt P_1 an der Stelle x_1.

Beispiel 6

Der Punkt P_1 hat das Potenzial $\varphi_1 = 300\ \text{V}$, der Punkt P_2 das Potenzial $\varphi_2 = 200\ \text{V}$ und der Punkt P_3 das Potenzial $\varphi_3 = -100\ \text{V}$. Wie groß ist der Potenzialunterschied (also die Spannung U_{12}) zwischen den Punkten P_1 und P_2? Wie groß ist die Spannung U_{13} zwischen den Punkten P_1 und P_3?

Lösung:

Die Spannungen sind $U_{12} = \varphi_1 - \varphi_2 = \underline{\underline{100\ \text{V}}}$,
$U_{13} = \varphi_1 - \varphi_3 = 300\ \text{V} - (-100\ \text{V}) = \underline{\underline{400\ \text{V}}}$

Beispiel 7

An zwei parallel angeordnete Metallplatten mit dem Abstand $d = 5$ mm wird eine Spannung $U = 100$ V angelegt. Wie groß ist die elektrische Feldstärke zwischen den Platten?

Lösung:

$$E = \frac{U}{d} = \frac{100\ \text{V}}{5 \cdot 10^{-3}\ \text{m}},\quad \underline{\underline{E = 20\,000\ \frac{\text{V}}{\text{m}}}}$$

1.6 Elektrische Arbeit, Leistung

Energie bedeutet Arbeitsfähigkeit (Arbeitsvermögen), die Energie erfasst als physikalische Größe die Eigenschaft von Systemen, unter gewissen Bedingungen Arbeit verrichten zu können.

Betrachtet man die nach Gl. (1.6) in der Zeit t transportierte Ladung Q

$$\boxed{Q = I \cdot t} \tag{1.28}$$

so ist bei Gleichstrom, also bei stationären (zeitlich konstanten) Strömen und Spannungen, die nach Gl. (1.7) geleistete **Arbeit** $\boldsymbol{W}$:

$$\boxed{W = U \cdot Q = U \cdot I \cdot t} \tag{1.29}$$

Die Einheit der Arbeit ist:

$$\boxed{[W] = \text{Ws} = \text{Nm} = \text{J (Joule)}} \tag{1.30}$$

Energie und Arbeit haben dieselbe physikalische Einheit. Unter Energie versteht man aber allgemein die Fähigkeit, Arbeit W verrichten zu können. Mit Arbeit wird eine geleistete Arbeit bezeichnet, eine umgewandelte Energie.

Die elektrische **Leistung** $\boldsymbol{P}$ erhält man als Arbeit pro Zeiteinheit, die geleistete Arbeit wird durch t dividiert. Die Gleichstromleistung ist:

$$\boxed{P = U \cdot I} \tag{1.31}$$

Die Einheit der elektrischen Leistung ist:

$$\boxed{[P] = [U] \cdot [I] = \text{V} \cdot \text{A} = \text{W}\ \ \text{(Watt)}} \tag{1.32}$$

Bei zeitlich veränderlichen Strömen und Spannungen gilt für die elektrische Leistung:

$$p(t) = \frac{dW}{dt} = u(t) \cdot \frac{dQ}{dt} = u(t) \cdot i(t) \tag{1.33}$$

Die elektrische Arbeit ist dann das Zeitintegral über die Leistung:

$$W = \int_{t_1}^{t_2} p(t)\, dt \tag{1.34}$$

Beispiel 8

An einer Glühlampe liegt eine Gleichspannung von $U = 12\ \text{V}$, dabei fließt ein Strom der Stärke $I = 0{,}5\ \text{A}$. Welche Leistung P hat die Glühlampe, welche elektrische Energie W nimmt sie in einer Stunde auf?

Lösung:

$P = U \cdot I = 12\ \text{V} \cdot 0{,}5\ \text{A}$, $\underline{\underline{P = 6\ \text{W}}}$; $W = P \cdot t = 6\ \text{W} \cdot 3600\ \text{s}$,

$\underline{\underline{W = 21600\ \text{Ws} = 21{,}6\ \text{kJ}}}$

Beispiel 9

Ein Computer hat eine Leistungsaufnahme von 80 Watt. Wie groß ist die geleistete Arbeit W in Kilowattstunden, wenn er am Tag 10 Stunden eingeschaltet bleibt? Wie hoch sind die „Stromkosten“ K (d. h. die Kosten für die erbrachte elektrische Arbeit) in 30 Tagen, wenn eine Kilowattstunde 0,3 Euro kostet?

Lösung:

$W = P \cdot t = 80\ \text{W} \cdot 10\ \text{h}$, $\underline{\underline{W = 0{,}8\ \text{kWh}}}$; $K = 0{,}8\ \text{kWh} \cdot 0{,}3\ \text{Euro/kWh} \cdot 30$,

$\underline{\underline{K = 7{,}2\ \text{Euro}}}$

1.7 Elektrischer Widerstand

Der elektrische Widerstand kann als Maß dafür betrachtet werden, wie stark ein leitfähiges Material den Stromdurchgang, den Stromfluss behindert. Wesentlich bestimmt wird der Widerstand von den Materialeigenschaften.

In Metallen befinden sich zwischen den Atomen frei bewegliche Leitungselektronen. Wird eine Spannungsquelle an einen Leiter angeschlossen, so entsteht in ihm ein elektrisches Feld, in dem die freien Elektronen durch die Kraftwirkung des Feldes beschleunigt werden. Es fließt ein Strom durch das leitfähige Material. Die Energie der freien Ladungsträger wird aber längs ihrer Bewegungsrichtung immer wieder vermindert. Bei ihrer Bewegung stoßen die Elektronen mit ortsfesten Atomrümpfen zusammen, sie werden abgebremst und dadurch langsamer. Einen Teil ihrer Energie geben die Elektronen an die Gitteratome ab und versetzen diese in Schwingungen, die sich als eine Erwärmung des Leiters auswirken (*Joule'sche Wärme*). Die kinetische Energie der Elektronen wird also in Schwingungsenergie (gleich Wärmeenergie) der Atomrümpfe umgewandelt. Die im Metall entstehende Wärmeenergie wird nach außen übertragen und somit der elektrischen Energie des Stromkreises entzogen. Das Metall hat von den Elektronen Energie übernommen, die als **Stromwärmeverlust** bezeichnet wird. Ein elektrischer Widerstand speichert keine Energie, er wird als **Wirkwiderstand** bezeichnet, da in ihm elektrische Energie in Wärme umgewandelt wird. An einem Wirkwiderstand besteht keine zeitliche Verschiebung (keine Phasenverschiebung) zwischen Spannung und Strom, Spannung und Strom sind in Phase.

Nach einem Zusammenstoß werden die Elektronen durch das elektrische Feld wieder beschleunigt, sie nehmen erneut kinetische Energie auf und geben diese beim nächsten Zusammenstoß teilweise an ein Atom ab. Als Folge der abwechselnden Beschleunigungs- und Stoßprozesse ergibt sich eine mittlere Geschwindigkeit, die **Driftgeschwindigkeit** der Elektronen. Die Atome des Materials stellen dem Stromfluss sozusagen einen Widerstand entgegen.

Der ungeordneten thermischen Bewegung der Elektronen wird eine Driftbewegung überlagert. Je heißer das Metall wird, desto mehr behindern die umso stärker schwingenden Atomrümpfe die Bewegung der Elektronen. Die Wahrscheinlichkeit eines Zusammenstoßes und damit der Widerstand des Metalls nimmt mit steigender Temperatur zu.

Je nach Größe des elektrischen Widerstandes werden unterschieden:

1. Leiter: Metalle (Leiter 1. Ordnung) und Elektrolyte (Leiter 2. Ordnung)
2. Halbleiter: Silizium, Germanium, Galiumarsenid
3. Nichtleiter (Isolatoren): Vakuum, Glas, Porzellan, Kunststoffe

1.7.1 Leitfähigkeit

Existiert in einem leitfähigen Material eine elektrische Feldstärke $\vec{E}$, so liegt ein elektrisches Strömungsfeld vor. Die *mikroskopische* Schreibweise des ohmschen Gesetzes (auch als ohmsches Gesetz in seiner allgemeinen Form bezeichnet) verknüpft als Materialgleichung die Stromdichte $\vec{S}$ mit der elektrischen Feldstärke $\vec{E}$. Die Stromdichte ist gleich der Feldstärke multipliziert mit einer Materialkonstanten κ (statt κ wird häufig σ verwendet):

$$\vec{S} = \kappa \cdot \vec{E} \tag{1.35}$$

Die Materialkonstante κ wird **spezifische elektrische Leitfähigkeit** oder **spezifischer Leitwert** genannt.

In einem isotropen Material (d. h. einem Material ohne richtungsabhängige Eigenschaften) hat der Stromdichtevektor $\vec{S}$ die gleiche Richtung wie der Feldstärkevektor $\vec{E}$. Die Leitfähigkeit κ bestimmt dann die Stromdichte S, sie beschreibt vollständig die Materialeigenschaften hinsichtlich des Ladungsträgertransports, der durch die Kraftwirkung des elektrischen Feldes entsteht. Bei Isotropie kann man sich in Rechnungen auf die Beträge der Vektoren $\vec{S}$ und $\vec{E}$ beschränken.

Die Einheit der Leitfähigkeit ist:

$$[\kappa] = \frac{[S]}{[E]} = \frac{\mathrm{A/m^2}}{\mathrm{V/m}} = \frac{\mathrm{A}}{\mathrm{Vm}} = \frac{1}{\Omega\mathrm{m}} = \frac{\mathrm{S}}{\mathrm{m}} \quad \text{(Siemens pro Meter)} \tag{1.36}$$

Als praktische Einheit wird häufig verwendet (siehe auch Gl. (1.47)):

$$[\kappa] = \frac{\mathrm{m}}{\Omega \cdot \mathrm{mm}^2} \tag{1.37}$$

1.7.2 Beweglichkeit

Physikalisch wird die spezifische Leitfähigkeit maßgeblich von der *Anzahl* frei beweglicher Ladungsträger und von deren *Beweglichkeit* in der Materie bestimmt. Die Ladungsträger werden im elektrischen Feld beschleunigt und durch Zusammenstöße abgebremst. Sind Beschleunigung und Abbremsung bei konstanter elektrischer Feldstärke im Gleichgewicht, so bewegen sich die Ladungsträger mit konstanter Geschwindigkeit. Diese zum Feld E (meist) proportionale Driftgeschwindigkeit v ist:

$$v = \mu \cdot E \tag{1.38}$$

Der Proportionalitätsfaktor μ wird als **Beweglichkeit** bezeichnet.

Die Einheit der Beweglichkeit ist:

$$[\mu]=\frac{\mathrm{m}^2}{\mathrm{Vs}} \text{ oder } \boxed{[\mu]=\frac{\mathrm{cm}^2}{\mathrm{Vs}}} \tag{1.39}$$

Anmerkung:

Mit zunehmender elektrischer Feldstärke werden die Ladungsträger immer stärker am Kristallgitter gestreut. Die Beweglichkeit μ ist deshalb nicht konstant, sondern nimmt mit zunehmender Feldstärke ab. Die Ladungsträger erreichen schließlich eine Sättigungsgeschwindigkeit (ca. $10^7\ \mathrm{cm/s}$ für Elektronen), die auch bei weiter zunehmender Feldstärke nicht überschritten wird.

Mit der Ladung q pro Ladungsträger und der Ladungsträgerdichte n ist die Stromdichte:

$$\boxed{S=q\cdot n\cdot v=q\cdot n\cdot\mu\cdot E} \tag{1.40}$$

Mit Gl. (1.35) folgt für die Leitfähigkeit:

$$\boxed{\kappa=q\cdot n\cdot\mu} \tag{1.41}$$

1.7.3 Spezifischer Widerstand

Statt der Leitfähigkeit wird in der Elektrotechnik meist der (für ein Material charakteristische) **spezifische Widerstand** ρ[1] verwendet:

$$\boxed{\rho=\frac{1}{\kappa}} \tag{1.42}$$

Somit ist:

$$\boxed{S=\frac{1}{\rho}\cdot E} \tag{1.43}$$

Gl. (1.35) wird auf makroskopische Größen umgeschrieben und ein homogenes Stück Metall mit der Länge l und der Querschnittsfläche A betrachtet, welches in Längsrichtung homogen durchströmt wird.

Aus $S=\frac{I}{A}$ und $E=\frac{U}{l}$ folgt $\frac{I}{A}=\frac{1}{\rho}\cdot\frac{U}{l}$ bzw. $\boxed{U=\rho\cdot\frac{l}{A}\cdot I}$ (1.44)

Die Einheit des spezifischen Widerstandes ist:

$$\boxed{[\rho]=\Omega\,\mathrm{m}} \tag{1.45}$$

1 Nicht zu verwechseln mit der Raumladungsdichte, sie hat häufig das gleiche Formelzeichen.

Häufig wird der spezifische Widerstand in einer anderen Einheit angegeben:

$$[\rho] = \Omega\,\mathrm{cm} \tag{1.46}$$

Liegt ein Leiter in Form eines Drahtes vor, so wird dessen Länge in Meter (m) und sein Querschnitt in mm^2 angegeben. Der spezifische Widerstand ist der auf die Länge und den Querschnitt bezogene Widerstand. Für den spezifischen Widerstand ergibt sich dann die Einheit:

$$[\rho] = \frac{\Omega \cdot \mathrm{mm}^2}{\mathrm{m}} \tag{1.47}$$

Es gilt der Zusammenhang:

$$[\rho] = \Omega\,\mathrm{cm} = 10^4\ \Omega \frac{\mathrm{mm}^2}{\mathrm{m}} \tag{1.48}$$

Beispiel 10

Einige Werte für den spezifischen elektrischen Widerstand:
Kupfer $\rho = 0{,}017\ \Omega \cdot \mathrm{mm}^2/\mathrm{m}$, Aluminium $\rho = 0{,}027\ \Omega \cdot \mathrm{mm}^2/\mathrm{m}$,
Eisen $\rho = 0{,}1\ \Omega \cdot \mathrm{mm}^2/\mathrm{m}$, Bernstein $\rho = 10^{16}\ \Omega \cdot \mathrm{mm}^2/\mathrm{m}$

1.7.4 Widerstand

1.7.4.1 Homogenes elektrisches Feld

Aus Gl. (1.44) folgt:

$$U = R \cdot I \tag{1.49}$$

Dies ist das allgemein bekannte **ohmsche Gesetz** in seiner gewohnten Form, in *makroskopischer* Formulierung. Es beschreibt den Zusammenhang zwischen Spannung und Strom am Bauelement „Widerstand“. Für das Bauelement Widerstand sind ja die messbaren Größen Spannung (*Spannungsabfall*) und Strom interessant und nicht die Betrachtungen von Ladungsträgern.

$$R = \rho \cdot \frac{l}{A} \tag{1.50}$$

R ist der **elektrische Widerstand** des in Abschnitt 1.7.3 betrachteten Metallstücks.

Liegt isotropes Leitermaterial mit homogener Feldverteilung vor, so ist der Widerstand R eines Leiterstücks proportional zum spezifischen Widerstand ρ des Materials und proportional zur Länge l des Leiterstücks. Je länger ein

Draht ist, desto größer ist sein Widerstand. Zur Querschnittsfläche ist der Widerstand umgekehrt proportional. Je dünner ein Draht ist, desto enger ist das Gebiet, durch das die Elektronen fließen, und umso größer ist der Widerstand dieses Leiterstücks, der das Fließen der Ladungsträger behindert. Die Größe R fasst den spezifischen elektrischen Widerstand und die Geometrie des Leiters zusammen. Mit Gl. (1.50) kann der Widerstand von Leitern in Abhängigkeit der Materialart und der Geometrie oder für ein Material eine Geometriekomponente aus dem gewünschten Widerstandswert berechnet werden.

Die Einheit des elektrischen Widerstandes ist:

$$[R]=\frac{[U]}{[I]}=\frac{\mathrm{V}}{\mathrm{A}}=\Omega\ (\mathrm{Ohm}) \quad (1.51)$$

[2]

Anmerkung:

In der deutschen Sprache wird der Begriff Widerstand sowohl für den Widerstands**wert** in Ohm als auch für das Bauelement verwendet.

Der **elektrische Leitwert** G ist der Kehrwert des elektrischen Widerstandes R.

$$G=\frac{1}{R} \quad (1.52)$$

Die Einheit des elektrischen Leitwertes ist:

$$[G]=\frac{1}{[R]}=\frac{\mathrm{A}}{\mathrm{V}}=\frac{1}{\Omega}=\mathrm{S}\ (\mathrm{Siemens}) \quad (1.53)$$

[3]

Der elektrische Widerstand eines Materials (Leiter, Halbleiter) kann allgemein abhängen von

- der Anzahl frei beweglicher Ladungsträger pro Volumeneinheit,
- der Ladungsträgerbeweglichkeit,
- der Temperatur (und damit von der angelegten Spannung bzw. Stromstärke),
- der Reinheit (enthaltene Fremdstoffe),
- der Gefügestruktur (Art und Dichte der Kristalle),
- der Einwirkung mechanischer Kraft (Druck, Zug),
- einer Lichteinwirkung.

---

2 Georg Simon Ohm (1789–1854), deutscher Physiker, entdeckte das nach ihm benannte ohmsche Gesetz.

3 Werner von Siemens (1816–1892), deutscher Industrieller

Der elektrische Widerstand muss somit nicht unbedingt eine Konstante für ein bestimmtes „Bauteil" sein. Er hängt vielmehr von einer ganz bestimmten Betriebssituation ab.

1.7.4.2 Inhomogenes elektrisches Feld

Im allgemeinen Fall muss man zur Widerstandsberechnung in *inhomogenen* Feldern in die Definition des Widerstandes die Beziehungen für das inhomogene Strömungsfeld einsetzen. Für Spannung und Strom gilt allgemein:

$$U = \int_1^2 \vec{E} \bullet d\vec{s} \tag{1.54}$$

$$I = \iint_A \vec{S} \bullet d\vec{A} \tag{1.55}$$

Somit ist der ohmsche Widerstand allgemein:

$$R = \frac{U}{I} = \frac{\int_1^2 \vec{E} \bullet d\vec{s}}{\iint_A \vec{S} \bullet d\vec{A}} \tag{1.56}$$

Gl. (1.56) gilt, falls das Wegelement ds senkrecht auf dem Flächenelement dA steht. Damit dieses Integral ausgewertet werden kann, muss der Feldverlauf qualitativ vorliegen, d. h., die Richtung der Feldstärke und der Stromdichte müssen bekannt sein.

Häufig kann die Widerstandsberechnung einer geometrisch komplizierten Anordnung einfacher als mit Gl. (1.56) erfolgen. Dabei wird der Gesamtwiderstand in eine Vielzahl kleiner homogener Teilwiderstände zerlegt, auf die dann Gl. (1.50) angewendet werden kann. Die Teilwiderstände müssen also so klein sein, dass die Strömung in ihrem Inneren als homogen angenommen werden kann. Diese Teilwiderstände werden anschließend durch Reihenschaltung oder Parallelschaltung (Erklärung siehe Abschnitt 2.3.3) zu einem Gesamtwiderstand kombiniert. Der Gesamtwiderstand ergibt sich dann als Integral (Linienintegral) über die Teilwiderstände. – Bei diesem Vorgehen wird häufig der Begriff „Stromfaden" benutzt. Anschaulich versteht man darunter einen dünnen Draht, dessen Querschnitt gegen null geht, der also als eindimensionales Objekt einen linienförmigen Leiter darstellt, längs dem ein Linienstrom fließt. Den Strom in einem Leiter kann man sich aus einer großen Anzahl dünner Stromfäden zusammengesetzt vorstellen. Die Stromdichte $S = I/A$ in einem Leiter wird durch die Dichte von Stromfäden (Stromlinien) dargestellt. Die Ursache für den Stromfluss ist die elektrische Feldstärke, parallel zu jedem Stromfaden verläuft auch eine Feldlinie. Bei konstantem Querschnitt eines Leiters sind die Stromfäden gleichmäßig über die Strom führende Fläche verteilt.

Beispiel 11

Ein Widerstand mit $R = 500{,}0\ \Omega$ soll aus einem Konstantandraht mit dem Durchmesser $d = 0{,}4\ \text{mm}$ hergestellt werden. Wie groß muss die Länge l des Drahtes sein? Der spezifische Widerstand von Konstantan ist $\rho = 0{,}5\ \Omega\text{mm}^2/\text{m}$.

Lösung:

Aus $R = \rho \cdot \dfrac{l}{A}$ folgt $l = \dfrac{R \cdot A}{\rho}$; $l = \dfrac{500{,}0\ \Omega \cdot (0{,}2\ \text{mm})^2 \cdot \pi}{0{,}5\ \dfrac{\Omega \cdot \text{mm}^2}{\text{m}}}$; $\underline{\underline{l = 125{,}664\ \text{m}}}$

Beispiel 12

Ein Widerstand soll aus Konstantandraht mit kreisrundem Querschnitt (spezifischer Widerstand $\rho = 0{,}5\ \Omega\text{mm}^2/\text{m}$) hergestellt werden. An dem Widerstand soll bei einem Gleichstrom von $I = 6{,}0\ \text{A}$ ein Spannungsabfall von $U = 1{,}5\ \text{V}$ auftreten. Die maximal zulässige Stromdichte im Draht beträgt $S = 4{,}0\ \text{A}/\text{mm}^2$. Wie groß müssen Durchmesser d und Länge l des Drahtes sein?

Lösung:

$R = \dfrac{U}{I} = \dfrac{1{,}5\ \text{V}}{6{,}0\ \text{A}} = 0{,}25\ \Omega$; minimale Querschnittsfläche A des Drahtes:

$$A = \frac{I}{S} = \frac{6{,}0\ \text{A}}{4{,}0\ \text{A}/\text{mm}^2} = 1{,}5\ \text{mm}^2;\ A = \left(\frac{d}{2}\right)^2 \cdot \pi \Rightarrow d = 2 \cdot \sqrt{\frac{A}{\pi}};\ \underline{\underline{d = 1{,}38\ \text{mm}}}$$

$$R = \rho \cdot \frac{l}{A} \Rightarrow l = \frac{R \cdot A}{\rho};\ \underline{\underline{l = 0{,}75\ \text{m}}}$$

Beispiel 13

Durch einen Draht der Länge $l = 0{,}2\ \text{m}$ und der Querschnittsfläche $A = 0{,}5\ \text{mm}^2$ fließt ein Gleichstrom von $I = 0{,}4\ \text{A}$. Das Material des Drahtes hat einen spezifischen Leitwert $\kappa = 2\ \text{m}/\Omega \cdot \text{mm}^2$. Wie groß ist der Widerstand R des Drahtes? Welche Leistung P wird in dem Draht in Wärme umgesetzt?

Lösung:

$R = \dfrac{1}{\kappa} \cdot \dfrac{l}{A}$; $\underline{\underline{R = 0{,}2\ \Omega}}$

Spannungsabfall am Draht: $U = R \cdot I = 0{,}2\ \Omega \cdot 0{,}4\ \text{A} = 0{,}08\ \text{V}$; $P = U \cdot I$; $\underline{\underline{P = 32\ \text{mW}}}$

Beispiel 14

Durch einen Golddraht mit dem Durchmesser $d = 0{,}2\ \text{mm}$ fließt ein Gleichstrom $I = 100\ \text{mA}$. Die spezifische Leitfähigkeit von Gold ist $\kappa = 4{,}54 \cdot 10^7\ \text{S/m}$. Ein Kubikzentimeter Gold enthält $5{,}9 \cdot 10^{22}$ Atome mit je einem Valenzelektron.

Berechnen Sie

a) die Stromdichte S,

b) die Driftgeschwindigkeit v der freien Valenzelektronen,

c) die Beweglichkeit μ der freien Elektronen in $\dfrac{\text{cm}^2}{\text{Vs}}$.

Lösung:

a) $S = \dfrac{I}{A} = \dfrac{I}{r^2 \cdot \pi}$; $S = \dfrac{0{,}1\ \text{A}}{(0{,}1\ \text{mm})^2 \cdot \pi}$; $\underline{\underline{S = 3{,}183\ \text{A/mm}^2}}$

b) Aus $S = q \cdot n \cdot v$ folgt $v = \dfrac{S}{e \cdot n}$; $v = \dfrac{3{,}183\ \text{A/mm}^2}{1{,}6 \cdot 10^{-19}\ \text{As} \cdot 5{,}9 \cdot 10^{19}\ \text{mm}^{-3}}$

$\underline{\underline{v = 0{,}337\ \text{mm/s}}}$

c) Aus $\kappa = q \cdot n \cdot \mu$ folgt $\mu = \dfrac{\kappa}{e \cdot n}$; $\kappa = 4{,}54 \cdot 10^7\ \text{S/m} = 4{,}54 \cdot 10^5\ \text{S/cm}$;

$$\mu = \frac{4{,}54 \cdot 10^5\ \dfrac{\text{A}}{\text{Vcm}}}{1{,}6 \cdot 10^{-19}\ \text{As} \cdot 5{,}9 \cdot 10^{22}\ \text{cm}^{-3}};\quad \underline{\underline{\mu = 48{,}1\ \frac{\text{cm}^2}{\text{Vs}}}}$$

Beispiel 15

Ein elektrischer Leiter hat die Form eines der Länge nach halbierten Hohlzylinders (Halbzylindermantel), wie ein kreisrunder Bügel mit rechteckigem Querschnitt. Gegeben sind folgende Daten: Innenradius r_i, Außenradius r_a, Länge b und Leitfähigkeit κ des Materials. Die Kontaktierungsflächen A und B sind ideal leitfähig, über sie wird ein Strom eingeleitet. Das Widerstandsmaterial ist isotrop, somit strömt der Strom I gleichmäßig in die Kontaktflächen ein und ist im Leiter gleichmäßig verteilt.

a) Skizzieren Sie die Feldlinien des sich ergebenden elektrischen Strömungsfeldes, wenn an die Kontaktflächen eine Spannung U angelegt und damit ein Strom I eingespeist wird.

b) Wie groß ist der Widerstand R des Drahtbügels zwischen den Leiterenden A und B?

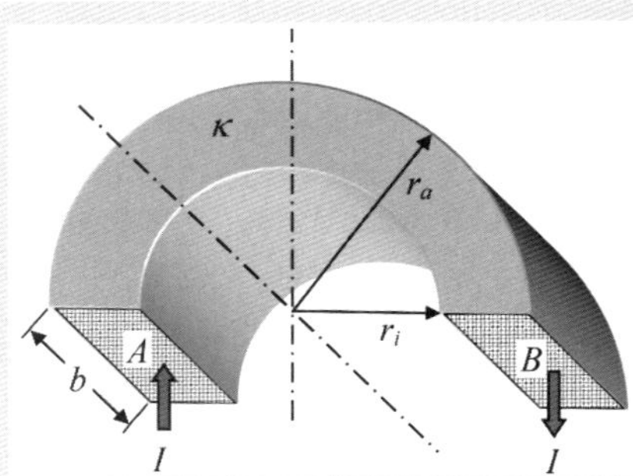

Abb. 9: Zu Beispiel 15, Leiter in Form eines Bügels

Lösung:

a)

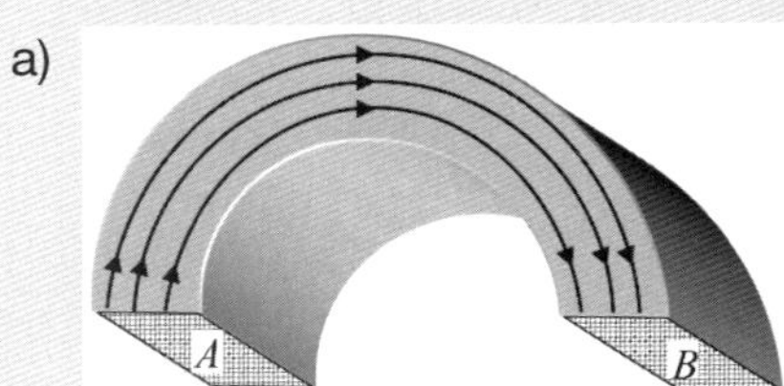

Abb. 10: Stromlinien im Leiter nach Beispiel 15

b) Die Stromlinien sind Halbkreise und führen von der Kontaktfläche A zur Fläche B. Die einzelnen Stromfäden sind unterschiedlich lang. Die Länge eines Stromfadens ist ein halber Kreisumfang: $l = \pi \cdot r$. Der Strömungsquerschnitt des Leiters ist dagegen konstant, er entspricht der Fläche A $(=B)$. Ein differenzielles Stück dieser Fläche ist $dA = b \cdot dr$. Diese Teilflächen gehören zu differenziellen, sich berührenden konzentrischen Halbrohren der Länge b zwischen r_i und r_a mit der Wandstärke dr. Der Leitwert eines solchen „dünnwandigen" Halbzylinders ist unter Zuhilfenahme von Gl. (1.50), Gl. (1.42) und Gl. (1.52):

$$dG = \kappa \cdot \frac{dA}{l} = \kappa \cdot \frac{b \cdot dr}{\pi \cdot r}$$

Die einzelnen Widerstände dieser differenziell dünnwandigen Halbrohre sind zwischen r_i und r_a parallel geschaltet, ihre Leitwerte addieren sich also. Das Aufsummieren erfolgt durch Integration über dG von r_i bis r_a.

$$G = \int_{r_i}^{r_a} dG = \int_{r_i}^{r_a} \frac{\kappa \cdot b}{\pi} \cdot \frac{1}{r} dr = \frac{\kappa \cdot b}{\pi} \cdot \int_{r_i}^{r_a} \frac{1}{r} dr = \frac{\kappa \cdot b}{\pi} \cdot \ln\left(\frac{r_a}{r_i}\right)$$

Der Widerstand ist der Kehrwert des Leitwertes:

$$R = \frac{\pi}{\kappa \cdot b \cdot \ln\left(\frac{r_a}{r_i}\right)}$$

Beispiel 16

Ein elektrischer Leiter aus isotropem Material hat die Form eines Rohres, dessen Innen- und Außenbeschichtung unendlich gut leitet. Über die Kontaktierungen von Innen- und Außenbeschichtung wird ein Strom eingeleitet. Gegeben sind folgende Daten: Innenradius r_i, Außenradius r_a, Länge l und spezifischer Widerstand ρ des Materials. Zu bestimmen ist der Widerstand R des Leiters.

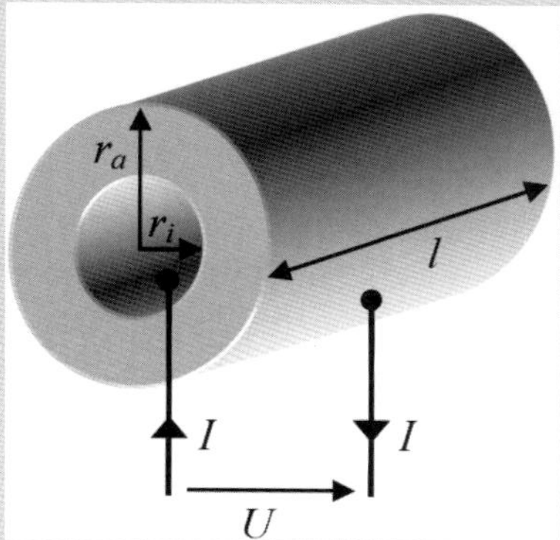

Abb. 11: Leiter in Form eines Rohres

Lösung:

Im Gegensatz zu Beispiel 15 sind hier alle einzelnen Stromfäden gleich lang $(r_a - r_i)$ und der Strömungsquerschnitt des Leiters wächst mit größer werdendem Radius an. Der Strom verteilt sich radial von innen nach außen, die Stromdichte wird von innen nach außen kleiner. Die Stromfäden verlaufen von der inneren Kontaktierung sternförmig zur äußeren Kontaktierung. Die Länge l des Leiters entspricht der Dicke des Rohres, sie erstreckt sich von r_i bis r_a. Die differenzielle Länge ist als Teilstück des Radius $dl = dr$. Der Querschnitt des Leiters ändert sich, er entspricht der Mantelfläche A eines differenziell dünnwandigen Rohres mit dem Radius r und der Länge l:

$$A = 2\pi \cdot r \cdot l$$

Der differenzielle Widerstand eines solchen dünnwandigen Rohres ist

$$dR = \rho \cdot \frac{dl}{A} = \rho \cdot \frac{dr}{2\pi \cdot r \cdot l}$$

Die einzelnen dünnwandigen Rohre unterschiedlichen Durchmessers werden sozusagen zum Gesamtrohr ineinandergesteckt. Dies entspricht einer Reihenschaltung der Einzelwiderstände, die durch Integration aufsummiert werden:

$$R = \int_{r_i}^{r_a} dR = \rho \cdot \frac{1}{2\pi \cdot l} \cdot \int_{r_i}^{r_a} \frac{1}{r}\, dr = \underline{\underline{\frac{\rho}{2\pi \cdot l} \cdot \ln\left(\frac{r_a}{r_i}\right)}}$$

1.7.5 Temperaturabhängigkeit des Widerstandes

Für einen metallischen Leiter gilt der lineare Zusammenhang zwischen Strom und Spannung bzw. das ohmsche Gesetz Gl. (1.49) nur, wenn die Temperatur des Leiters konstant ist.

Der Widerstand von Leitermaterialien ändert sich mit der Temperatur, da die Ladungsträgerdichte n und die Beweglichkeit μ temperaturabhängig sind. Mit steigender Temperatur verlassen durch diese Zuführung von Energie bei immer mehr Atomen die Elektronen die Atomhülle und werden zu freien Elektronen. Die Anzahl der frei beweglichen Ladungsträger und damit die Leitfähigkeit nimmt zu.

Diesem Effekt wirkt entgegen, dass mit zunehmender Temperatur die ortsfesten Atomrümpfe im Kristallgitter der Leiter größere Schwingungen ausführen (Wärmebewegung). Die Wahrscheinlichkeit einer Kollision mit dem Kristallgitter nimmt zu. Dadurch sinkt die Beweglichkeit der Elektronen, da sich der effektive Querschnitt für ihre Driftbewegung verkleinert. Es muss mehr Energie zum Ladungstransport beim Stromfluss aufgewendet werden, der Widerstand nimmt zu.

Weil der zweite Effekt bei Metallen überwiegt, nimmt der Widerstand eines metallischen Leiters mit steigender Temperatur zu.

Die Leitfähigkeit von Leitermaterialien ist temperaturabhängig und damit auch Widerstand und Leitwert.

Die Widerstandsänderung ist als Funktion der Temperatur ϑ nichtlinear, die wahre Kennlinie kann durch ein Polynom approximiert werden.

$$R_{\vartheta 2} = R_{\vartheta 1} \cdot \left[1 + \alpha(\vartheta_2 - \vartheta_1) + \beta(\vartheta_2 - \vartheta_1)^2 + \lambda(\vartheta_2 - \vartheta_1)^3 + \ldots \right] \tag{1.57}$$

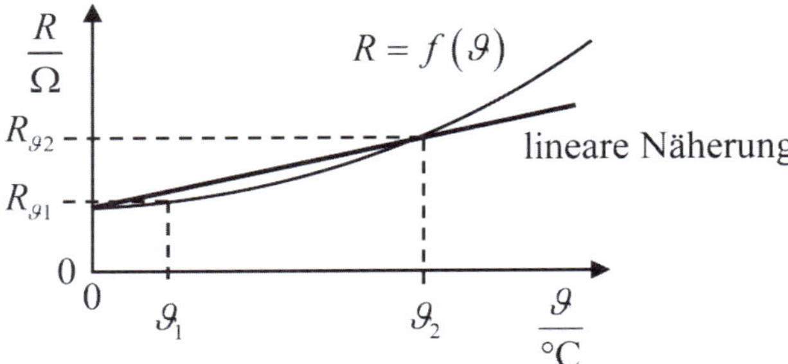

Abb. 12: Widerstandsänderung metallischer Leiter in Abhängigkeit der Temperatur

Im Temperaturbereich von ungefähr $-50\ °C \leq \vartheta \leq 150\ °C$ kann die Widerstandsänderung durch eine Gerade angenähert werden. Oberhalb ca. $150\ °C$

nimmt der Widerstand dann stärker (nichtlinear) zu. Innerhalb des genannten Temperaturintervalles braucht man in Gl. (1.57) nur mit dem Koeffizienten α zu rechnen. Man erhält den linearen Ausdruck

$$R_{\vartheta 2} = R_{\vartheta 1} \cdot \left[1 + \alpha\left(\vartheta_2 - \vartheta_1\right)\right] \tag{1.58}$$

Als Bezugstemperatur wird meist $\vartheta_1 = 20\ °\mathrm{C}$ gewählt. Bezogen auf diese Temperatur ist α_{20} der lineare **Temperaturkoeffizient** (TK) mit der Einheit $1/\mathrm{K}$, der quadratische TK ist β_{20} mit der Einheit $1/\mathrm{K}^2$ ($\mathrm{K} =$ Kelvin). Der TK wird auch als **Temperaturbeiwert** bezeichnet, er ist eine vom Material des Leiters abhängige Konstante.

Im Temperaturbereich $-50\ °\mathrm{C} \le \vartheta \le 150\ °\mathrm{C}$ gilt vereinfacht (lineare Näherung):

- für den Widerstands*wert* R_ϑ bei der Temperatur ϑ in $°\mathrm{C}$:

$$R_\vartheta = R_{20} \cdot \left[1 + \alpha_{20}\left(\frac{\vartheta}{°\mathrm{C}} - 20\right)\mathrm{K}\right] \tag{1.59}$$

R_{20} = Widerstandswert bei $20\ °\mathrm{C}$, α_{20} = Temperaturkoeffizient für $20\ °\mathrm{C}$ in $1/\mathrm{K}$

- für den spezifischen Widerstand ρ_ϑ bei der Temperatur ϑ in $°\mathrm{C}$:

$$\rho_\vartheta = \rho_{20} \cdot \left[1 + \alpha_{20}\left(\frac{\vartheta}{°\mathrm{C}} - 20\right)\mathrm{K}\right] \tag{1.60}$$

ρ_{20} = spezifischer Widerstand bei $20\ °\mathrm{C}$, α_{20} = Temperaturkoeffizient für $20\ °\mathrm{C}$ in $1/\mathrm{K}$

- für die Widerstands*änderung* ΔR bei der Temperaturdifferenz $\Delta\vartheta = \left(\frac{\vartheta}{°\mathrm{C}} - 20\right)\mathrm{K}$:

$$\Delta R = \alpha_{20} \cdot R_{20} \cdot \Delta\vartheta \tag{1.61}$$

α_{20} = Temperaturkoeffizient für $20\ °\mathrm{C}$ in $1/\mathrm{K}$, R_{20} = Widerstandswert bei $20\ °\mathrm{C}$, $\Delta\vartheta$ = Temperaturdifferenz zu $20\ °\mathrm{C}$ in Kelvin

Anmerkung:

Zwischen der absoluten Temperatur „T“ in Kelvin (K) und der Temperatur in Grad Celsius „ϑ“ besteht der Zusammenhang:

$$T = 273{,}15\ \mathrm{K} + \vartheta \tag{1.62}$$

Für (die technisch meist nicht interessanten) Temperaturen ϑ_{hoch} über ca. $150\ °C$ muss in Gl. (1.57) wegen der nichtlinearen Widerstandsänderung ein zweiter Koeffizient $\beta = \beta_{20}$ berücksichtigt werden. Der Widerstandswert $R_{\vartheta hoch}$ bei der Temperatur ϑ_{hoch} ist dann (quadratische Näherung):

$$R_{\vartheta hoch} = R_{20} \cdot \left[1 + \alpha_{20} \left(\frac{\vartheta_{hoch}}{°C} - 20 \right) K + \beta_{20} \left(\frac{\vartheta_{hoch}}{°C} - 20 \right)^2 K^2 \right] \qquad (1.63)$$

Je nach Materialart ist der lineare Temperaturkoeffizient α positiv, annähernd null oder negativ (siehe Abb. 13).

- $\alpha > 0$: Dies trifft für viele Metalle und für Kaltleiter zu, diese werden als PTC-Widerstände bezeichnet (PTC = positive temperature coefficient). Der Widerstand von Metallen und von Kaltleitern nimmt bei Temperaturerhöhung zu. Faustregel: Bei vielen Metallen nimmt der Widerstand bei $10\ °C$ Temperaturerhöhung um etwa $4\ \%$ zu.
- $\alpha \approx 0$: Ein Beispiel ist Konstantan (eine Widerstandsdraht-Legierung) oder andere spezielle Legierungen, damit eine Temperaturunabhängigkeit des Widerstandes erreicht wird.
- $\alpha < 0$: Beispiele sind Kohlenstoff, Halbleiter und Heißleiter (genannt NTC-Widerstände, NTC = negative temperature coefficient). Bei negativem TK überwiegt die stärkere Bereitstellung von Ladungsträgern mit steigender Temperatur gegenüber der Einschränkung der Beweglichkeit der Elektronen. Der Widerstand von Heißleitern, Kohle und den meisten Halbleitern nimmt bei Temperaturerhöhung ab.

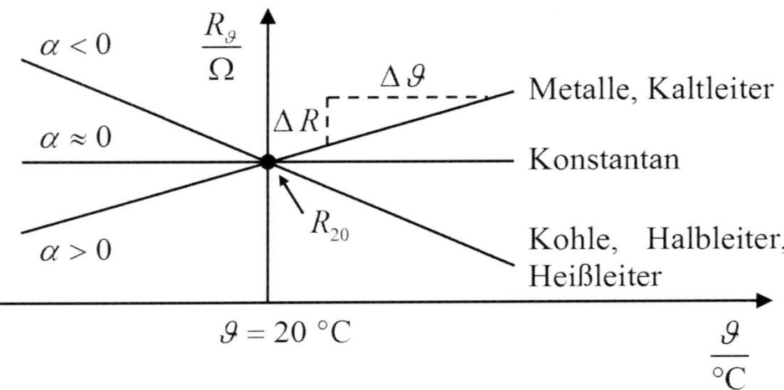

Abb. 13: Widerstandsänderung von Materialien je nach Temperaturkoeffizient α

Der spezifische Widerstand hängt nicht nur von der Temperatur, sondern auch von der Reinheit der Metalle ab. Er kann sich bereits durch geringe Mengen an Fremdatomen im Metall erheblich ändern. Technisch genutzt wird dies bei Metall-Legierungen, um ein Material mit geringem Temperaturkoeffizienten zu erhalten. Beispiele für solche Metall-Legierungen sind Manganin und Konstantan, welche für Mess- und Präzisionswiderstände mit sehr geringer Temperaturabhängigkeit verwendet werden. – Gute Wärmeleiter sind im Allgemeinen auch gute elektrische Leiter.

Im Bereich des absoluten Nullpunktes der Temperatur $(-273\ ^{\circ}\mathrm{C})$ verschwindet bei einigen Materialien der spezifische Widerstand unterhalb einer Sprungtemperatur T_C vollständig, der Widerstand ist $R = 0\ \Omega$. Es liegt **Supraleitung** bis zur Sprungtemperatur vor. Die Sprungtemperatur liegt für die meisten Metalle nur wenige Kelvin über dem absoluten Nullpunkt. Da der ohmsche Widerstand vollständig verschwindet, haben diese Materialien eine gewisse technische Bedeutung z. B. bei der Erzeugung und Fortleitung hoher Ströme zur Erzeugung großer magnetischer Feldstärken.

Tabelle 1: Spezifischer Widerstand ρ_{20} und Temperaturkoeffizienten α_{20} und β_{20} einiger Materialien

Material	**Chem. Symbol**	$\frac{\rho_{20}}{\Omega \cdot \mathrm{mm}^2 \cdot \mathrm{m}^{-1}}$	$\frac{\alpha_{20}}{10^{-3} \cdot \mathrm{K}^{-1}}$	$\frac{\beta_{20}}{10^{-6} \cdot \mathrm{K}^{-2}}$
Silber	Ag	0,016	3,8	0,7
Kupfer	Cu	0,01786	3,93	0,6
Gold	Au	0,023	4	0,5
Aluminium	Al	0,02857	3,77	1,3
Wolfram	W	0,055	4,1	1
Zink	Zn	0,063	3,7	2
Nickel	Ni	0,08...0,11	3,7...6	9
Eisen	Fe	0,10...0,15	4,5...6	6
Zinn	Sn	0,11	4,2	–
Blei	Pb	0,21	4,2	2
Konstantan (55 Cu, 44 Ni, 1 Mn)	–	0,50	±0,04	–
Kohle (Grafit)	–	40...100	−0,1	–

Beispiel 17

Ein Kupferdraht hat bei $20\ °C$ einen Widerstandswert von $2{,}0\ \Omega$. Um wie viel Prozent nimmt der Widerstand zu, wenn der Draht auf $100\ °C$ erwärmt wird? Der lineare TK von Kupfer für $20\ °C$ ist $\alpha_{20} = 0{,}0039\ K^{-1}$.

Lösung:

Die Widerstandsänderung ist
$\Delta R = \alpha_{20} \cdot R_{20} \cdot \Delta\vartheta = 0{,}0039\ K^{-1} \cdot 2{,}0\ \Omega \cdot 80\ K = 0{,}624\ \Omega$.
Dies entspricht einer Zunahme des Widerstandes um $\underline{\underline{31{,}2\ \%}}$.

Beispiel 18

Eine Wicklung aus Kupferdraht hat bei einer Temperatur $\vartheta_{15} = 15\ °C$ den Widerstandswert $R_{15} = 20\ \Omega$. Im Dauerbetrieb steigt der Wicklungswiderstand auf $R_D = 28\ \Omega$. Welche Temperatur ϑ_D hat die Wicklung im Dauerbetrieb?

Der lineare TK von Kupfer für $20\ °C$ ist $\alpha_{20} = 0{,}0039\ K^{-1}$.

Lösung:

Zwischen dem Widerstand R_{15} bei $15\ °C$ und dem Widerstand R_{20} bei $20\ °C$ besteht die Beziehung

$$R_{15} = R_{20} \cdot \left[1 + \alpha_{20}\left(\frac{\vartheta_{15}}{°C} - 20\right) K\right]$$

Für den Widerstand R_D gilt:

$$R_D = R_{20} \cdot \left[1 + \alpha_{20}\left(\frac{\vartheta_D}{°C} - 20\right) K\right]$$

Die unbekannte Größe R_{20} kann eliminiert werden, indem die Widerstände R_{15} und R_D zueinander in ein Verhältnis gesetzt werden.

$$\frac{R_{15}}{R_D} = \frac{\left[1 + \alpha_{20}\left(\frac{\vartheta_{15}}{°C} - 20\right) K\right]}{\left[1 + \alpha_{20}\left(\frac{\vartheta_D}{°C} - 20\right) K\right]}$$

Auflösen nach ϑ_D ergibt:

$$\vartheta_D = 20\ °C + \frac{R_D}{\alpha_{20} \cdot R_{15}} \cdot \left[1 + \alpha_{20} \cdot \left(\frac{\vartheta_{15}}{°C} - 20\right) K\right] \cdot \frac{°C}{K} - \frac{1}{\alpha_{20}} \cdot \frac{°C}{K};\ \underline{\underline{\vartheta_D = 115{,}6\ °C}}$$

Beispiel 19

Die zwei Adern eines im Erdreich liegenden Fernsprechkabels haben gegeneinander einen Kurzschluss. Jede Ader besteht aus Kupfer und besitzt einen kreisrunden Querschnitt mit dem Durchmesser $d = 0{,}9\ \text{mm}$. Die mittlere Temperatur im Erdreich beträgt $12\ °\text{C}$. Bei dieser Temperatur misst man am Kabelanfang zwischen den Anschlüssen der Adern einen Widerstand von $R_{12} = 13{,}5\ \Omega$. Wie viel Meter liegt der Fehlerort vom Kabelanfang entfernt?

Der spezifische Widerstand von Kupfer für $20\ °\text{C}$ ist $\rho_{20} = 0{,}0178\ \Omega\text{mm}^2/\text{m}$. Der Temperaturkoeffizient von Kupfer für $20\ °\text{C}$ ist $\alpha_{20} = 0{,}0039\ \text{K}^{-1}$.

Lösung:

$$\rho_\vartheta = \rho_{20} \cdot \left[1 + \alpha_{20}\left(\frac{\vartheta}{°\text{C}} - 20\right)\text{K}\right];\ \rho_{12} = \rho_{20} \cdot \left[1 + \alpha_{20}\left(\frac{12\ °\text{C}}{°\text{C}} - 20\right)\text{K}\right];$$

$$\rho_{12} = 0{,}0172\ \Omega\text{mm}^2/\text{m}$$

$$R = \rho \cdot \frac{2 \cdot l}{A};\ l = \frac{A \cdot R_{12}}{2 \cdot \rho_{12}} = \frac{0{,}45^2\ \text{mm}^2 \cdot \pi \cdot 13{,}5\ \Omega}{2 \cdot 0{,}0172\ \Omega\text{mm}^2/\text{m}} = \underline{\underline{249{,}66\ \text{m}}}$$

Die hauptsächlichen Kenngrößen von ohmschen Widerständen als technische Bauelemente sind:

- Widerstandswert in Ohm
- Belastbarkeit in Watt
- Toleranz des Widerstandswertes in Prozent

Technische Bauformen von ohmschen Widerständen (siehe Abschnitt 2.4.1) werden hier nicht behandelt. Die folgende Abbildung soll eine Vorstellung vom Aussehen dieser Bauelemente vermitteln.

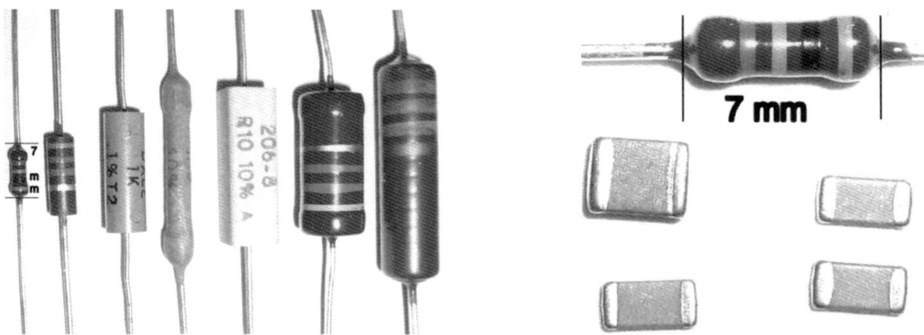

Abb. 14: Bedrahtete Widerstände unterschiedlicher Belastbarkeit (links), SMD-Widerstände (SMD = **S**urface **M**ounted **D**evice) in Chip-Ausführung zum Verlöten auf der Oberfläche einer Leiterplatte im Größenvergleich zu einem bedrahteten Widerstand (rechts)

1.8 Zusammenfassung

1. Materie besteht aus Atomen und Molekülen.
2. Ein Atom besteht aus einem Atomkern mit positiv geladenen Protonen und elektrisch neutralen Neutronen und aus einer Atomhülle mit den negativ geladenen Elektronen.
3. Ladung ist immer an Materie gebunden (auch Elektronen sind Materieteilchen).
4. Es gibt positive und negative Ladungen.
5. Die kleinste Ladungsmenge ist die Elementarladung e.
6. Ladung des Elektrons: $e = -1{,}602 \cdot 10^{-19}$ C, Ladung des Protons: $e = +1{,}602 \cdot 10^{-19}$ C
7. Ladung existiert nur als ganzzahliges Vielfaches der Elementarladung.
8. Durch Ladungstrennung entstehen positiv oder negativ geladene Körper.
9. Die Ladung eines Körpers beschreibt Überschuss oder Mangel an Ladungsträgern.
10. Ladungsverteilungen können unterschiedlich sein (Punkt-, Linien-, Flächen-, Raumladungen).
11. Ladung kann weder erzeugt noch vernichtet werden.
12. Gleichnamige Ladungen stoßen sich ab. Ungleichnamige Ladungen ziehen sich an.
13. Werkstoffe werden nach ihrer Leitfähigkeit in Leiter und Nichtleiter (Isolatoren) eingeteilt.
14. Metalle sind gute Leiter. In Metallen ist die Dichte freier Elektronen ca. $n_e \approx 10^{23}\ \text{cm}^{-3}$.
15. Der elektrische Widerstand gibt die Behinderung des Ladungsflusses durch Materie an.
16. Im äußeren Stromkreis fließen die Elektronen vom Minuspol zum Pluspol der Quelle (physikalische Stromrichtung). Wichtig ist die technische Stromrichtung vom Pluspol zum Minuspol der Quelle.
17. Elektrischer Strom ist der gerichtete Fluss elektrischer Ladung.
18. Die Stromstärke ist definiert als Ladungsfluss durch einen Querschnitt pro Zeiteinheit.
19. Ladung und Stromstärke sind skalare Größen.

20. Die Stromdichte ist definiert als Stromstärke pro Querschnittsfläche. Sie ist eine vektorielle Größe und berücksichtigt die Belastung des Leiters bei Stromfluss je nach seinem Querschnitt.
21. Das elektrische Potenzial gibt die Spannung eines Punktes gegenüber einem Bezugspunkt an. Das Potenzial ist einem Punkt im Stromkreis zugeordnet. In einem Stromkreis ist das Potenzial am Pluspol höher als am Minuspol.
22. Die elektrische Spannung U zwischen zwei Punkten im elektrischen Feld ist gleich der Differenz der elektrischen Potenziale dieser Punkte.
23. Auf einer Äquipotenzialfläche kann eine Ladung ohne Arbeit verschoben werden.
24. In der Elektronik wird der Bezugspunkt für Spannungen als Masse bezeichnet.
25. Eine Gleichspannung ist eine zeitlich konstante Spannung.
26. Zählpfeile geben willkürlich festgelegte Richtungen von Spannungen und Strömen an.
27. Die Definition der Gleichstromleistung ist: $P = U \cdot I$
28. Die elektrische Arbeit ist definiert als: $W = P \cdot t$
29. Der spezifische Widerstand ρ ist eine Materialkonstante.
30. Das ohmsche Gesetz lautet: $U = R \cdot I$
31. Die Leitfähigkeit von Leitermaterialien ist temperaturabhängig.

2 Der einfache Gleichstromkreis

2.1 Minimalstromkreis

Elektrischer Strom fließt immer in einem geschlossenen Stromkreis. Ein Minimalstromkreis (**Grundstromkreis**) besteht nur aus den für einen Stromfluss unbedingt notwendigen Bestandteilen. Soll in einem Minimalstromkreis ein Strom fließen, so wird eine **Quelle** (**Erzeuger**) benötigt. In einer Quelle elektrischer Energie liegt eine Ladungstrennung vor. Um diese zu erzeugen, ist der Einsatz einer anderen (nicht elektrischen) Energieart erforderlich. Durch Energiewandlungsverfahren wird Primärenergie in Nutzenergie und schließlich in elektrische Energie gewandelt. Mechanische und chemische Energie, Strahlung und Wärme können z. B. in elektrische Energie gewandelt werden. Technische Beispiele hierfür sind die Dynamomaschine, die Batterie oder der Akkumulator, die Solarzelle und das Thermoelement.

Zwischen den beiden Anschlüssen (Klemmen) einer Spannungsquelle besteht eine bestimmte Potenzialdifferenz $\Delta\varphi = U$. Diese elektrische Spannung wird als **Klemmenspannung** bezeichnet. Zwischen Pluspol und Minuspol einer Gleichspannungsquelle kann eine Gleichspannung mit dem Wert (der Höhe) U abgegriffen werden. Dies wird durch einen **Pfeil** (häufig mit einer Beschriftung der Spannungshöhe) **vom Pluspol zum Minuspol** symbolisiert. Am Minuspol befindet sich eine Häufung, am Pluspol ein Mangel an negativen Ladungsträgern (Elektronen). Die Klemmen können z. B. als Steckanschlüsse realisiert sein und werden meist mit kleinen Ringen sinnbildlich dargestellt.

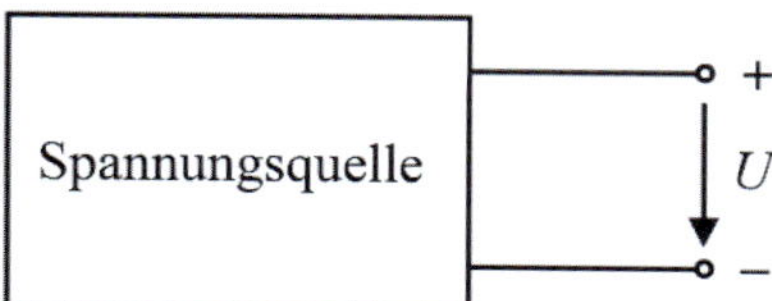

Abb. 15: Eine Gleichspannungsquelle

Wird an diese Quelle über metallische **Leitungen** (Drähte, symbolisch dargestellt durch Linien) ein **Verbraucher** (eine Last) angeschlossen, so entsteht der einfachste geschlossene Stromkreis, in dem der Strom I fließt. Der Stromfluss und seine Richtung wird durch einen Pfeil **auf** der Leitung symbolisiert. Der Begriff „Verbraucher“ ist allgemein üblich, aber evtl. irreführend. Da Ladung weder erzeugt noch vernichtet werden kann (Ladungserhaltung), ist ein Verbraucher eigentlich ein Energiewandler, in dem elektrische Energie in eine andere (nicht elektrische) Energieform gewandelt wird, z. B. erfolgt eine Umsetzung in Wärme. Der im Stromkreis fließende Strom I gehört zu einem

Ausgleichsvorgang, durch ihn soll die Ursache der Spannung U, nämlich die Ladungstrennung mit Elektronenüberschuss und Elektronenmangel, ausgeglichen werden.

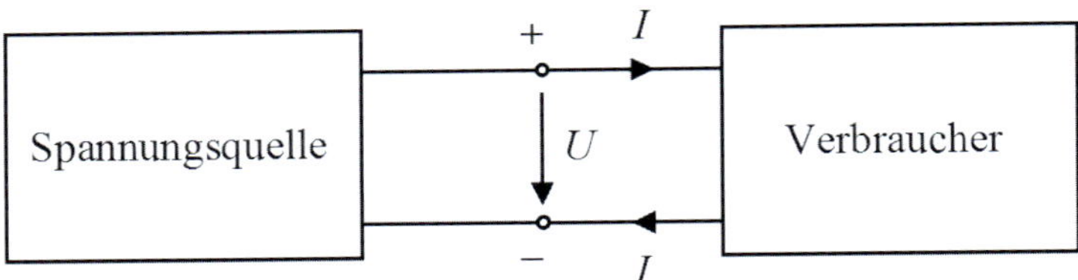

Abb. 16: Minimalstromkreis mit Spannungsquelle, Leitungen und Verbraucher

Entsprechend der Festlegung der technischen Stromrichtung fließt der Strom vom Pluspol der Spannungsquelle durch den Verbraucher zum Minuspol der Spannungsquelle. Diese Stromrichtung ist entgegengesetzt zur Bewegungsrichtung der Elektronen im Stromkreis.

Elektrische Energie wird verbraucht (in eine andere Energieform umgewandelt), wenn positive Ladung von höherem zu niedrigerem Potenzial transportiert wird. Beim Durchlaufen des Verbrauchers wird die potenzielle Energie der Ladungsträger kleiner, im Verbraucher fließt der Strom in Richtung abnehmendes Potenzial. Beim Durchlaufen der Quelle wird die potenzielle Energie der Ladungsträger größer, in der Quelle fließt der Strom in Richtung ansteigendes Potenzial. In der Quelle werden positive Ladungsträger durch Energie nicht elektrischer Art auf höheres Potenzial angehoben.

2.2 Erzeuger- und Verbraucher-Zählpfeilsystem

Entsprechend Vorangehendem besteht ein geschlossener elektrischer Stromkreis aus mindestens einem Erzeuger (einer Quelle) und einem über Leitungen angeschlossenen Verbraucher (einer Last). Die Spannungen werden jeweils *neben* Quelle und Last durch Spannungspfeile in die grafische Darstellung des Stromkreises eingetragen. Der im Stromkreis fließende Strom kann an einer oder an mehreren Stellen der Verbindungsleitungen als Pfeil *auf* einer Leitung dargestellt werden.

Je nach Richtung der Zählpfeile wird zwischen Erzeuger- und Verbraucher-Zählpfeilsystem unterschieden. Sowohl Spannung als auch Strom sollen im Folgenden positives Vorzeichen haben.

Bei einem **Verbraucher** müssen die **Zählpfeile für Spannung und Strom in die gleiche Richtung** weisen, es handelt sich um ein Verbraucher-Zählpfeilsystem.

An einer **Quelle** müssen die **Richtungen für Spannung und Strom zueinander entgegengesetzt** sein, es liegt ein Erzeuger-Zählpfeilsystem vor.

Die Vorzeichen von berechneten Spannungs- und Stromwerten in einer gegebenen Schaltung stimmen nur, wenn diese Richtungen der Zählpfeile eingehalten werden. Sind z. B. in einem Schaltbild bereits Spannungspfeile an Quellen und Verbrauchern eingetragen, so müssen Strompfeile, die zusätzlich eingetragen werden, den oben genannten Richtungen entsprechen.

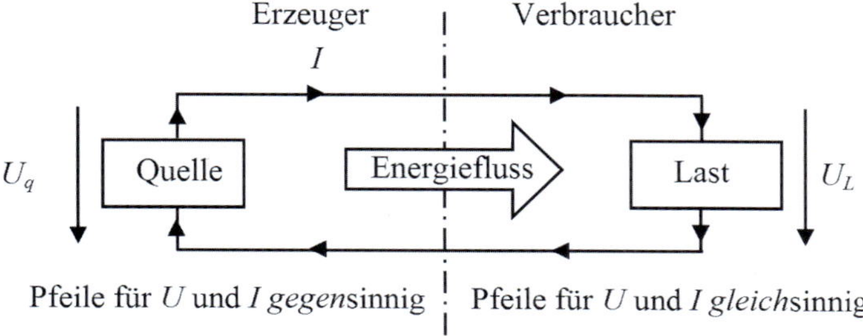

Abb. 17: Erzeuger- und Verbraucher-Zählpfeilsystem

2.3 Schaltbilder

2.3.1 Aufbau von Schaltbildern

Wollte man die Gegenstände eines Stromkreises mit ihren Verbindungsleitungen entsprechend ihrem wirklichen Aussehen zeichnen, so wäre dies viel zu aufwendig und auch zu unübersichtlich. Damit die einzelnen Schaltungselemente (Bauteile) mit ihren Verbindungsleitungen übersichtlich gezeichnet werden können, verwendet man ein **Schaltbild** (Schaltplan, Stromlaufplan). Die Darstellung der einzelnen Schaltungselemente im Schaltbild erfolgt durch **Symbole**, sogenannte **Schaltzeichen**. Diese Schaltsymbole besitzen häufig zwei Anschlüsse (Klemmen, Pole), sie werden dann als **Zweipol** bezeichnet.[4] Zwei funktional zusammengehörige Klemmen einer Schaltung, z. B. zwei Eingangsklemmen, werden auch **Tor** genannt. Besitzt eine Schaltung zwei Tore, z. B. zwei Eingangs- und zwei Ausgangsklemmen, so spricht man auch von einem **Vierpol** oder **Zweitor**.

Ein **aktiver Zweipol** liefert Energie, er ist eine Quelle. Ein **passiver Zweipol** ist ein elektrischer Verbraucher. Zwischen den beiden Klemmen eines passiven Zweipols tritt eine Spannung auf (ein Spannungsabfall). Durch den Zweipol fließt ein Strom, dieser tritt über die eine Klemme in den Zweipol ein und fließt

4 Als Zweipol wird auch eine beliebige Zusammenschaltung von elektrischen Schaltungselementen bezeichnet, die nur an zwei Klemmen zugänglich ist bzw. betrachtet wird. Das elektrische Verhalten ist durch die Strom-Spannungs-Kennlinie bezüglich dieser Klemmen definiert.

über die andere Klemme aus dem Zweipol ab. Werden mehrere Schaltelemente an ihren Klemmen über Verbindungsleitungen funktionsgerecht miteinander verbunden (verschaltet), so wird dies als **Netzwerk** oder einfach als **Netz** bezeichnet. Allgemein und unabhängig von der Komplexität spricht man von einer **Schaltung**.

Die **Elemente** (Bauelemente, Komponenten) einer Schaltung werden möglichst als auf einen Raumpunkt **konzentrierte** Bauelemente betrachtet (idealisierte Modelle realer Bauelemente). Deren elektrisches Verhalten lässt sich durch die zwischen den Anschlüssen auftretenden Spannungen und durch die an den Anschlüssen fließenden Ströme vollständig beschreiben. In konzentrierten Bauelementen sind Spannung und Strom ortsunabhängig, weil die Elemente hinreichend klein sind. Die Vorgänge im Inneren konzentrierter Elemente sind nicht von Interesse. Für die Beschreibung der inneren Eigenschaften benutzt man skalare Größen (konzentrierte Parameter), wie z. B. den Widerstandswert R.

Müssen unterschiedliche Eigenschaften komplizierter Stromkreiselemente oder parasitäre Größen von Bauteilen berücksichtigt werden (dies ist vor allem in der Hochfrequenztechnik der Fall), so kann dies durch eine Kombination einfacher, durch ein ideales Verhalten gekennzeichneter, konzentrierter Elemente erfolgen. Diese Kombination wird dann **Ersatzschaltung** des **Bauteils** genannt.

Demgegenüber wird als **Ersatzschaltung** auch eine **vereinfachte Darstellung** einer komplizierten Schaltung bezeichnet. Eine Ersatzschaltung hat an den Anschlussklemmen die gleiche Funktionalität (gleiches Strom-Spannungs-Verhalten) wie die Originalschaltung, sie besteht nur aus anderen Bauelementen und ist anders verschaltet. Dadurch können eine bessere Übersichtlichkeit und eine leichtere Berechenbarkeit erreicht werden.

Die Leitungen, mit denen die Anschlüsse der Bauteile untereinander verbunden sind, werden im Schaltbild als ideal leitend vorausgesetzt (ihr Widerstand ist null). Daraus folgt, dass bei Stromfluss im idealen Leiter keine elektrische Energie umgesetzt wird, da entlang des Leiters keine Potenzialdifferenz entsteht. Der ideale Leiter ist verlustlos. Ideale Leiter können annähernd durch Kupferleitungen mit ausreichendem Querschnitt realisiert werden. Durch die Verbindungsleitungen, Klemmen und die Zuleitungen von den Klemmen zu den Bauteilen (alle ideal leitend) findet ein Ladungsaustausch zwischen den Bauteilen statt. Ideale Leitungen werden im Schaltbild durch Linien symbolisiert. Können nichtideale Eigenschaften von Leitungen nicht vernachlässigt werden, so sind sie durch zusätzliche Bauteile zu berücksichtigen. Der Widerstand $R > 0$ einer Leitung kann z. B. durch Einfügen eines ohmschen (konzentrierten) Widerstandes in die ideale Leitung beachtet werden.

Der Stromfluss in den Leitungen bzw. durch Zweipole wird durch Zählpfeile *auf* den Leitungslinien symbolisiert, evtl. unter Angabe des Formelzeichens der jeweiligen Stromstärke und evtl. zusätzlich mit zugehörigem Zahlenwert. Der Spannungsabfall am Zweipol wird durch einen Zählpfeil *neben* dem Schaltungselement angegeben, evtl. wieder mit Benennung durch ein Formelzeichen und/oder einen Zahlenwert.

Der Verlauf von Verbindungsleitungen als Linien kann in Schaltbildern prinzipiell beliebig eckig gezeichnet werden, die Darstellung sollte jedoch so übersichtlich als möglich erfolgen. Die Linien werden waagerecht oder senkrecht mit möglichst wenig Kreuzungen dargestellt. Eingänge mit Signalen oder (Spannungs-) Quellen werden üblicherweise links gezeichnet, Ausgänge rechts. Elektrische Signale können dann im Schaltbild von links nach rechts entsprechend ihrer Verarbeitung in aufeinanderfolgenden Stufen verfolgt werden.

2.3.2 Grundschaltzeichen der Gleichstromtechnik

Ideale Verbindungsleitung

Schaltzeichen: Linie senkrecht oder waagerecht

Die ideal leitende metallische Verbindung kann man sich als Draht mit dem Widerstand null Ohm vorstellen. Am idealen Leiter fällt keine Spannung ab, es entstehen keine Verluste.

Kreuzung zweier Verbindungsleitungen

Schaltzeichen: Linien senkrecht und waagerecht

Zur Vorstellung können zwei blanke Drähte dienen, die sich mit Abstand voneinander kreuzen, ohne sich zu berühren.

Verbindung von Leitungen

Schaltzeichen: Linien mit Verbindungspunkt

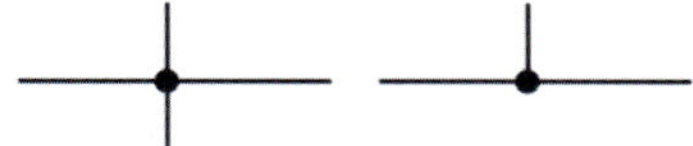

Vorstellung: Zwei blanke Drähte, die mit einem Tropfen Lötzinn zusammengelötet wurden. An einer Verbindungsstelle von Leitungen verzweigt der Strom. Ein solcher Punkt wird **Knoten** oder **Knotenpunkt** genannt.

Ideale Gleichspannungsquelle

Schaltzeichen:

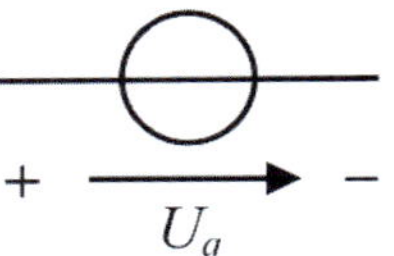

Der Zählpfeil der Gleichspannungsquelle zeigt immer vom Pluspol zum Minuspol.

Ideale Gleichstromquelle

Schaltzeichen:

Idealer ohmscher Widerstand

Schaltzeichen:

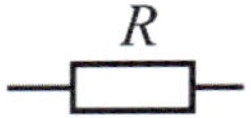

Galvanisches Element

Schaltzeichen:

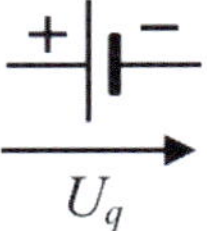

Galvanische Elemente sind elektrische Energiequellen (Spannungsquellen) auf chemischer Basis. Primärzellen (Batterien) können nur einmal entladen werden. Sekundärzellen (Akkumulatoren) können nach einer Entladung wiederholt aufgeladen werden.

Idealer Schalter geöffnet und geschlossen

Schaltzeichen:

Der Widerstand des idealen Schalters ist bei geöffnetem Schalter unendlich groß, bei geschlossenem Schalter null.

Masse

Schaltzeichen:

In Schaltbildern wird der gemeinsame Bezugspunkt für Spannungen (das Bezugspotenzial) mit dem Massesymbol gekennzeichnet. Meist wird dem Bezugspunkt das Bezugspotenzial $\varphi = 0\ \mathrm{V}$ zugeordnet. Zwischen einzelnen Punkten in der Schaltung und dem Bezugspunkt herrschen dann unterschiedliche Spannungen (Differenzen der Potenziale).

2.3.3 Zusammenschaltung von Zweipolen

Es gibt zwei grundlegende Arten der Zusammenschaltung von Zweipolen: die Reihenschaltung (auch als Serienschaltung bezeichnet) und die Parallelschaltung.

2.3.3.1 Reihenschaltung

Bei der Reihenschaltung von zweipoligen Schaltungselementen wird ein Anschluss des vorhergehenden Elementes mit einem Anschluss des nachfolgenden Elementes verbunden. Der freie Anschluss des ersten Elementes und der freie Anschluss des letzten Elementes sind die Anschlüsse des neuen Zweipols.

Wird eine Reihenschaltung an eine Energiequelle angeschlossen, so ergibt sich ein **unverzweigter Stromkreis**. Der Strom fließt nur in einem geschlossenen Kreis.

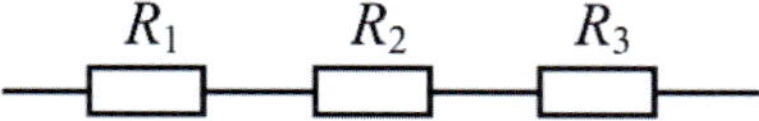

Abb. 18: Beispiel für die Reihenschaltung von Widerständen

2.3.3.2 Parallelschaltung

Bei der Reihenschaltung von zweipoligen Schaltungselementen werden alle Anschlüsse jeweils der einen und der anderen Seite miteinander verbunden. Die beiden Verbindungsstellen sind die Anschlüsse des neuen Zweipols.

Wird eine Parallelschaltung an eine Energiequelle angeschlossen, so ergibt sich ein **verzweigter Stromkreis**. An den Knotenpunkten verzweigt sich der Strom, er teilt sich auf.

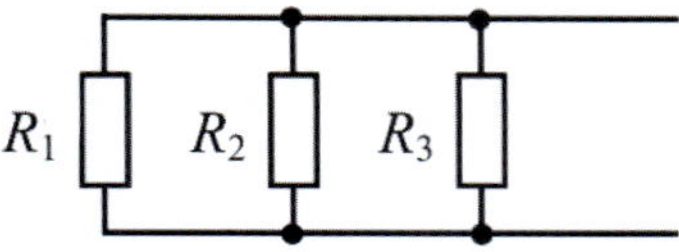

Abb. 19: Beispiel für die Parallelschaltung von Widerständen

2.3.4 Darstellung von Schaltbildern

Mit den Schaltzeichen von Abschnitt 2.3.2 lässt sich der Stromkreis von Abb. 16 bzw. Abb. 17 jetzt wie in Abb. 20 zeichnen. Die Quelle ist eine Spannungsquelle, die Last ist ein ohmscher Widerstand. Am Verbraucher sind Spannung und Strom gleich gerichtet, an der Spannungsquelle sind sie entgegengesetzt gerichtet. Wegen der ideal leitenden Verbindung zwischen Quelle und Last liegt die von der Quelle erzeugte Spannung in gleicher Höhe an der Last, es gilt: $U_L = U_q$.

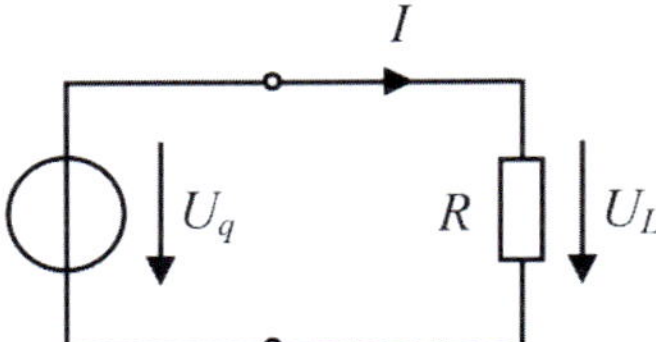

Abb. 20: Minimalstromkreis, Darstellung mit Schaltzeichen

Da die Verbindungsleitungen im Schaltbild widerstandslos sind, ist es bedeutungslos, an welchem Punkt einer Verbindungsleitung eine andere Verbindung angebracht wird. Ein Knotenpunkt kann also auf jeden Punkt einer Verbindungsleitung gelegt werden, ohne die Funktion der Schaltung zu verändern.

Zusätzlich können die einzelnen Schaltzeichen beliebig (z. B. um ein Vielfaches von 90°) gedreht und gespiegelt werden. Damit ändert sich zwar die zeichnerische Darstellung des Schaltplans, aber nicht die Funktionsweise der Schaltung.

Aus diesen beiden Gegebenheiten folgen zahlreiche unterschiedliche Möglichkeiten, einen Schaltplan zu zeichnen. Es erfordert einige Übung, einen Schaltplan zu lesen und z. B. zu erkennen, zwischen welchen Punkten die gleiche Spannung anliegt, oder welche Bauteile auf welche Art verschaltet sind. Besonders beim Einsatz elektronischer Bauteile mit vielen Anschlüssen muss auf eine klare Struktur des Schaltbildes geachtet werden.

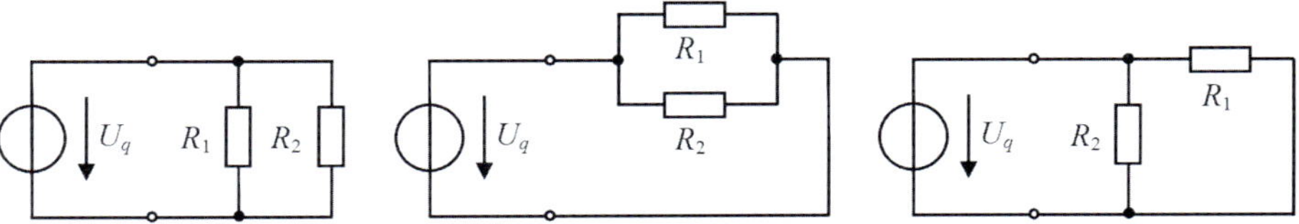

Abb. 21: Drei unterschiedlich gezeichnete Schaltbilder mit gleicher Funktion

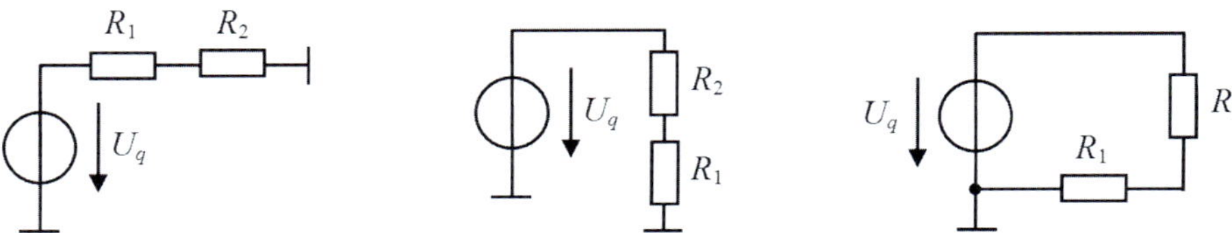

Abb. 22: Auch diese drei Schaltbilder sind funktional identisch

2.3.5 Werte von Spannungen und Strömen in Schaltbildern

2.3.5.1 Angabe von Spannungen unter Bezug auf Masse

In einem Schaltbild können Spannungen an Punkten einer Schaltung als Zahlenwert eingetragen werden. Die Spannungswerte beziehen sich als Potenzial auf einen gemeinsamen Bezugspunkt der Schaltung mit dem Potenzial null. Oft wird der Minuspol einer Betriebsgleichspannung als Bezugspunkt festgelegt. Wie in Abschnitt 1.5 bereits erläutert, wird der Bezugspunkt als „Masse“ bezeichnet und im Schaltbild mit dem Massesymbol gekennzeichnet. Ein Vorteil dieser Angabe von Spannungen als Potenzialwerte ist die platzsparende Darstellung, in einem Schaltbild für Reparaturzwecke z. B. lassen sich viele Werte übersichtlich eintragen. Ein Nachteil ist, dass nur Spannungen gegenüber Masse in ein Schaltbild eingetragen werden können und nicht Potenzialdifferenzen zwischen zwei beliebigen Punkten einer Schaltung.

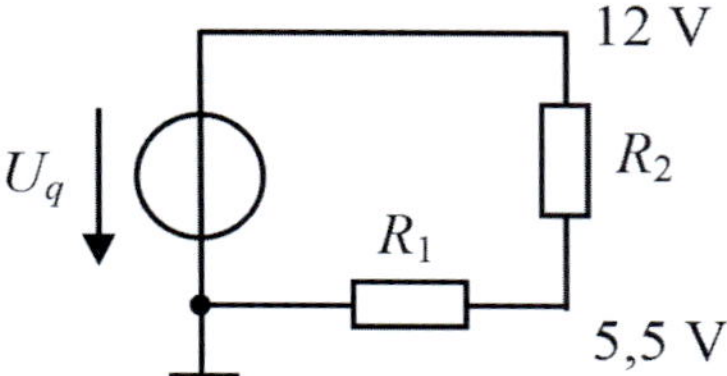

Abb. 23: Beispiel für die Angabe von Spannungen in einem Schaltbild unter Bezug auf Masse

2.3.5.2 Angabe von Spannungen mit Zählpfeilen

Der Zählpfeil einer Spannung zeigt vom Pluspol zum Minuspol, wenn die Polarität der Spannung bekannt ist. Wurde ein Zählpfeil für eine Spannung in ein Schaltbild willkürlich eingetragen und die darauf folgende Berechnung der Spannung ergibt einen negativen Wert, so ist die Polarität der Spannung in Wirklichkeit umgekehrt zur Richtung des Spannungspfeiles. Der Zahlenwert der Spannung wird mit seinem Vorzeichen neben den Zählpfeil geschrieben.

Die Länge eines Zählpfeiles ist ohne Bedeutung. Zählpfeile für Spannungen können gerade oder gebogen sein. Anfangs- und Endpunkt, zwischen denen die Spannung besteht, müssen jedoch immer erkennbar sein.

Werden in einem Schaltbild Anschlusspunkte durch Buchstaben gekennzeichnet, so können diese Buchstaben als Indizes zur Angabe der Spannungsrichtung dienen. Die Richtung des Zählpfeiles liegt dann fest, der Zählpfeil zeigt vom Anschluss mit dem ersten Indexbuchstaben zum Anschluss mit dem zweiten Indexbuchstaben. Der Spannungswert ist am Zählpfeil mit richtigem Vorzeichen anzugeben.

Der Nachteil von Zählpfeilen für Spannungen ist der etwas größere Platzbedarf in Schaltbildern. Vorteile sind die übersichtliche Angabe der beiden Punkte, zwischen denen eine Spannung besteht, und die Möglichkeit, Spannungen zwischen zwei beliebigen Punkten einer Schaltung angeben zu können.

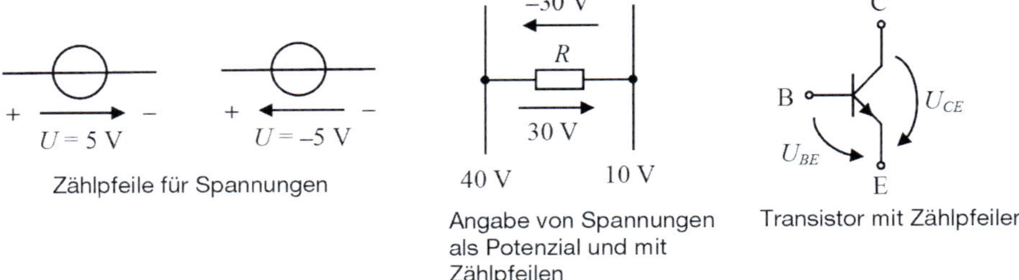

Abb. 24: Beispiele für die Verwendung von Zählpfeilen für Spannungen in Schaltbildern

2.3.5.3 Angabe von Strömen in Schaltbildern

Ein Strom wird in einem Schaltbild durch einen Pfeil auf der Leitung gekennzeichnet. Der Pfeil weist normalerweise in die technische Stromrichtung von Plus nach Minus, wenn diese bekannt ist. Da es sich um einen Zählpfeil handelt, muss die tatsächliche Stromflussrichtung nicht mit der Pfeilrichtung übereinstimmen. Wurde ein Zählpfeil für einen Strom in ein Schaltbild willkürlich eingetragen und die darauf folgende Berechnung des Stromes ergibt einen negativen Wert, so fließt der Strom in Wirklichkeit entgegengesetzt zur Pfeilrichtung.

2.4 Kennlinien von Zweipolen

Kennlinien veranschaulichen den Zusammenhang physikalischer Größen. Bauelemente werden durch ihre Strom-Spannungskennlinien bzw. Spannungs-Stromkennlinien beschrieben. Die mathematische Beschreibung des Zusammenhangs zwischen Spannung und Strom an einem Zweipol wird als **Bauteilgleichung** bezeichnet. Eine **Strom-Spannungskennlinie** $I = f(U)$ ist die grafische Darstellung der Abhängigkeit des Stromes von der Spannung an einem zweipoligen Bauelement. Die Gleichung der I-U-Kennlinie gibt die Funktion $I(U)$ an. Eine **Spannungs-Stromkennlinie** $U = f(I)$ stellt dagegen die Abhängigkeit der Spannung vom Strom dar, die U-I-Kennlinie gibt die Funktion $U(I)$ an. Man unterscheidet zwischen linearen und nichtlinearen Kennlinien.

2.4.1 Lineare Kennlinien

Lineare Kennlinien haben einen geraden Verlauf entsprechend der mathematischen Beschreibung einer Geraden $y = a \cdot x$. Eine lineare Kennliniengleichung besitzt immer diese Form einer Geradengleichung.

Ein Beispiel für ein Bauelement mit linearer Kennlinie ist der ohmsche Widerstand. Lineare Widerstände werden aus homogenen Leitern hergestellt, die eine konstante Stromdichte über den Leiterquerschnitt garantieren (isotropes

Leitermaterial mit homogener Feldverteilung, siehe Abschnitt 1.7.4.1). Bleibt bei einer zweipoligen elektrischen Last der Widerstand in einem Betrachtungsbereich konstant, so wird der Zweipol als **ohmscher Widerstand** bezeichnet. Der Widerstand R bleibt unabhängig von der angelegten Spannung U konstant, da sich mit der Spannung auch der Strom entsprechend ändert. Es gilt das **ohmsche Gesetz** (**Bauteilgleichung** für den ohmschen Widerstand):

$$\boxed{R = \frac{U}{I} = \text{const.}} \tag{2.1}$$

Die Gleichung der I-U-Kennlinie eines ohmschen Widerstandes ist eine Geradengleichung. Da eine Last weder eine Spannung noch einen Strom liefert, gehen Kennlinien von Verbrauchern durch den Koordinatenursprung des Diagramms $I = f(U)$.

$$\boxed{I(U) = \frac{1}{R} \cdot U = G \cdot U} \quad R = \text{Widerstand}, \; G = \text{Leitwert} \tag{2.2}$$

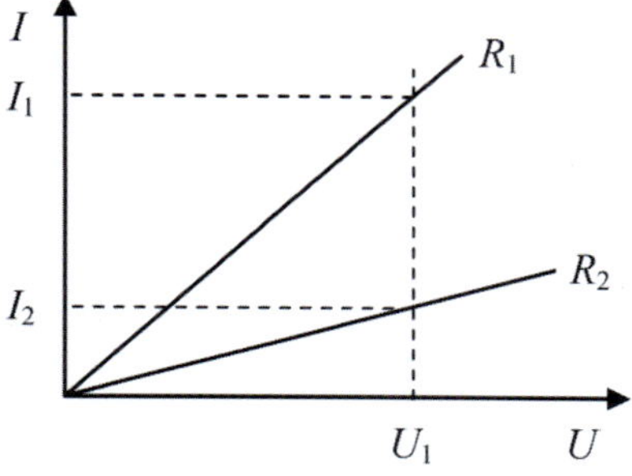

Abb. 25: Strom-Spannungskennlinien von zwei ohmschen Widerständen mit verschiedenen Widerstandswerten ($R_1 < R_2$, da $I_1 > I_2$ bei festem U_1)

2.4.2 Nichtlineare Kennlinien

Nichtlineare Kennlinien haben einen gekrümmtem Verlauf. Bauelemente der Elektronik wie Dioden und Transistoren weisen solche krummen Kennlinien auf. Das ohmsche Gesetz gilt bei diesen Kennlinien *nicht* für einen größeren Kennlinienbereich.

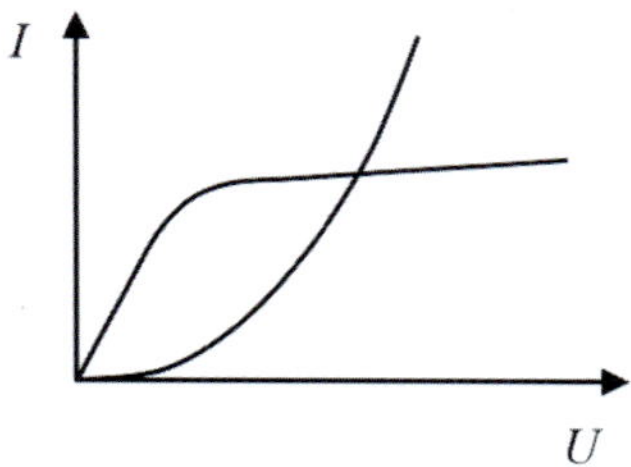

Abb. 26: Zwei Beispiele gekrümmter, nichtlinearer Strom-Spannungskennlinien

2.5 Zusammenfassung

1. Elektrischer Strom fließt immer in einem geschlossenen Stromkreis.
2. Für einen Stromfluss wird eine Quelle (Erzeuger) benötigt, in ihr liegt eine Ladungstrennung vor.
3. Die elektrische Spannung zwischen den Anschlüssen (Klemmen) einer Spannungsquelle heißt Klemmenspannung.
4. Eine Gleichspannungsquelle hat einen Pluspol (Elektronenmangel) und einen Minuspol (Elektronenüberschuss). Der Spannungspfeil zeigt vom Pluspol zum Minuspol.
5. An eine Quelle kann über metallische Leitungen ein Verbraucher (eine Last) angeschlossen werden.
6. Es wird zwischen Erzeuger- und Verbraucher-Zählpfeilsystem unterschieden. Bei einem Verbraucher zeigen die Zählpfeile für Spannung und Strom in die gleiche Richtung. An einer Quelle zeigen die Zählpfeile für Spannung und Strom in entgegengesetzte Richtungen.
7. Ein Schaltbild besteht aus Schaltzeichen (Symbolen). Die Schaltzeichen repräsentieren einzelne Schaltungselemente (Bauteile). Ein Schaltbild ist somit die symbolische Darstellung, welche und wie einzelne Bauelemente miteinander verschaltet sind.
8. Ein aktiver Zweipol liefert Energie, er ist eine Quelle. Ein passiver Zweipol ist ein elektrischer Verbraucher.
9. Ideale Leitungen sind im Schaltbild Linien. Können nichtideale Eigenschaften von Leitungen nicht vernachlässigt werden, so sind sie durch zusätzliche Bauteile zu berücksichtigen.
10. Die einzelnen Schaltzeichen können in Schaltbildern im Prinzip beliebig gedreht und gespiegelt werden.
11. Spannungen können in Schaltbildern als Potenzial oder mit Spannungspfeilen angegeben werden.
12. Ein Strom wird in einem Schaltbild durch einen Pfeil auf der Leitung gekennzeichnet. Der Pfeil weist normalerweise in die technische Stromrichtung von Plus nach Minus, wenn diese bekannt ist.
13. Die Pfeile für Spannungen und Ströme in Schaltbildern sind Zählpfeile. Für Berechnungen können Zählpfeile zunächst in willkürlicher Richtung in ein Schaltbild eingetragen werden. Ergibt eine Berechnung einen negativen Wert, so ist die tatsächliche Richtung umgekehrt zur eingetragenen Pfeilrichtung. Achtung: Sind in einem Schaltbild bereits Zählpfeile einer Art eingetragen (z. B. Spannungspfeile), so müssen Zählpfeile der anderen

Art (z. B. Strompfeile), die zusätzlich in das Schaltbild eingetragen werden, den Konventionen des Erzeuger- und Verbraucher-Zählpfeilsystems entsprechen.

14. Lineare Kennlinien haben einen geraden, nichtlineare Kennlinien einen gekrümmten Verlauf.

15. Der ohmsche Widerstand ist ein lineares Bauelement.

2.6 Eigenschaften elektrischer Energiequellen

2.6.1 Betriebsfälle aktiver Zweipole

Bei der Zusammenschaltung eines aktiven Zweipols mit einer Last treten in Abhängigkeit vom Lastwiderstand R_L unterschiedliche Betriebsfälle auf.[5]

2.6.1.1 Idealer Leerlauf

Leerlauf bedeutet, an die Anschlussklemmen der Quelle ist kein Widerstand angeschlossen, d. h., der Lastwiderstand ist unendlich groß: $R_L = \infty$. Zwischen den beiden Anschlussklemmen einer Quelle besteht also ein Leerlauf, wenn der Stromkreis unterbrochen ist und zwischen den Klemmen kein Strom fließt. Dies gilt unabhängig von der Spannung U_0 (**Leerlaufspannung**), die zwischen den Klemmen besteht.

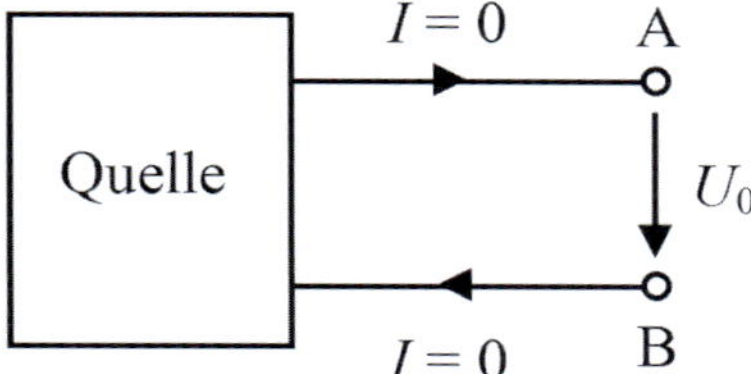

Abb. 27: Idealer Leerlauf

2.6.1.2 Idealer Kurzschluss

Kurzschluss bedeutet, die Anschlussklemmen der Quelle sind unendlich gut leitend miteinander verbunden, d. h., der Lastwiderstand ist null: $R_L = 0\ \Omega$. Somit ist nach dem ohmschen Gesetz $U_K = R_L \cdot I_K = 0 \cdot I_K = 0$ die Spannung zwischen den beiden Klemmen null. Dies gilt unabhängig vom Strom I_K (**Kurzschlussstrom**), der durch die Klemmen fließt.

Anmerkung: In der Praxis erfolgt ein nahezu idealer Kurzschluss durch Überbrückung der Anschlussklemmen mit einem dicken Drahtstück eines guten Leiters (z. B. Kupfer).

5 Auch bezüglich zweier ausgewählter Anschlussklemmen eines beliebigen Netzwerkes (z. B. Ausgang eines Verstärkers) unterscheidet man je nach Betriebsfall zwischen Leerlauf-, Kurzschluss- und Lastfall.

Anmerkung: Dass die Spannung nicht null Volt ist bei offenen Klemmen, sondern dass die Spannung von z. B. Eingangsklemmen einer Schaltung nur dann null Volt ist, wenn die Klemmen gegen Masse kurzgeschlossen sind, ist besonders in der Elektronik (z. B. Verstärkertechnik) zu beachten.

Null Volt bedeutet Kurzschluss!

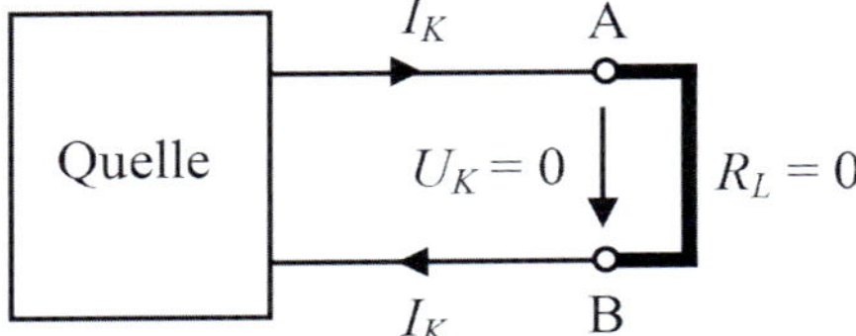

Abb. 28: Idealer Kurzschluss

2.6.1.3 Lastfall

Im **Lastfall** ist an die Anschlussklemmen der Quelle ein Lastwiderstand R_L mit einem bestimmten Widerstandswert angeschlossen. Die Spannung zwischen den beiden Klemmen (die **Klemmenspannung** U_{Kl}) stellt sich je nach Eigenschaften der Quelle ein, sie liegt direkt an der Last und ergibt entsprechend dem ohmschen Gesetz den **Laststrom**.

$$I_L = \frac{U_{Kl}}{R_L} \tag{2.3}$$

Das Wertepaar $\left(U_{Kl}, I_L\right)$ wird **Arbeitspunkt** genannt.

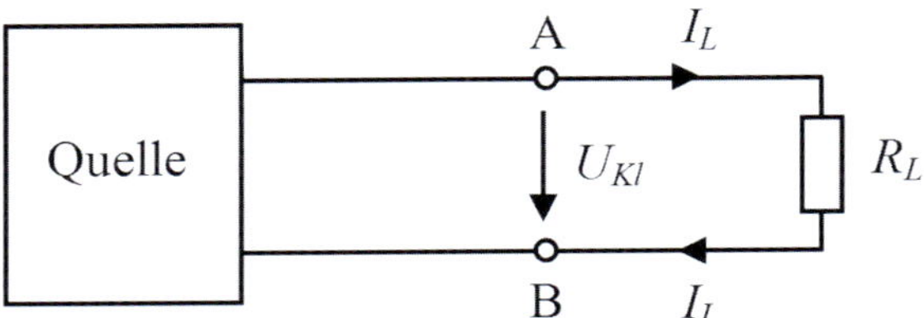

Abb. 29: Lastfall einer Quelle

2.6.2 Die ideale Spannungsquelle

Ideale Quellen sind physikalisch nicht realisierbar. Eine ideale Quelle ist ein Beispiel für ein nützliches physikalisches Modell, welches schwierige Zusammenhänge vereinfacht beschreibt. Um komplizierte Sachverhalte und Beziehungen physikalischer Größen analysieren und mathematisch beschreiben zu können, ist es häufig hilfreich, mit einem einfachen physikalischen Modell die grundlegenden Eigenschaften einer Sache zu beschreiben. Über den Gültigkeitsbereich eines Modells muss man sich natürlich klar sein. In der Elektronik lernt man idealisierte Modelle von Dioden, Transistoren oder Operationsverstärkern kennen, die ebenfalls Abstraktionen einer sehr viel komplizierteren Wirklichkeit sind, aber es gestatten, die Wirkungsweise dieser Bauteile in einem bestimmten Rahmen leicht verständlich zu erläutern.

Um von der tatsächlichen Realisierung und der Konstruktion einer Spannungsversorgung (z. B. Batterie, Akkumulator, Netzgerät) unabhängig zu sein, definiert man allgemein eine Spannungsquelle mit einem eigenen Schaltzeichen.

Eine ideale Gleichspannungsquelle liefert eine Klemmenspannung U_{Kl} bestimmter Höhe (sie ist die Kenngröße der Quelle), die als **Quellenspannung** U_q bezeichnet wird. Es gilt:

$$U_{Kl} = U_q = \text{const.} \tag{2.4}$$

Der Begriff „Quellenspannung" bedeutet, dass es sich um eine konstante Spannung handelt, deren Höhe unabhängig von gewissen Betriebsbedingungen gleich bleibt. Auf diese Tatsache weist der heute nicht mehr gebräuchliche Begriff „Urspannung" etwas deutlicher hin.

Die Quellenspannung einer idealen Spannungsquelle ist unabhängig von der an die Klemmen angeschlossenen Last. Die Spannung zwischen den Klemmen hängt also nicht von der Größe des Stromes ab, der im Lastfall durch die Last und die Quelle fließt. Die Klemmenspannung wird bei Belastung der Quelle nicht kleiner, man sagt, sie „bricht nicht zusammen".

Der Strom durch den Lastwiderstand R_L stellt sich entsprechend Gl. (2.3) ein. Die Bezugsrichtungen von Spannung und Strom entsprechen dem Erzeuger-Zählpfeilsystem für die Quelle und dem Verbraucher-Zählpfeilsystem für den Lastwiderstand.

Die Kennlinie des Lastwiderstandes wird **Lastgerade** genannt, sie wird beschrieben durch:

$$U_{Kl}(I_L) = R_L \cdot I_L \tag{2.5}$$

Wird die Spannung auf der Ordinate und der Strom auf der Abszisse aufgetragen, so ist die Kennlinie der idealen Spannungsquelle eine Parallele zur Abszisse beim Wert der Spannung $U = U_{Kl} = U_q$.

Der Schnittpunkt der beiden Kennlinien ergibt den Arbeitspunkt des Lastfalls mit dem Wertepaar (U_{Kl}, I_L).

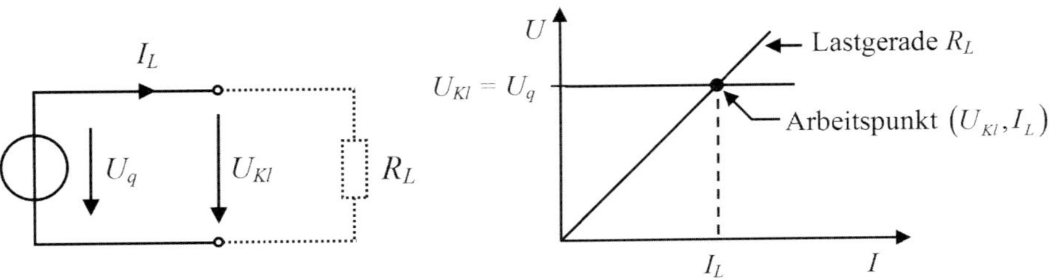

Abb. 30: Ideale Spannungsquelle mit Lastwiderstand (links) und U-I-Kennlinien von Quelle und Last (rechts)

Der Widerstand, den man im Leerlauf einer Spannungsquelle in die beiden Anschlussklemmen hinein „sieht", wird **Innenwiderstand** R_i der Spannungsquelle genannt. Er ist festgelegt durch das Verhältnis von Leerlaufspannung U_q zu Kurzschlussstrom I_K:

$$R_i = \frac{U_q}{I_K} \tag{2.6}$$

Die Klemmenspannung einer idealen Spannungsquelle ist eine Konstante und unabhängig vom Strom. Somit ist die Ableitung der Spannung nach dem Strom gleich null.

$$\frac{dU_{Kl}}{dI_L} = R_i = 0 \tag{2.7}$$

Der Innenwiderstand einer idealen Spannungsquelle ist null!

Bisher wurde nur der Lastfall einer idealen Spannungsquelle betrachtet.

Der **Leerlauf** einer idealen Spannungsquelle ergibt keine Besonderheiten dieses Betriebsfalls und ist unkritisch.

Anders ist dies im **Kurzschlussfall**. Werden die beiden Klemmen einer idealen Spannungsquelle kurzgeschlossen, so muss die Spannung zwischen den beiden Klemmen einerseits gleich null werden, dies bedeutet ja ein Kurzschluss. Andererseits soll laut Definition der idealen Spannungsquelle die Klemmenspannung einen bestimmten konstanten Wert beibehalten, unabhängig vom Wert des Lastwiderstandes. An diesem Widerspruch ist zu erkennen, dass der Fall $R_L = 0$ physikalisch unsinnig ist. Es gibt noch einen zweiten Grund, warum eine ideale Spannungsquelle technisch nicht realisierbar, sondern nur ein Gedankenmodell ist. Die einer idealen Spannungsquelle entnehmbare Leistung ist:

$$P = U_{Kl} \cdot I_L = U_{Kl} \cdot \frac{U_{Kl}}{R_L} = \frac{(U_{Kl})^2}{R_L} \tag{2.8}$$

Würde man den Lastwiderstand R_L beliebig klein machen, so könnte man der idealen Spannungsquelle bei konstanter Spannung U_{Kl} einen beliebig hohen Strom bzw. eine unendlich hohe Leistung (unendlich viel Energie) entnehmen.

In der Realität gibt es Spannungsquellen mit kleinem Innenwiderstand in einer Ausführung als geregelte Netzgeräte, die durch eine elektronische Regelung eine belastungsunabhängige Spannung bis zu einem gewissen maximalen Strom aufweisen.

2.6.3 Die ideale Stromquelle

In der Alltagssprache werden die Begriffe „Spannungsquelle“ und „Stromquelle“ häufig verwendet, als wären es die gleichen Begriffe. Die Spannungsquelle wird oft als Stromquelle bezeichnet, da sie in einer angeschlossenen Last einen Strom hervorruft. In der Elektrotechnik versteht man unter einer Spannungsquelle und einer Stromquelle jedoch Energiequellen mit unterschiedlichen Eigenschaften.

Eine ideale Gleichstromquelle liefert einen konstanten **Quellenstrom** I_q bestimmter Höhe (er ist die Kenngröße der Quelle), der unabhängig vom Wert des angeschlossenen Lastwiderstandes ist. Es gilt:

$$I_L = I_q = \text{const.} \tag{2.9}$$

Man spricht von einem „eingeprägten“ Strom bzw. von einer **Konstantstromquelle**. Der Quellenstrom einer idealen Stromquelle ist ein festgelegter, gleichbleibender Wert, der von der Belastung unabhängig ist. Egal welcher Widerstand an die Klemmen angeschlossen wird, es fließt immer der gleiche (vorher festgelegte) Strom. Dazu muss sich aber die Spannung U_{Kl} zwischen den beiden Klemmen in Abhängigkeit von der Belastung einstellen, und zwar ohne Rückwirkung auf den Strom.

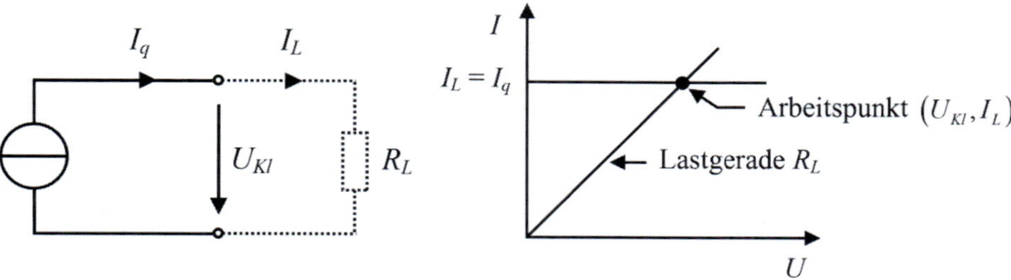

Abb. 31: Ideale Stromquelle mit Lastwiderstand (links) und Strom-Spannungskennlinien von Quelle und Last (rechts)

Der Strom einer idealen Stromquelle ist eine Konstante und unabhängig von der Klemmenspannung. Somit ist die Ableitung des Stromes nach der Spannung gleich null.

$$\frac{dI_L}{dU_{Kl}} = \frac{1}{R_i} = G_i = 0 \tag{2.10}$$

Der Innenwiderstand einer idealen Stromquelle ist unendlich groß! Der Innenleitwert ist null.

Der **Kurzschluss** einer idealen Stromquelle ist unkritisch und ergibt keine Besonderheiten dieses Betriebsfalls.

Anders ist dies im **Leerlauffall**. Die Klemmenspannung einer idealen Stromquelle kann in Abhängigkeit der Last beliebige Werte annehmen. Bei Leerlauf müsste die Spannung zwischen den beiden Klemmen unendlich groß werden, um den Strom konstant zu halten. Dies würde (wie im Kurzschlussfall der idealen Spannungsquelle) eine unendlich hohe abgegebene Leistung bedeuten. Ein Stromfluss ist außerdem nicht denkbar, wenn die Klemmen nicht irgendwie miteinander verbunden sind. Der Leerlauffall (offene Klemmen) ist physikalisch unsinnig. Eine ideale Stromquelle ist also wie eine ideale Spannungsquelle lediglich ein Gedankenmodell und technisch nicht realisierbar.

In der Realität gibt es Stromquellen mit niedrigem Innenleitwert als technische Geräte bzw. als elektronische Schaltungen, die in einem begrenzten Spannungsbereich den Strom durch unterschiedliche Lasten auf einem wählbaren, konstanten Wert halten.

2.6.4 Die reale Spannungsquelle

Der Innenwiderstand einer idealen Spannungsquelle ist null. Jede reale Spannungsquelle (wie z. B. Batterie, Akkumulator, Netzgerät usw.) weist dagegen einen endlichen Innenwiderstand R_i auf, der in Reihe zu einer idealen Spannungsquelle liegt. Eine reale Spannungsquelle wird somit durch eine Reihenschaltung aus idealer Spannungsquelle und Innenwiderstand beschrieben. Der Grund für den Innenwiderstand liegt im inneren Aufbau der Quelle. Eine reale Quelle besteht natürlich aus leitfähigen Materialien mit einem endlichen ohmschen Widerstand. Bei Batterien können dies chemische Stoffe oder Elektrolyte sein, bei Generatoren Wicklungen aus Kupferdrähten. Fließt durch die Quelle ein Strom, so entsteht in dem Leiter Joule'sche Wärme und an ihm fällt eine Spannung ab. Die Quelle erwärmt sich im Betrieb. Der Innenwiderstand verteilt sich mehr oder weniger gleichmäßig über die stromführenden Teile der realen Quelle, im Ersatzschaltbild wird er in einem einzelnen Widerstand zusammengefasst.

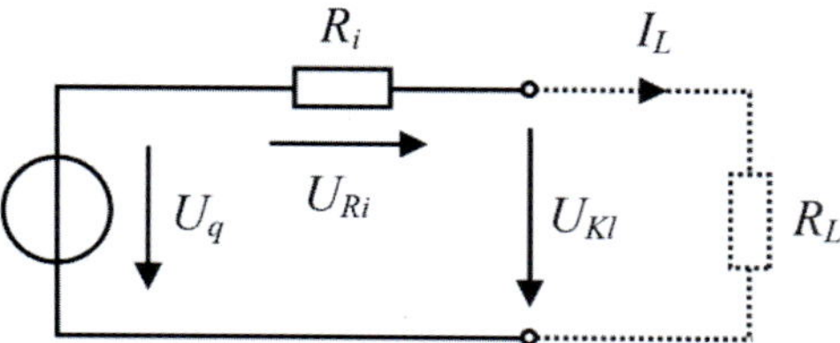

Abb. 32: Reale Spannungsquelle mit Innen- und Lastwiderstand

2.6.4.1 Leerlauffall

Wird eine reale Spannungsquelle im Leerlauf betrieben, so fließt kein Strom und es entsteht kein Spannungsabfall über dem Innenwiderstand. Die an den Anschlüssen der realen Spannungsquelle messbare Klemmenspannung ist die **Leerlaufspannung**, sie entspricht der Quellenspannung. Die Leerlaufspannungen der idealen und der realen Spannungsquelle sind gleich.

Für $R_L = \infty$ und somit $I_L = 0$ gilt:

$$\boxed{U_{Ri} = 0} \tag{2.11}$$

$$\boxed{U_{Kl} = U_q} \tag{2.12}$$

2.6.4.2 Kurzschlussfall

Werden die Klemmen einer realen Spannungsquelle kurzgeschlossen, so fließt der größtmögliche Klemmenstrom, der als **Kurzschlussstrom** I_K bezeichnet wird. Im Kurzschlussfall ist die Klemmenspannung gleich null, am Innenwiderstand liegt die gesamte Quellenspannung. Der Kurzschlussstrom der realen Spannungsquelle wird nur durch den häufig sehr kleinen Innenwiderstand begrenzt. Der Kurzschlussstrom kann daher sehr groß sein. Reale Spannungsquellen dürfen nicht kurzgeschlossen werden, es besteht die Gefahr, dass Quelle und Leitungen überlastet und zerstört werden.

Für $R_L = 0$ und somit $I_L = I_K, U_{Kl} = 0, U_{Ri} = U_q$ gilt:

$$\boxed{I_K = \frac{U_q}{R_i}} \tag{2.13}$$

2.6.4.3 Lastfall

Wird an die Klemmen der realen Spannungsquelle eine Last in Form eines Widerstandes R_L angeschlossen, so fließt ein Laststrom I_L. Durch diesen Strom entsteht am Innenwiderstand ein Spannungsabfall U_{Ri}, welcher der Quellenspannung entgegengerichtet ist. Dadurch wird im Lastfall die Klemmenspannung um den Spannungsabfall am Innenwiderstand kleiner als die Quellenspannung.

$$U_{Kl} = U_q - U_{Ri} \tag{2.14}$$

Der Spannungsabfall U_{Ri} ist direkt proportional zum fließenden Laststrom I_L:

$$U_{Ri} = R_i \cdot I_L \tag{2.15}$$

Somit folgt für die Klemmenspannung:

$$U_{KL}(I_L) = -R_i \cdot I_L + U_q \tag{2.16}$$

Dies ist die Gleichung einer Geraden mit negativer Steigung $-R_i$ und den Achsenabschnitten $U_{Kl} = U_q$ für $I_L = 0$ und $I_L = I_K = \frac{U_q}{R_i}$ für $U_{Kl} = 0$.

Je größer der Innenwiderstand und der vom Verbraucher R_L aufgenommene Strom I_L ist, desto kleiner wird die von der realen Spannungsquelle abgegebene Klemmenspannung U_{Kl}. Man sagt, die Spannung „geht in die Knie“ oder sie „bricht zusammen“. Gute Spannungsquellen zur Versorgung elektrischer bzw. elektronischer Schaltungen sollten daher einen möglichst kleinen Innenwiderstand aufweisen. Ein Beispiel für eine Spannungsquelle mit sehr kleinem Innenwiderstand ist die Starterbatterie im Automobil. Knopfzellen in Uhren haben dagegen einen vergleichsweise hohen Innenwiderstand.

Sind R_i und U_q unabhängig vom Belastungsstrom, so liegt eine **lineare Quelle** vor. Die Darstellung der Klemmenspannung als Funktion des Laststromes ergibt die Kennlinie der realen Spannungsquelle, im Falle einer linearen Quelle ist dies eine Gerade mit der Steigung $-R_i$. Jeder Punkt auf der Kennlinie entspricht einer Beschaltung der realen Spannungsquelle mit einem Lastwiderstand. Der Schnittpunkt der Kennlinie mit der Abszisse gehört zum Kurzschlussfall mit $U_{Kl} = 0$, der Schnittpunkt mit der Ordinate zum Leerlaufbetrieb mit $I_L = 0$.

Die Lastgerade $U_{Kl} = R_L \cdot I_L$ schneidet die Kennlinie der realen Spannungsquelle im Arbeitspunkt AP mit den Werten $\left(U_{Kl,AP}, I_{L,AP}\right)$. Auf diese Weise können Schaltungen grafisch analysiert werden.

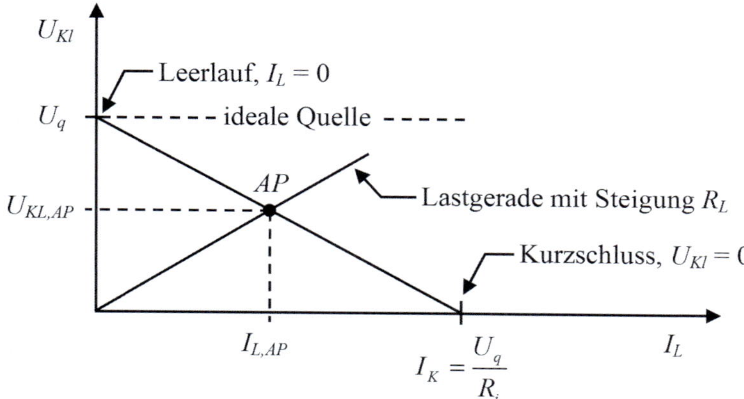

Abb. 33: Spannungs-Stromkennlinie einer realen Spannungsquelle mit Lastwiderstand

Es gibt auch Spannungsquellen mit nichtlinearer Kennlinie. Ein Beispiel für eine nichtlineare Quelle mit gekrümmter Kennlinie ist die Solarzelle. Sie kann nur im waagerechten Bereich ihrer Kennlinie als Spannungsquelle angesehen werden. Im vertikalen Bereich (bei Annäherung an den Kurzschlussstrom) wird ihr Verhalten besser durch eine Stromquelle beschrieben.

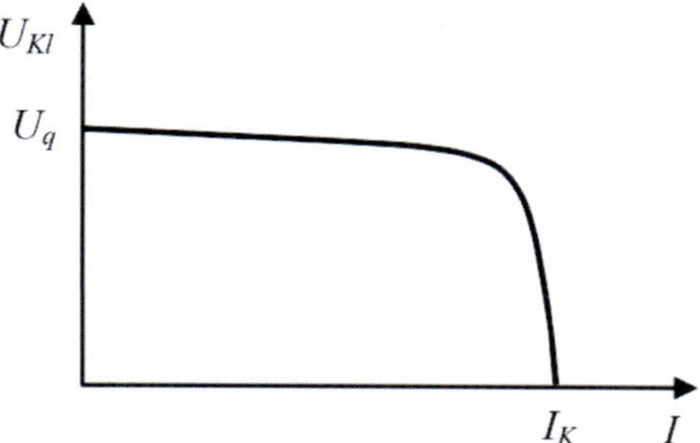

Abb. 34: Kennlinie einer Solarzelle als Beispiel einer nichtlinearen Spannungsquelle

2.6.4.4 Bestimmung des Innenwiderstandes

Der Innenwiderstand einer realen Spannungsquelle ist meist nicht direkt bestimmbar. Die Leerlaufspannung U_q ist an der unbelasteten Spannungsquelle bei $I_L = 0$ leicht messbar. Nach Gl. (2.13) könnte der Innenwiderstand aus $R_i = U_q / I_K$ berechnet werden. Es empfiehlt sich jedoch nicht, den Kurzschlussstrom I_K zu messen, da dieser wie erwähnt sehr hoch sein kann. Stattdessen sollte eine indirekte Bestimmung erfolgen. An die Klemmen wird eine Last angeschlossen. Um eine hohe Genauigkeit zu erhalten, sollte der Widerstandswert in etwa dem Wert des Innenwiderstandes entsprechen. Mit dieser angeschlossenen Last wird jetzt die Klemmenspannung im Lastfall gemessen, wir nennen sie Lastspannung U_L. Zusätzlich wird der Laststrom I_L gemessen.

Der Innenwiderstand kann dann berechnet werden:

$$R_i = \frac{\Delta U}{\Delta I} = \frac{U_q - U_L}{I_L - 0} = \frac{U_q - U_L}{I_L} \tag{2.17}$$

U_q = Leerlaufspannung, U_L = Lastspannung mit zugehörigem Laststrom I_L

Ist der Wert des Lastwiderstandes R_L bekannt, so muss keine Messung des Laststromes erfolgen. Der Laststrom errechnet sich nach:

$$I_L = \frac{U_L}{R_L} \tag{2.18}$$

Damit ist der Spannungsabfall am Innenwiderstand:

$$U_{Ri} = R_i \cdot I_L = \frac{R_i}{R_L} \cdot U_L \tag{2.19}$$

Wie bei den Kirchhoff'schen Gesetzen (Abschnitt 3.1) noch gezeigt wird, muss die Summe aller Spannungen im Stromkreis null sein (Maschensatz).

$$U_q - U_L - U_{Ri} = U_q - U_L - \frac{R_i}{R_L} \cdot U_L = 0 \tag{2.20}$$

Daraus berechnet sich der Innenwiderstand zu:

$$R_i = R_L \cdot \left(\frac{U_q - U_L}{U_L} \right) = R_L \cdot \left(\frac{U_q}{U_L} - 1 \right) \tag{2.21}$$

Beispiel 20

Eine Autobatterie hat ohne Belastung eine Klemmenspannung von $U_0 = 24\ \text{V}$. Unter Belastung von $I_1 = 10\ \text{A}$ sinkt die Klemmenspannung auf $U_1 = 23\ \text{V}$. Wie groß ist der Innenwiderstand R_i der Batterie?

Lösung:

$$R_i = \frac{\Delta U}{\Delta I} = \frac{U_0 - U_1}{I_1 - I_0} = \frac{U_0 - U_1}{I_1};\ R_i = \frac{24\ \text{V} - 23\ \text{V}}{10\ \text{A} - 0\ \text{A}} = \underline{\underline{0{,}1\ \Omega}}$$

Beispiel 21

Die folgende Spannungsquelle hat eine Leerlaufspannung $U_L = 12\ \text{V}$.

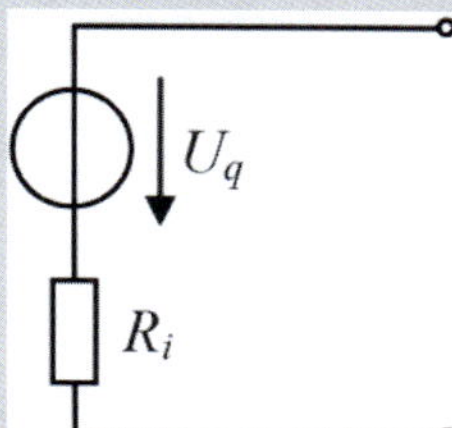

a) Wie groß ist die Quellenspannung U_q?

b) An diese Spannungsquelle wird ein Widerstand $R = 5\ \Omega$ angeschlossen, dabei fließt ein Strom $I = 2\ \text{A}$. Wie groß ist der Innenwiderstand R_i der Spannungsquelle?

Lösung:

a) Der Index „L" in $U_L = 12\ \text{V}$ darf nicht mit der Bedeutung von „**L**ast" verwechselt werden. Bei einer realen Spannungsquelle ist die Leerlaufspannung (die Spannung zwischen den beiden Anschlussklemmen ohne angeschlossenen Lastwiderstand) gleich der Quellenspannung: $\underline{\underline{U_q = U_L = 12\ \text{V}}}$

b) Der Gesamtwiderstand im Stromkreis ist die Summe der beiden in Reihe geschalteten Widerstände. Aus dem ohmschen Gesetz $U = R \cdot I$ folgt:

$$12\ \text{V} = (R_i + 5\ \Omega) \cdot 2\ \text{A};\ R_i = \frac{12\ \text{V}}{2\ \text{A}} - 5\ \Omega;\ \underline{\underline{R_i = 1\ \Omega}}$$

2.6.5 Die reale Stromquelle

Der Innenwiderstand einer idealen Stromquelle ist unendlich groß. Eine reale Stromquelle wird durch die Parallelschaltung einer idealen Stromquelle mit einem endlichen Innenwiderstand beschrieben. So wie bei der realen Spannungsquelle die Klemmenspannung abhängig von der Last ist, so ist bei der realen Stromquelle der gelieferte Strom ebenfalls von der Last abhängig. Diese Belastungsabhängigkeit des Ausgangsstromes kann durch den Innenwiderstand berücksichtigt werden, der parallel zu einem angeschlossenen Lastwiderstand liegt.

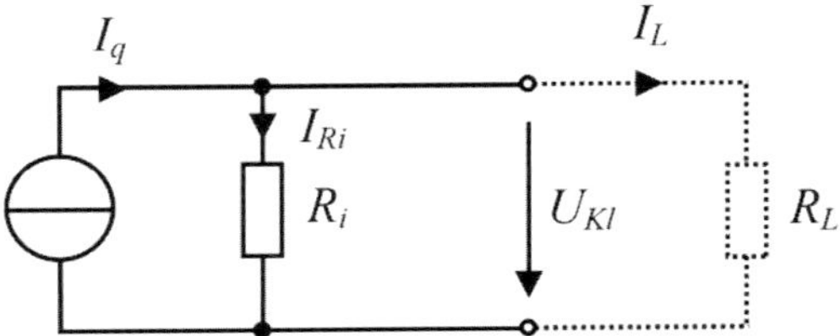

Abb. 35: Reale Stromquelle mit Lastwiderstand

Im **Leerlauffall** ist der Klemmenstrom I_L gleich null. Der Quellenstrom $I_q = I_{Ri}$ fließt dann ausschließlich durch den Innenwiderstand R_i, an dem die Leerlaufspannung $U_{Kl} = R_i \cdot I_q$ abfällt. Eine gute Stromquelle besitzt einen sehr hohen Innenwiderstand. Im Leerlauffall kann daher die Ausgangsspannung einen sehr großen Wert annehmen. Damit es an den offenen Klemmen zu keinen gefährlichen Spannungen oder einem elektrischen Überschlag und dadurch einer Zerstörung der Quelle kommt, darf eine Stromquelle nie mit offenen Klemmen betrieben werden.

Im **Kurzschlussfall** mit $R_L = 0$ wird der maximale Klemmenstrom erreicht, es fließt der Kurzschlussstrom $I_L = I_K = I_q$. Es ist $I_{Ri} = 0$. Die Klemmenspannung ist $U_{Kl} = 0$. Wie man sieht, ist der Kurzschlussstrom der idealen und der realen Stromquelle gleich.

Im **Lastfall** ist an die Ausgangsklemmen ein endlicher Lastwiderstand R_L angeschlossen, es fließt der Laststrom I_L.

Wie bei den Kirchhoff'schen Gesetzen (Abschnitt 3.1) noch gezeigt wird, muss die Summe aller Ströme in einem Knoten null sein (Knotensatz). Somit folgt:

$$\boxed{I_q - I_L - I_{Ri} = 0} \tag{2.22}$$

$$\boxed{I_L = I_q - I_{Ri} \text{ mit } I_{Ri} = \frac{U_{Kl}}{R_i}} \tag{2.23}$$

Für den Klemmenstrom folgt im Lastfall:

$$\boxed{I_L(U_{Kl}) = -\frac{1}{R_i} \cdot U_{Kl} + I_q} \tag{2.24}$$

Dies ist die Gleichung einer Geraden mit negativer Steigung $-1/R_i$ und den Achsenabschnitten $U_{Kl} = R_i \cdot I_q$ für $I_L = 0$ (Leerlauf) und $I_L = I_q$ für $U_{Kl} = 0$ (Kurzschluss). Dieser Zusammenhang wird wieder in einer Strom-Spannungskennlinie dargestellt (Abb. 36).

Aus einer Messung der Klemmenspannung und des Laststromes kann wieder der Innenwiderstand berechnet werden:

$$R_i = \frac{U_{Kl}}{I_q - I_L} \tag{2.25}$$

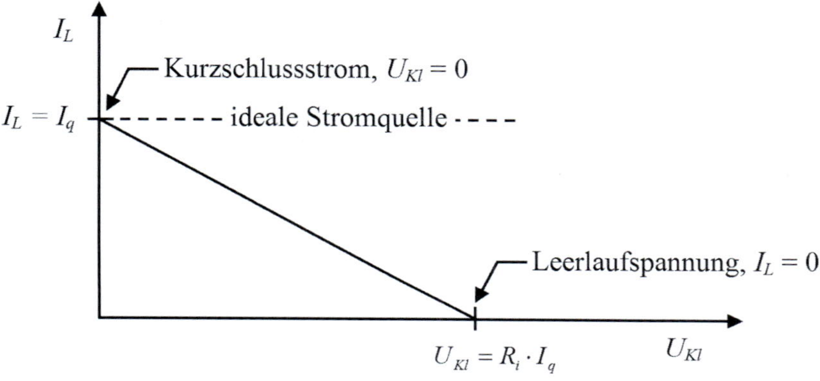

Abb. 36: Strom-Spannungskennlinie einer realen Stromquelle

Werden bei der Kennlinie der realen Stromquelle Ordinate und Abszisse vertauscht, so führt dies zum gleichen Zusammenhang zwischen Klemmenspannung und Ausgangsstrom (Spannungs-Stromkennlinie) wie bei der realen Spannungsquelle. Spannungsquelle und Stromquelle sind also in gleicher Weise geeignet das Verhalten realer Quellen an ihren Klemmen zu beschreiben. Die beiden Arten von Quellen können ineinander umgewandelt werden.

2.7 Leistungsabgabe einer realen Spannungsquelle

Welche Leistung wird von einer realen Spannungsquelle an einen angeschlossenen Verbraucher abgegeben? Wir betrachten dazu den einfachen Stromkreis einer realen Spannungsquelle mit Lastwiderstand in Abb. 32. Entsprechend dem ohmschen Gesetz errechnet sich der Strom durch die Last aus dem Quotienten der Quellenspannung und der Summe aller Widerstände im Stromkreis:

$$I_L = \frac{U_q}{R_i + R_L} \tag{2.26}$$

Die an den Verbraucher abgegebene Leistung ist:

$$P_L = U_{Kl} \cdot I_L = R_L \cdot I_L \cdot I_L = R_L \cdot I_L^2 \tag{2.27}$$

$$P_L = \frac{R_L}{\left(R_i + R_L\right)^2} U_q^2 \tag{2.28}$$

Im Leerlauffall ($R_L = \infty$) ist der Laststrom gleich null und es wird keine Leistung an den Verbraucher abgegeben. Auch im Kurzschlussfall ($R_L = 0$) wird keine Leistung abgegeben, da zwar ein hoher Kurzschlussstrom fließt, aber gleichzeitig die Klemmenspannung null ist.

Für einen Lastwiderstand verschieden von null und unendlich gibt die Spannungsquelle eine Leistung an die Last ab, die größer als null ist. Für einen bestimmten Wert des Lastwiderstandes erreicht diese Leistung einen Maximalwert. Um diesen zu berechnen, wird die erste Ableitung von Gl. (2.28) nach R_L gleich null gesetzt.

$$\frac{dP_L\left(R_L\right)}{dR_L} = 0 \tag{2.29}$$

Unter Beachtung der Quotientenregel folgt:

$\frac{\left(R_i + R_L\right)^2 - \left[R_L \cdot \left(2 \cdot R_i + 2 \cdot R_L\right)\right]}{\left(R_i + R_L\right)^4} = 0$. Dieser Bruch ist null, wenn der Zähler null ist.

Wir setzen $R_i^2 + 2R_iR_L + R_L^2 - 2R_iR_L - 2R_L^2 = 0\,; \Rightarrow\ R_i^2 - R_L^2 = 0\,; \Rightarrow$

$$R_L = R_i \tag{2.30}$$

Die von der realen Spannungsquelle an den angeschlossenen Lastwiderstand abgegebene Leistung ist am größten, wenn der Lastwiderstand gleich dem Innenwiderstand ist. Dieser Betriebsfall wird als **Leistungsanpassung** bezeichnet. Die abgegebene Leistung ist dann:

$$P_{L\max} = \frac{U_q^2}{4 \cdot R_i} \tag{2.31}$$

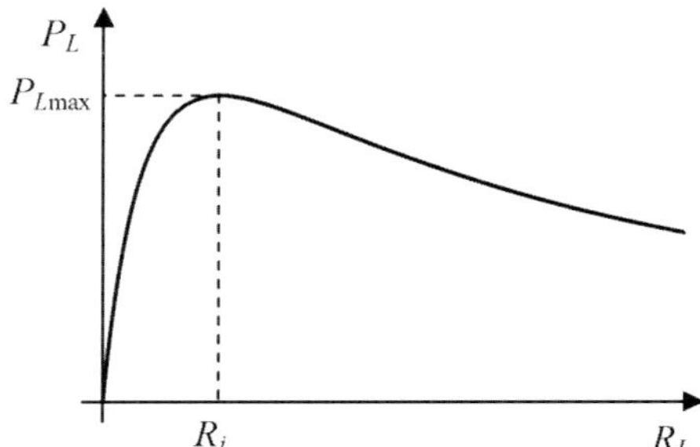

Abb. 37: Verlauf der an den Lastwiderstand abgegebenen Leistung

Bei der Leistungsanpassung ist die Spannung an der Last halb so groß wie die Leerlaufspannung und der Laststrom halb so groß wie der Kurzschlussstrom. Der Wirkungsgrad beträgt nur 50 %, da die im Innenwiderstand entstehende Verlustleistung genauso groß ist wie die an den Verbraucher abgegebene Leistung.

Die von der idealen Spannungsquelle U_q abgegebene Leistung ist:

$$P_q = U_q \cdot I_L = U_q \cdot \frac{U_q}{R_i + R_L}$$

$$\boxed{P_q = \frac{U_q^2}{R_i + R_L}} \qquad (2.32)$$

Sie ist immer größer als die an den Klemmen an die Last abgegebene Leistung P_L. Die Differenz wird als Verlustleistung P_V in Form von Wärme im Innenwiderstand R_i umgesetzt.

Das Verhältnis von an den Verbraucher abgegebener Leistung P_{ab} zu insgesamt zugeführter Leistung P_{zu} ist der Wirkungsgrad $\eta = \frac{P_{ab}}{P_{zu}} = \frac{P_L}{P_q}$. Mit den Gleichungen (2.28) und (2.32) erhalten wir:

$$\boxed{\eta = \frac{R_L}{R_i + R_L}} \qquad (2.33)$$

Für kleine Lastwiderstände geht der Wirkungsgrad gegen null, bei Leistungsanpassung ($R_L = R_i$) beträgt er 50 % und für große Lastwiderstände nähert er sich 100 %.

In der Signaltechnik will man die verfügbare Leistung ausnutzen, es wird daher meist eine Leistungsanpassung angestrebt. In der Energietechnik dagegen soll keine Energie verloren gehen, hier ist ein hoher Wirkungsgrad von Bedeutung.

2.8 Umwandlung von Quellen

Stromquellen sind in den Ersatzschaltbildern verstärkender Elemente wie z. B. Transistoren enthalten. Werden elektronische Netzwerke mit solchen Bauelementen analysiert, so ist eine komplizierte Schaltung leichter zu berechnen, wenn nur Spannungsquellen oder nur Stromquellen in der Schaltung vorkommen. Reale Spannungsquellen und reale Stromquellen lassen sich ineinander umwandeln, dabei dürfen sich Strom und Spannung am Klemmenpaar der Quelle nicht ändern. Zweipole werden als **äquivalent** bezeichnet, wenn ihr Verhalten an den Klemmen identisch ist.

Die Umwandlung einer Spannungsquelle in eine äquivalente Stromquelle bzw. einer Stromquelle in eine äquivalente Spannungsquelle kann nach folgendem Schema erfolgen.

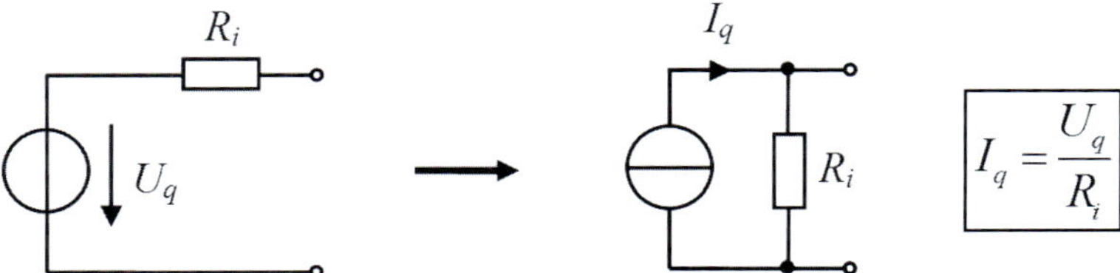

Abb. 38: Umwandlung einer Spannungsquelle in eine Stromquelle

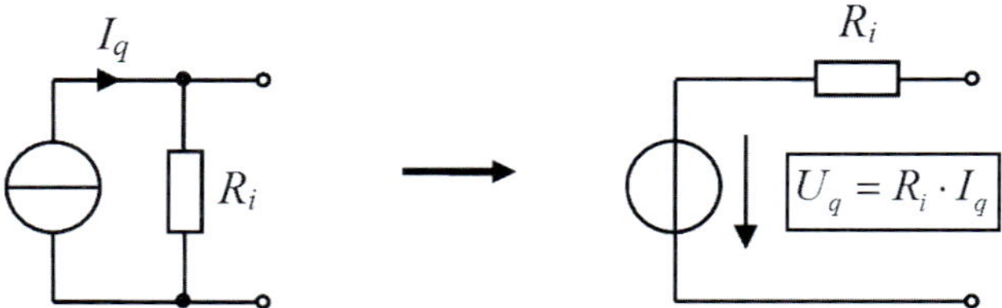

Abb. 39: Umwandlung einer Stromquelle in eine Spannungsquelle

Eine umgewandelte Quelle wird Ersatzquelle genannt. Ersatzspannungsquelle und Ersatzstromquelle beschreiben gleichwertig einen aktiven Zweipol. Bei der Ersatzspannungsquelle ist $U_q = 0$ bei einem Kurzschluss der Klemmen. Bei der Ersatzstromquelle ist $I_q = 0$ bei einem Leerlauf der Klemmen (keine Last angeschlossen).

Eine direkte Umwandlung der Quellen ist nur dann möglich, wenn in **Reihe zur Spannungsquelle** oder **parallel zur Stromquelle** ein **Bauelement** liegt, das man bei der Umwandlung als Innenwiderstand der Quelle betrachten kann. Bei der idealen Spannungsquelle ist $R_i = 0$, und die Ersatzgröße I_q der transformierten Stromquelle würde unendlich groß. Bei der idealen Stromquelle ist R_i unendlich groß, und die Ersatzgröße U_q der transformierten Spannungsquelle würde unendlich groß.

Liegen ideale Quellen für sich alleine in einem Zweig (einer Verbindung zwischen zwei Knotenpunkten) einer Schaltung, so müssen sie erst verlegt (verschoben) werden, ehe eine Umwandlung möglich ist. Da *nach* der Verlegung zu den verlegten idealen Spannungs- bzw. Stromquellen ein Bauelement in Reihe bzw. parallel liegt, können sie dann umgewandelt werden.

Liegt in einem Zweig eine ideale Spannungsquelle, so kann sie über einen Knoten hinweg verschoben werden. Sie muss dann aber in *allen* an den Knoten anschließenden Zweigen berücksichtigt werden.

Liegt in einem Zweig eine ideale Stromquelle, so wird in dem Kreis, in dem der Strom der idealen Stromquelle als Kreisstrom fließt, zu jedem Widerstand die Stromquelle parallel geschaltet.

Anmerkung:

Die Theoreme (Lehrsätze) von Norton[6] und Thévenin[7] (siehe auch Abschnitt 5.6):

Ein aktiver linearer Zweipol kann durch eine reale

- Ersatzstromquelle beschrieben werden, die als Norton-Ersatzschaltung (Norton-Äquivalent) bezeichnet wird.
- Ersatzspannungsquelle beschrieben werden, die als Thévenin-Ersatzschaltung (Thévenin-Äquivalent) bezeichnet wird.

Beispiel 22

Das folgende Beispiel zeigt das Verschieben einer idealen Spannungsquelle. Die Spannungsquelle kann über den rechten Knoten in die drei dort anschließenden Zweige verschoben werden. Die dadurch entstehenden realen Spannungsquellen könnten jetzt in äquivalente Stromquellen umgewandelt werden. Zweckmäßiger könnte es sein, die Spannungsquelle über den linken Knoten in die beiden dort anschließenden Zweige zu verschieben.

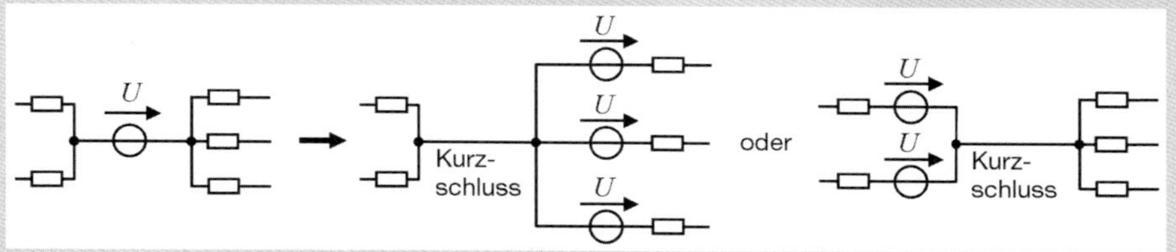

Abb. 40: Verlegen einer idealen Spannungsquelle

6 Edward Lawry Norton (1898–1983)

7 Léon Charles Thévenin (1857–1926)

Beispiel 23

Diese zwei Beispiele zeigen das Verschieben einer idealen Stromquelle.

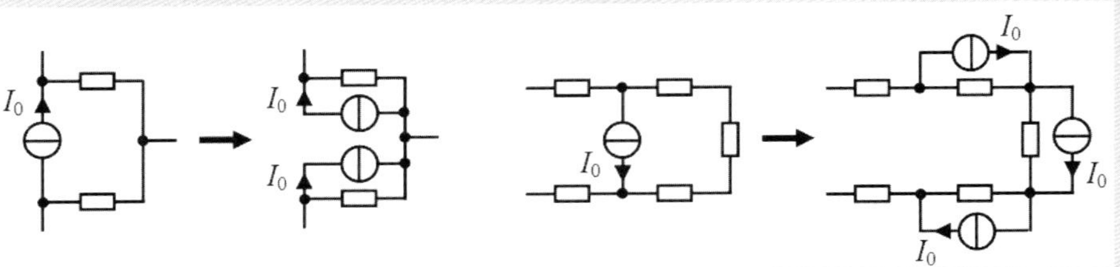

Abb. 41: Verlegen einer idealen Stromquelle

Beispiel 24

Eine Stromquelle mit dem Quellenstrom I_q ist mit Widerständen entsprechend nachfolgender Abbildung beschaltet. Die Stromquelle soll an ihren Klemmen A–B in eine äquivalente Spannungsquelle (Ersatzspannungsquelle) umgewandelt werden.

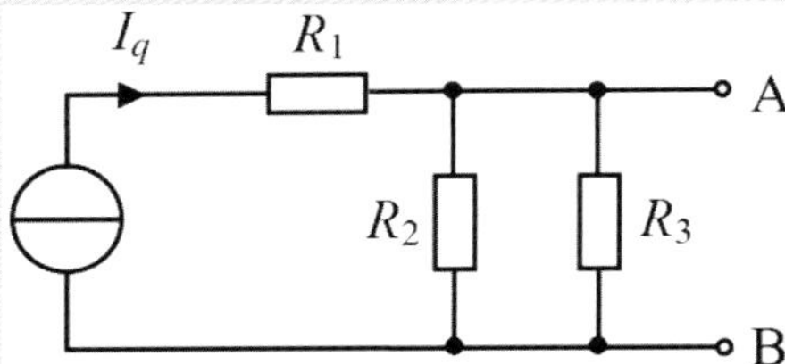

Abb. 42: Stromquelle mit Widerständen

Lösung:

Der Satz von der Ersatzspannungsquelle wird in Abschnitt 5.6 behandelt. Wir nehmen hier vorweg, dass entsprechend diesem Satz ein lineares, aktives Netzwerk mit den Ausgangsklemmen A und B durch eine (ideale) Spannungsquelle mit in Reihe geschaltetem Innenwiderstand ersetzt werden kann. Die sich ergebende (reale) Spannungsquelle ist eine Ersatzspannungsquelle, sie verhält sich bezüglich der Klemmen A und B genauso wie das ursprüngliche Netzwerk. Der (Ersatz-)Innenwiderstand wird bestimmt, indem alle inneren (unabhängigen) Quellen[8] des Netzwerkes gleich null ge-

8 Wir sprechen hier nur von unabhängigen Quellen im Sinne von Energiequellen, deren Kennwerte von anderen Größen in einem Netzwerk unabhängig sind. Abhängige Quellen sind gesteuerte Quellen, deren Werte von Spannung oder Strom in irgendeinem anderen Teil eines Netzwerkes abhängig sind. Sie werden oft als Signalquellen in der Elektronik zur Beschreibung verstärkender Elemente wie z. B. Transistoren benutzt.

setzt werden. Dazu werden alle Spannungsquellen durch einen Kurzschluss ersetzt und alle Stromquellen entfernt. Der Widerstand, den man dann zwischen den Klemmen A und B „sieht“, ist der (Ersatz-)Innenwiderstand.

Zur Bestimmung von R_i wird somit die Stromquelle geöffnet (herausgenommen). Der linke Anschluss von R_1 ist dann offen (R_1 ist unwirksam). In die Klemmen A–B hinein sieht man nur noch die Parallelschaltung von R_2 und R_3 als wirksame Widerstände.

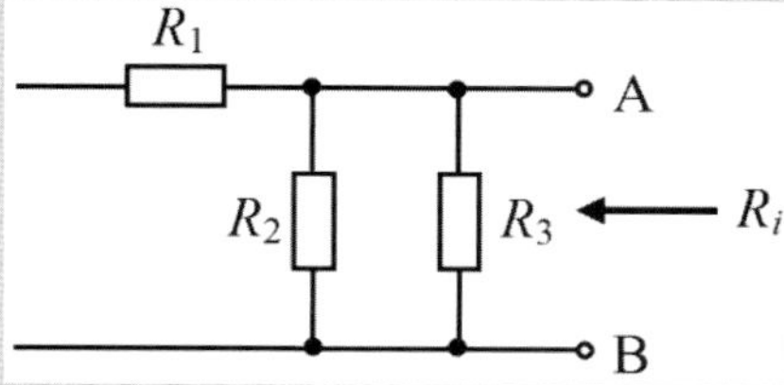

Abb. 43: Zur Bestimmung des Innenwiderstandes der Ersatzspannungsquelle in Beispiel 24

Wie wir in Abschnitt 3.2.2 noch sehen werden, ergibt sich für die Parallelschaltung von R_2 und R_3:

$$\underline{\underline{R_i = \frac{R_2 \cdot R_3}{R_2 + R_3}}}$$

Für die Quellenspannung der Ersatzspannungsquelle erhält man:

$$U_q = I_q \cdot R_i = \underline{\underline{I_q \cdot \frac{R_2 \cdot R_3}{R_2 + R_3}}}$$

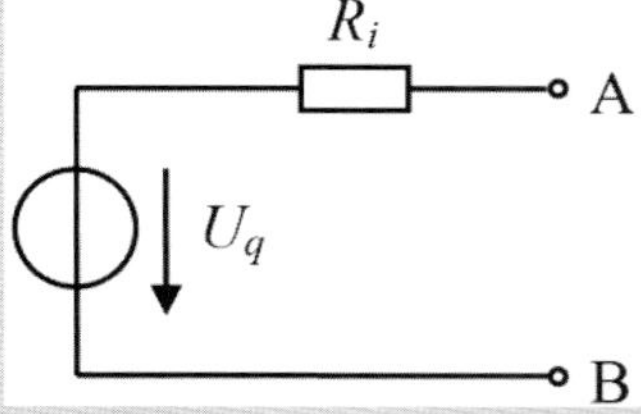

Abb. 44: Die Ersatzspannungsquelle, die sich durch Umwandlung der Stromquelle von Abb. 42 ergibt

2.9 Zusammenschaltung von Quellen

2.9.1 Reihenschaltung von Spannungsquellen

Bei batteriebetriebenen Geräten muss die erforderliche Höhe der Betriebsspannung häufig durch Zusammenschalten mehrerer Batterien gewonnen werden. Elektronische Schaltungen (z. B. mit Operationsverstärkern) benötigen oft eine bipolare und evtl. zusätzlich mit zwei gleichen Beträgen symmetrische Spannungsversorgung mit einer positiven und einer negativen Spannung gegenüber Masse.

Bei der Reihenschaltung von Spannungsquellen addieren sich deren Spannungen und deren Innenwiderstände. Die Leerlaufspannung der Ersatzspannungsquelle ist also gleich der Summe der Leerlaufspannungen der einzelnen Spannungsquellen, wobei auf deren Polarität zu achten ist. Der Innenwiderstand der Ersatzspannungsquelle ist gleich der Summe der Innenwiderstände der einzelnen Spannungsquellen. Die Reihenschaltung von Spannungsquellen ist problemlos, man erhält dadurch eine höhere nutzbare Betriebsspannung.

$$U_q = U_{q1} + U_{q2} + \ldots + U_{qn} \tag{2.34}$$

$$R_i = R_{i1} + R_{i2} + \ldots + R_{in} \tag{2.35}$$

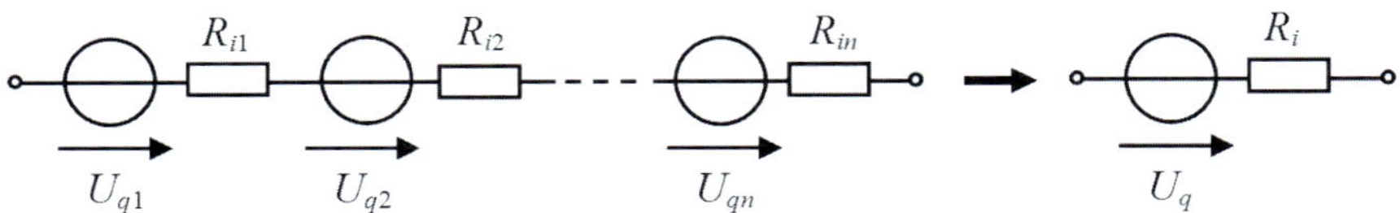

Abb. 45: Reihenschaltung von n Spannungsquellen und sich ergebende Ersatzspannungsquelle

Beispiel 25

Das Beispiel zeigt, dass das Vorzeichen der einzelnen Spannungen bei der Reihenschaltung von zwei Gleichspannungsquellen berücksichtigt werden muss. Außerdem ist eine bipolare, symmetrische Spannungsversorgung mit positiver und negativer Spannung gegen Masse dargestellt, bei der nach außen für jede der Spannungen der einfache Innenwiderstand der Quelle wirkt.

2 Ω
5 Ω
1 Ω
8 Ω
20 V
7 V
5 V
18 V
2 Ω
5 Ω
–15 V
+15 V
15 V
15 V

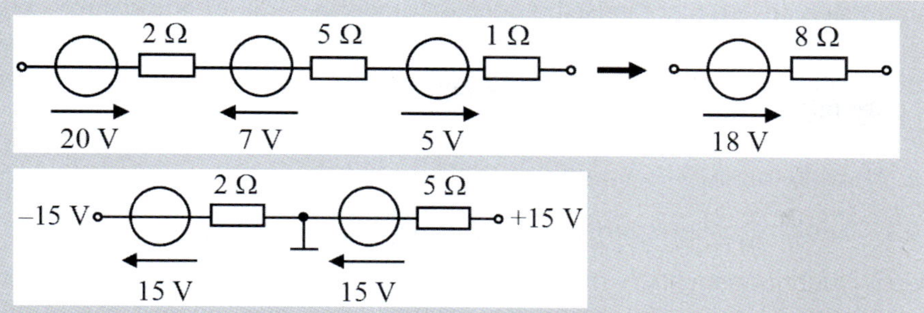

Abb. 46: Reihenschaltung von Spannungsquellen mit unterschiedlichen Vorzeichen und bipolare Spannungsversorgung

2.9.2 Reihenschaltung von Stromquellen

Sollen in Reihe geschaltete Stromquellen zu einer einzigen Ersatzstromquelle zusammengefasst werden, so werden die Stromquellen zunächst in Spannungsquellen umgewandelt, die in Reihe geschaltet sind. Diese Reihenschaltung von Spannungsquellen wird entsprechend dem vorhergehenden Abschnitt als eine einzige Ersatzspannungsquelle dargestellt. Diese Gesamtspannungsquelle wird dann in eine Gesamtstromquelle umgerechnet.

Beispiel 26

Die beiden Stromquellen werden in zwei in Reihe liegende Spannungsquellen umgewandelt.

I_{q1}
I_{q2}
R_{i1}
R_{i2}
R_{i1}
R_{i2}
$U_{q1} = R_{i1} \cdot I_{q1}$
$U_{q2} = R_{i2} \cdot I_{q2}$

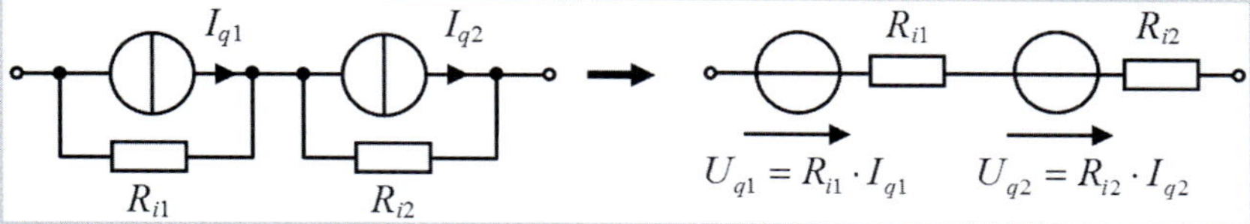

Abb. 47: In Reihe liegende Stromquellen werden zunächst in Spannungsquellen umgewandelt, die in Reihe geschaltet sind

Es folgt die Zusammenfassung zu einer Ersatzspannungsquelle, die wieder in eine Stromquelle umgewandelt wird.

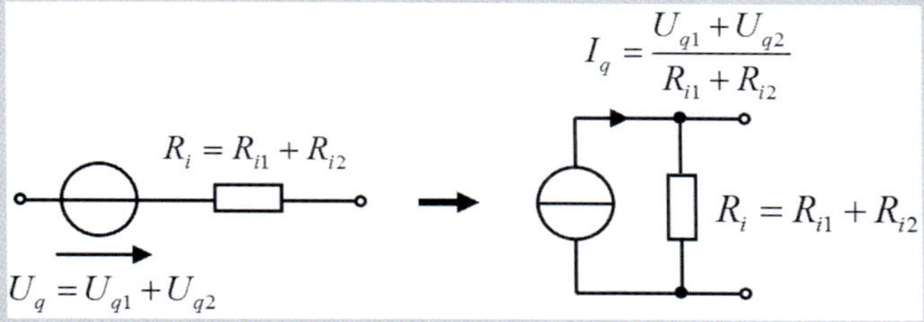

$R_i = R_{i1} + R_{i2}$
$U_q = U_{q1} + U_{q2}$
$I_q = \frac{U_{q1} + U_{q2}}{R_{i1} + R_{i2}}$
$R_i = R_{i1} + R_{i2}$

Abb. 48: Die sich ergebende Ersatzspannungsquelle wird zuletzt in eine Stromquelle umgewandelt

Stromquellen sollten nicht in Reihe geschaltet werden, da aufgrund ihres sehr hohen, aber meist unbekannten Innenwiderstandes die Spannungsaufteilung auf die beiden Quellen nicht bekannt ist. Eine der Stromquellen könnte daher spannungsmäßig überlastet sein.

2.9.3 Parallelschaltung von Spannungsquellen

2.9.3.1 Gleiche Quellenspannungen und gleiche Innenwiderstände

Werden Spannungsquellen mit gleichen Quellenspannungen und gleichen Innenwiderständen parallel geschaltet, so ist die Quellenspannung U_{qE} der Ersatzspannungsquelle gleich der Quellenspannung einer einzelnen Spannungsquelle. Der Innenwiderstand R_{iE} der Ersatzspannungsquelle ist gleich dem Innenwiderstand einer einzelnen Spannungsquelle dividiert durch die Anzahl n der parallel geschalteten Spannungsquellen.

Bei Belastung wird von jeder der parallel geschalteten Spannungsquellen die gleiche Leistung an den Verbraucher abgegeben.

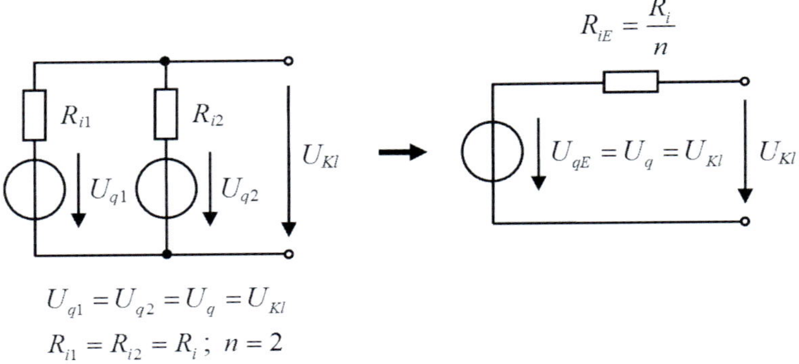

Abb. 49: Parallelschaltung von Spannungsquellen mit gleichen Quellenspannungen und gleichen Innenwiderständen und zugehörige Ersatzschaltung

2.9.3.2 Gleiche Quellenspannungen und unterschiedliche Innenwiderstände

Werden Spannungsquellen mit gleichen Quellenspannungen und unterschiedlichen Innenwiderständen parallel geschaltet, so ist die Quellenspannung U_{qE} der Ersatzspannungsquelle gleich der Quellenspannung einer einzelnen Spannungsquelle (wie unter 2.9.3.1). Der Innenwiderstand R_{iE} der Ersatzspannungsquelle entspricht der Parallelschaltung der unterschiedlichen Innenwiderstände.

Bei Belastung ist die Energieabgabe an den Verbraucher *nicht* gleichmäßig auf die beiden parallel geschalteten Spannungsquellen aufgeteilt.

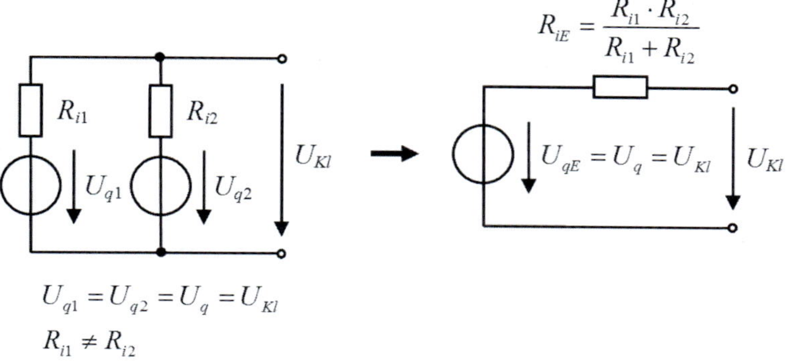

Abb. 50: Parallelschaltung von Spannungsquellen mit gleichen Quellenspannungen und unterschiedlichen Innenwiderständen und zugehörige Ersatzschaltung

2.9.3.3 Unterschiedliche Quellenspannungen

Haben zwei Spannungsquellen unterschiedliche Quellenspannungen und somit auch bei Leerlauf unterschiedliche Klemmenspannungen, so fließt bei deren Parallelschaltung bereits im Leerlauf ein **Ausgleichsstrom** I_A von der Spannungsquelle mit der höheren zu der Spannungsquelle mit der niedrigeren Spannung. Dies ist unabhängig davon, ob die Innenwiderstände gleich oder unterschiedlich sind. Die Quelle mit der größeren Quellenspannung gibt Leistung an die andere Quelle ab, die nicht als Quelle, sondern als Verbraucher wirkt. Bei Batterien bewirkt dies eine schnelle Entladung der Zellen. Andererseits kann es auch beabsichtigt sein, dass eine Spannungsquelle die von einer anderen Quelle abgegebene Energie aufnimmt, z. B. beim Laden eines Akkumulators.

Eine Parallelschaltung von Spannungsquellen könnte verwendet werden, um den verfügbaren maximalen Laststrom bei möglichst konstanter Klemmenspannung zu erhöhen. Dazu dürfen aber nur identische Quellen mit gleichen Quellenspannungen und gleichen Innenwiderständen benützt werden, nur dann werden schädliche Ausgleichsströme verhindert. Da Spannungsquellen kaum absolut identisch herzustellen sind, wird in der Praxis auf eine Parallelschaltung von Spannungsquellen grundsätzlich verzichtet. Stattdessen wird eine einzige Spannungsquelle mit entsprechend hoher Belastbarkeit realisiert.

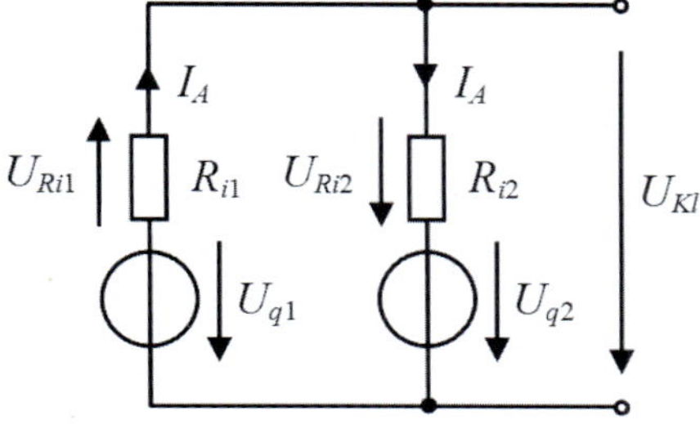

Abb. 51: Ausgleichsstrom I_A bei der Parallelschaltung von Spannungsquellen mit unterschiedlichen Quellenspannungen für den Fall $U_{q1} > U_{q2}$

Es wird der Ausgleichsstrom I_A berechnet.

Die Summe aller Spannungen im Stromkreis ist null (Maschensatz, Abschnitt 3.1.3):

$$U_{Ri1} + U_{Ri2} + U_{q2} - U_{q1} = 0 \tag{2.36}$$

$$I_A \cdot R_{i1} + I_A \cdot R_{i2} + U_{q2} - U_{q1} = 0 \tag{2.37}$$

$$I_A = \frac{U_{q1} - U_{q2}}{R_{i1} + R_{i2}} \tag{2.38}$$

2.9.4 Parallelschaltung von Stromquellen

Eine Parallelschaltung von Stromquellen ist problemlos, man erhält dadurch eine höhere nutzbare Stromstärke.

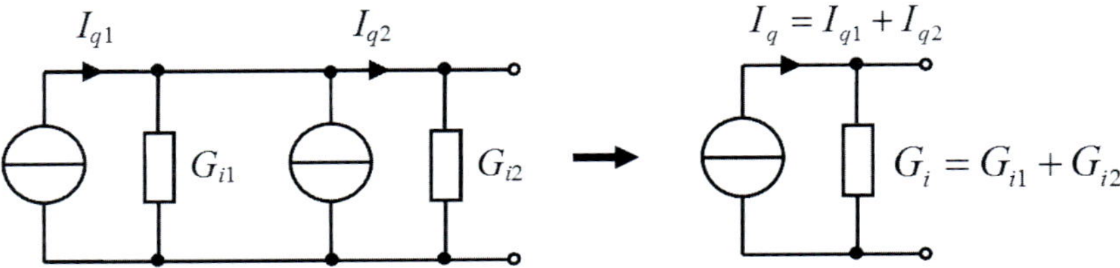

Abb. 52: Parallelschaltung von Stromquellen und zugehörige Ersatzschaltung

Beispiel 27

Bestimmen Sie die Werte von U_q und R_3 so, dass die rechte Schaltung in folgender Abbildung bezüglich der Klemmen A und B gleiches Verhalten hat wie die linke Schaltung.

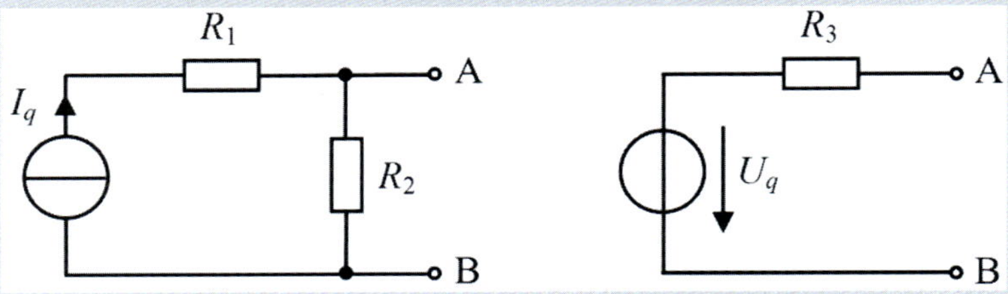

Abb. 53: Umwandlung einer Stromquelle in eine Spannungsquelle

Lösung:

Den Innenwiderstand einer Schaltung „sieht" man, wenn man in die Klemmen einer Schaltung hineinsieht und in der Schaltung sind alle Stromquellen geöffnet und alle Spannungsquellen kurzgeschlossen.

Wird die Stromquelle I_q geöffnet, so hängt der linke Anschluss von R_1 „in der Luft", durch R_1 fließt kein Strom. Zwischen den Klemmen A und B ist jetzt nur R_2 angeschlossen. Damit muss $\underline{\underline{R_3 = R_2}}$ sein (der Innenwiderstand der idealen Spannungsquelle U_q ist null, entsprechend einem Kurzschluss). Die Leerlaufspannung zwischen den Klemmen A und B ist $\underline{\underline{U_q = I_q \cdot R_2}}$.

Beispiel 28

Bestimmen Sie die Werte von I_q und R_3 so, dass die rechte Schaltung in folgender Abbildung bezüglich der Klemmen A und B gleiches Verhalten hat wie die linke Schaltung.

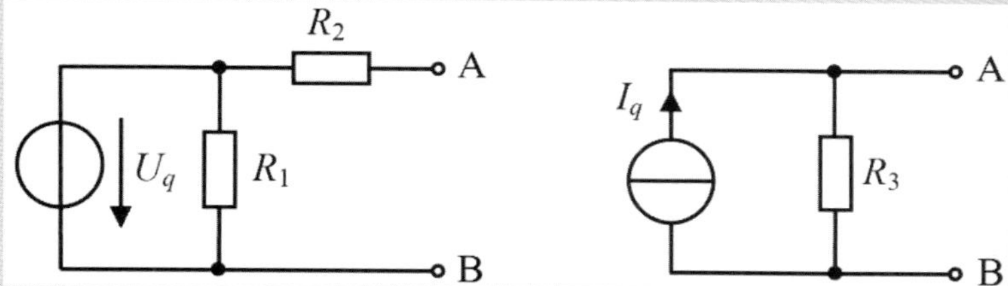

Abb. 54: Umwandlung einer Spannungsquelle in eine Stromquelle

Lösung:

Wird U_q (und somit R_1) kurzgeschlossen, so ist der verbleibende Widerstand zwischen den Klemmen A und B der Widerstand R_2. Somit muss $\underline{\underline{R_3 = R_2}}$ sein. Die Leerlaufspannung zwischen den Klemmen A und B ist U_q. Diese Spannung muss auch an R_3 abfallen: $\underline{\underline{I_q = \frac{U_q}{R_2}}}$. Dies entspricht $I_q = \frac{U_q}{R_3}$.

Beispiel 29

Bestimmen Sie in der folgenden Abbildung die Spannung U_5 an R_5 mithilfe der Umwandlung von Quellen. Folgende Werte sind gegeben:

$U_1 = 120\ \text{V}$, $U_2 = 60\ \text{V}$, $I_1 = 36\ \text{A}$, $R_1 = 20\ \Omega$, $R_2 = 5\ \Omega$, $R_3 = 6\ \Omega$, $R_4 = 1{,}6\ \Omega$, $R_5 = 8\ \Omega$.

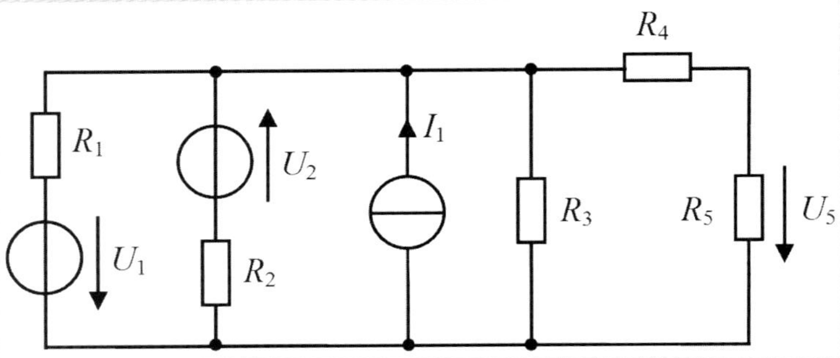

Abb. 55: Berechnung einer Spannung durch Umwandlung von Quellen

Lösung:

Die beiden Spannungsquellen werden in Stromquellen umgewandelt.

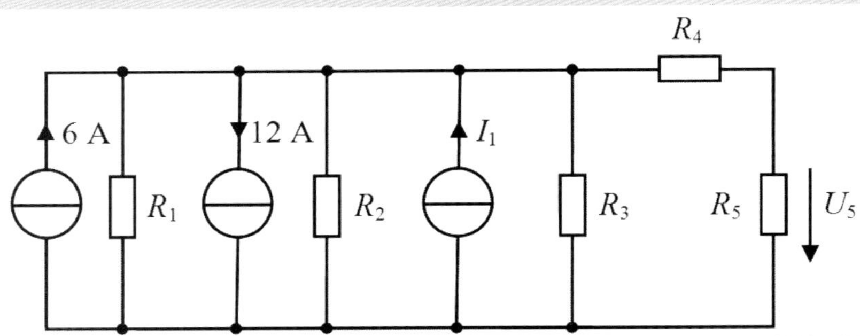

Die Stromquellen werden zusammengefasst.

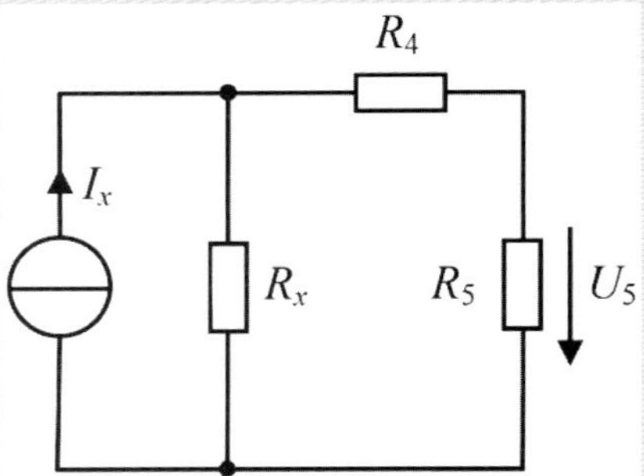

$R_x = (R_1 \parallel R_2) \parallel R_3 = 2{,}4\ \Omega;\ I_x = 6\ \text{A} - 12\ \text{A} + 36\ \text{A} = 30\ \text{A}$

Die Stromquelle wird wieder in eine Spannungsquelle umgewandelt.

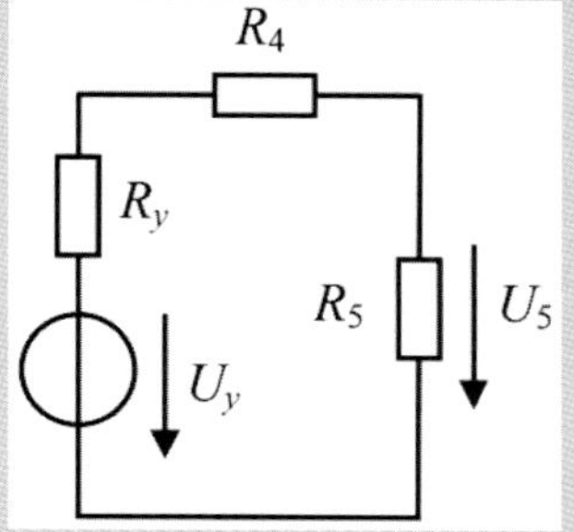

$U_y = R_x \cdot I_x = 72\ \text{V};\ R_y = R_x;$

$$U_5 = U_y \cdot \frac{R_5}{R_y + R_4 + R_5} = 72\ \text{V} \cdot \frac{8\ \Omega}{4\ \Omega + 8\ \Omega} = \underline{\underline{48{,}0\ \text{V}}}$$

2.10 Zusammenfassung

1. Betriebsfälle aktiver Zweipole sind Leerlauf, Kurzschluss und Lastfall.
2. Man unterscheidet zwischen idealen und realen Spannungs- und Stromquellen.
3. Der Innenwiderstand der idealen Spannungsquelle ist null, die Klemmenspannung ist unabhängig von der Last und gleich der Quellenspannung.
4. Der Innenwiderstand der idealen Stromquelle ist unendlich groß, der Quellenstrom ist gleich dem Laststrom und unabhängig von der Last ein konstanter Wert.
5. Eine reale Spannungsquelle besteht aus der Reihenschaltung einer idealen Spannungsquelle und einem Innenwiderstand.
6. Der Innenwiderstand einer Spannungsquelle sollte möglichst klein sein.
7. Bei der realen Spannungsquelle fällt im Lastfall am Innenwiderstand eine Spannung ab.
8. Eine Spannungsquelle ist linear, wenn Innenwiderstand und Quellenspannung unabhängig vom Laststrom sind.
9. Bei einer linearen Spannungsquelle sinkt die Klemmenspannung mit abnehmendem Lastwiderstand (zunehmendem Laststrom) linear ab.
10. Der Innenwiderstand einer realen Spannungsquelle kann aus den Messwerten von Lastspannung und Laststrom bei zwei unterschiedlichen Belastungen berechnet werden.
11. Eine reale Stromquelle besteht aus der Parallelschaltung einer idealen Stromquelle und einem Innenwiderstand.
12. Der Innenwiderstand einer Stromquelle sollte möglichst groß sein.
13. Bei einer realen (linearen) Stromquelle nimmt die Klemmenspannung mit kleiner werdendem Laststrom linear zu.
14. Bei einer realen Spannungsquelle liegt Leistungsanpassung vor, wenn der Innenwiderstand gleich dem Lastwiderstand ist. In diesem Fall wird die maximal mögliche Leistung an die Last abgegeben.
15. Spannungs- und Stromquellen können ineinander umgerechnet werden.
16. Bei der Reihenschaltung von Spannungsquellen addieren sich deren Spannungen und deren Innenwiderstände, man erhält eine höhere nutzbare Gesamtspannung.

17. Eine Parallelschaltung von Spannungsquellen ist zu vermeiden.
18. Eine Reihenschaltung von Stromquellen sollte vermieden werden.
19. Eine Parallelschaltung von Stromquellen ist problemlos möglich, man erhält eine höhere nutzbare Stromstärke. Es addieren sich die Ströme und die Innenleitwerte.

3 Der erweiterte Gleichstromkreis

3.1 Die Kirchhoff'schen Gesetze

Werden mehrere elektrische Bauteile wie z. B. Spannungsquellen, Stromquellen und Widerstände netzförmig miteinander verbunden, so entsteht ein *elektrisches Netz* (eine vermaschte Schaltung). Mit den Kirchhoff'schen[9] Regeln und den Bauteilgleichungen der Bauelemente (z. B. dem ohmschen Gesetz für Widerstände) können Spannungen und Ströme an jeder Stelle einer verzweigten Schaltung berechnet werden. Dies wird als Netzwerkanalyse bezeichnet. Die Kirchhoff'schen Regeln sind die Grundregeln der Netzwerkberechnung. Zunächst werden einige Begriffe erläutert, die zur Beschreibung von Netzwerken dienen.

3.1.1 Zur Terminologie von Netzwerken

In Netzwerken unterscheidet man Zweige, Knoten und Maschen.

- **Zweig**

Ein Zweig ist der direkte Strompfad zwischen zwei Punkten, die Verbindung zwischen zwei Knoten. In einem Zweig befindet sich ein Bauelement oder es sind mehrere Bauelemente in Reihe geschaltet. In einem Zweig fließt ein **Zweigstrom**. Die positive Stromrichtung eines Zweiges wird durch einen entsprechenden Bezugspfeil festgelegt. Die Spannung zwischen den zwei Endpunkten eines Zweiges wird als **Zweigspannung** bezeichnet.

- **Knoten**

Ein Knoten ist eine Stromverzweigung, also ein Punkt im Netzwerk, in dem mindestens zwei Zweige zusammenstoßen. In einem Knoten sind als Verbindungspunkt mehrere Anschlüsse oder Strombahnen von Quellen und Verbrauchern direkt miteinander elektrisch leitend verbunden (z. B. durch Löten, Schrauben, Klemmen usw.). Knoten, die mit ideal leitenden Verbindungsleitungen verbunden sind und demnach auf einem gemeinsamen Potenzial liegen, werden zu einem Knoten zusammengefasst. Jedem Knoten eines Netzwerkes kann ein **Knotenpotenzial** zugeordnet werden. Als **Knotenpunktspannung** ist die Spannung eines Knotens gegenüber einem beliebigen Bezugspunkt (meist Masse) definiert.

- **Masche**

Eine Masche ist ein über mehrere Zweige eines Netzwerkes geschlossener Umlauf. Eine Masche entsteht, wenn mehrere Netzwerkelemente in einer Weise durchlaufen werden, dass keines der Elemente mehr als einmal durchlaufen wird und Anfangs- und Endpunkt zusammenfallen. In einer Masche fließt ein **Maschenstrom**. Der Maschenstrom (auch Ringstrom oder Kreisstrom genannt) ist ein fiktiver Strom eines Maschenumlaufs, der alle Widerstände und Spannungsquellen der Masche durchfließt.

9 G. R. Kirchhoff (1824–1887), deutscher Physiker

Ein Widerstand, der sowohl in einer als auch in einer weiteren oder sogar in mehreren Maschen liegt, verkoppelt die Maschen miteinander, da durch ihn alle betroffenen Maschenströme fließen und damit die Spannung am Widerstand bestimmen. Dieser Widerstand wird als **Koppelwiderstand** bezeichnet.

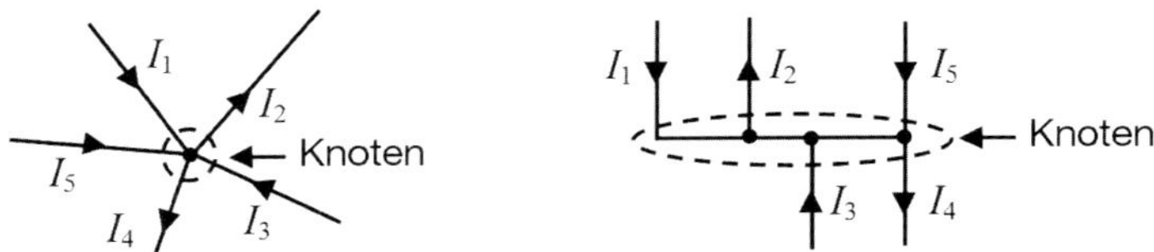

Abb. 56: Der Zusammenschluss mehrerer Leiterbahnen bildet einen Knoten. Gezeigt sind zwei mögliche Arten, einen Knoten zu zeichnen.

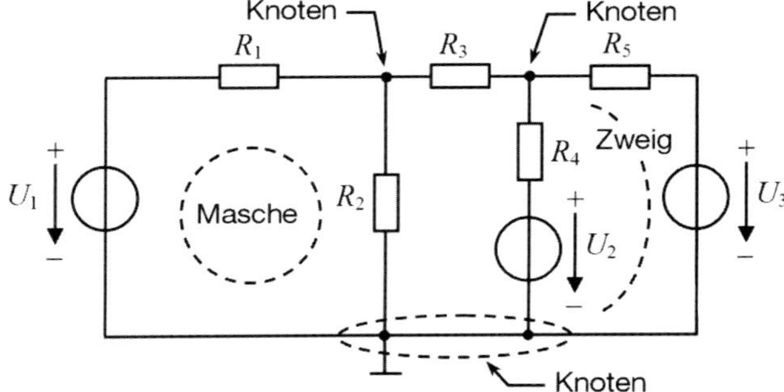

Abb. 57: Zur Definition von Zweig, Knoten und Masche. Man beachte, dass mehrere Verbindungspunkte auf gleichem Potenzial einen einzigen Knoten bilden.

Beispiel 30

Gezeigt ist ein Ausschnitt aus einem Netzwerk mit den Knoten A, B, C, D. Die vier Zweige sind AB, BC, CD, DA. Diese vier Zweige bilden zusammen eine Masche. Zweigströme sind I_1, I_2, I_3, I_4. Zweigspannungen sind U_{AB}, U_{BC}, U_{CD}, U_{DA}. Ein Beispiel für einen Koppelwiderstand ist R_5. Das Knotenpotenzial des Knotens B ist φ_B. Die Knotenpunktspannung des Knotens B gegen Masse ist U_B.

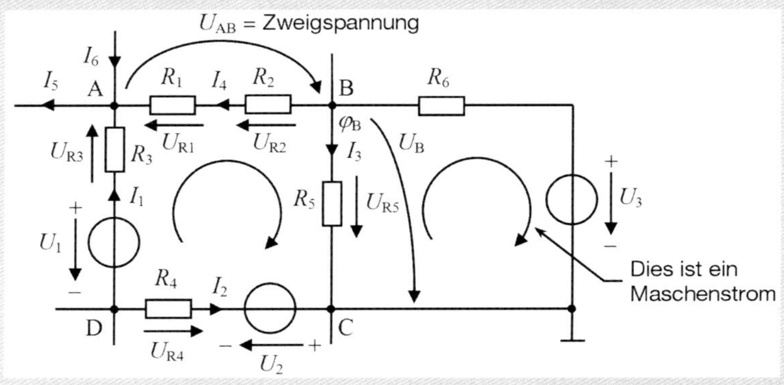

Abb. 58: Ausschnitt eines Netzwerks

3.1.2 Die Knotenregel (1. Kirchhoff'sches Gesetz)

Das 1. Kirchhoff'sche Gesetz wird Knotenregel (auch Knotensatz, Knotenpunktsatz) genannt. Es lautet:

In einem Knoten ist die vorzeichenbehaftete Summe aller Ströme gleich null.

Dabei haben die auf einen Knoten zufließenden Ströme positives und die wegfließenden Ströme negatives Vorzeichen[10]. Das Vorzeichen der Ströme ist also durch die Richtung der Zählpfeile der Ströme gegeben.

Knotenregel:

$$I_1 + I_2 + \ldots + I_n = 0 \quad \text{oder} \quad \sum_{k=1}^{n} I_k = 0 \tag{3.1}$$

Die Knotenregel kann durch Umformung anders ausgedrückt werden:

In einem Knoten ist die Summe aller zufließenden Ströme gleich der Summe aller abfließenden Ströme.

$$I_{1,zu} + I_{2,zu} + \ldots + I_{n,zu} = I_{1,ab} + I_{2,ab} + \ldots I_{m,ab} \quad \text{oder} \quad \sum_{i=1}^{n} I_{i,zu} = \sum_{i=1}^{m} I_{i,ab} \tag{3.2}$$

Zur Vertiefung

Die Knotenregel folgt aus dem Gesetz der **Ladungserhaltung**: In einem Knotenpunkt kann Ladung weder entstehen noch verschwinden, es kann in ihm auch keine Ladung gespeichert werden. Denkt man sich einen Knoten von einem kleinen abgeschlossenen Volumen umgeben, so kann sich die darin enthaltene Ladung nach dem Ladungserhaltungssatz nur durch Zufluss oder Abfluss von Ladungen durch die Oberfläche dieses Volumens ändern. Werden Speichermöglichkeiten innerhalb des Volumens ausgeschlossen (es sind keine Kondensatoren oder Spulen darin enthalten), so müssen über die Oberfläche zugeführte Ladungen unmittelbar wieder über die Oberfläche abfließen. Dieser Sachverhalt wird mathematisch näher untersucht.[11]

Die Stromstärke durch eine Fläche ist das Flussintegral der Stromdichte $\vec{S}$ über diese Fläche.

$$I = \iint_A \vec{S} \bullet d\vec{A} \tag{3.3}$$

10 Die umgekehrte Vereinbarung von Vorzeichen und Stromeinrichtungen wäre auch möglich, ist aber nicht üblich.

11 Weitere Erläuterungen zum Ladungserhaltungssatz finden Sie in „Elektrotechnik für Studierende, Band 1: Grundlagen“ von Leonhard Stiny, Christiani-Verlag, Abschnitt 5.4.

In Gl. (3.3) ist $d\vec{A}$ ein Vektor senkrecht zum jeweiligen infinitesimalen Flächenelement und $\vec{S} \bullet d\vec{A}$ ist der Strom, der senkrecht durch dieses Flächenelement hindurchfließt. Die Richtung der Flächennormalen wird von der Innenseite der Fläche zur Außenseite festgelegt. Ist das Ergebnis $I > 0$, so fließt der Gesamtstrom von der Innen- zur Außenseite.

Wir betrachten ein Raumgebiet V mit einer darin enthaltenen Ladung Q. Durch die Hüllfläche A von V soll ein Ladungsfluss möglich sein. Findet ein Ladungsfluss durch A statt, so muss sich die Ladung im Raumgebiet genau um den Anteil ändern, der durch die Hüllfläche fließt, da Ladung nicht entstehen oder verschwinden kann. Ladungen bleiben erhalten und können sich nur an einen anderen Ort bewegen.

Der Ladungserhaltungssatz sagt aus, dass eine zeitliche Änderung der Gesamtladung innerhalb einer beliebigen Hüllfläche nur stattfinden kann, wenn ein Ladungstransport durch den Fluss von Ladungsträgern durch diese Hüllfläche erfolgt. Mit anderen Worten: In einem abgeschlossenen Volumen kann sich eine Ladung nur durch Zufluss oder Abfluss von Ladungen durch die Oberfläche ändern.

Der Leitungsstrom, der dem Ladungstransport entspricht, kann als Fluss der Leitungsstromdichte durch die Hüllfläche dargestellt werden. Der aus dem Raumgebiet V über die Hüllfläche A herausfließende Strom ist nach Gl. (3.3)

$$I = \oiint_A \vec{S} \bullet d\vec{A} \tag{3.4}$$

Dieser Strom muss gleich sein der *Abnahme* der Ladungsmenge pro Zeiteinheit $-dQ/dt$ im Raumgebiet V, da Strom definiert ist als Änderung der Ladung pro Zeiteinheit. Als Gleichung für die Ladungsbilanz gilt:

$$\underbrace{-\frac{dQ}{dt}}_{\text{Ladungsabnahme im Volumen}} = \underbrace{\oiint_A \vec{S} \bullet d\vec{A}}_{\text{Teilchenstrom aus dem Volumen}} \tag{3.5}$$

Der Flächenvektor $d\vec{A}$ weist aus dem eingeschlossenen Raumgebiet V heraus.

Im Falle einer stationären Strömung (mit konstanter Geschwindigkeit bewegte Ladung, Gleichstrom) kann sich die Ladung Q im Raumgebiet V entsprechend der Ladungserhaltung nicht ändern. Für die Hüllfläche A von V gilt:

$$-\frac{dQ}{dt} = \oiint_A \vec{S} \bullet d\vec{A} = 0 \tag{3.6}$$

Nun wird ein Leiterstück mit N Kontaktflächen A_1, A_2, ... A_N betrachtet. Durch diese Kontaktflächen fließen die Klemmenströme

$$I_k = \iint_{A_k} \vec{S} \cdot d\vec{A} \tag{3.7}$$

Die Flächennormalen der Kontaktflächen sind nach außen orientiert, $I_k > 0$ kennzeichnet somit einen auslaufenden (vom Knoten wegfließenden) Klemmenstrom.

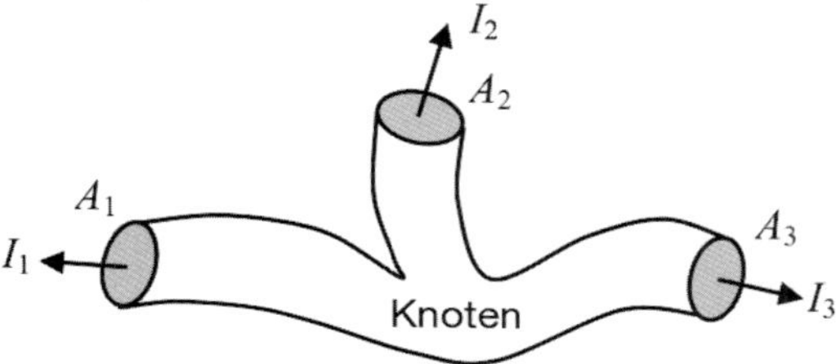

Abb. 59: Leiterstück mit drei Kontaktflächen

Das Leiterstück wird jetzt mit einer Hüllfläche umschlossen, die an den Kontakten mit den Kontaktflächen A_k zusammenfällt. Das Hüllflächenintegral liefert nur bei Integration über die Kontaktflächen einen Beitrag. Man erhält:

$$\oiint_A \vec{S} \cdot d\vec{A} = \sum_{k=1}^{N} \iint_{A_k} \vec{S} \cdot d\vec{A} = \sum_{k=1}^{N} I_k = 0 \tag{3.8}$$

Der rechte Teil dieser Gleichung entspricht der Knotenregel nach Gleichung (3.1).

Der Knotensatz ist allgemeingültig, er ist nicht auf bestimmte Materialien oder Schaltungen beschränkt und gilt für Netzwerke mit linearen, nichtlinearen, passiven und aktiven Bauelementen. Es sind auch keine Detailkenntnisse der Schaltung innerhalb eines Volumens erforderlich. Da die Knotenregel auf dem Ladungserhaltungssatz basiert, kann sie auch auf ein ganzes Gebiet eines Netzwerkes angewandt werden.

Die vorzeichenbehaftete Summe aller Ströme durch eine Oberfläche, die ein bestimmtes Volumen einer Schaltung einhüllt, ist null.

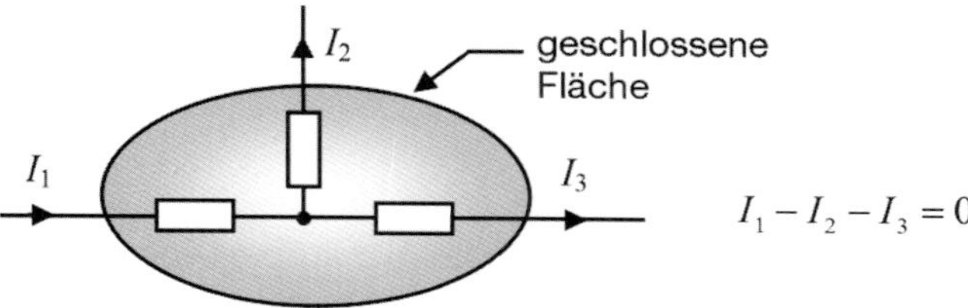

Abb. 60: Anwendung der Knotenregel auf ein Gebiet eines Netzwerkes

Beispiel 31

Mit den in Abb. 56 durch Pfeile angezeigten Stromrichtungen erhält man die Knotengleichung:

$$I_1 - I_2 + I_3 - I_4 + I_5 = 0$$

Beispiel 32

Für Knoten A in Abb. 58 ist die Knotengleichung: $I_1 + I_4 - I_5 + I_6 = 0$

3.1.3 Die Maschenregel (2. Kirchhoff'sches Gesetz)

Das 2. Kirchhoff'sche Gesetz wird Maschenregel (auch Maschensatz) genannt. Es lautet:

In einer Masche ist die vorzeichenbehaftete Summe aller Spannungen gleich null.

Vor der Anwendung der Maschenregel auf eine Masche muss eine **Umlaufrichtung** der Masche festgelegt werden. Der **Umlaufsinn** entspricht der Richtung eines Maschenstroms und ist **frei wählbar**, entweder im oder entgegen dem Uhrzeigersinn. Dieser Umlaufsinn wird durch einen (gebogenen oder kreisförmigen) **Umlaufpfeil** in der Masche markiert. Durchläuft man von einem Knoten ausgehend (der **Startknoten** ist **frei wählbar**) eine Masche und kehrt zum Ausgangsknoten zurück, so durchfährt man eine Anzahl von Spannungen in den Zweigen. Sind Umlaufrichtung und Zählpfeil einer Spannung gleichgerichtet, so wird die Spannung positiv gezählt, andernfalls negativ.

Spannungspfeile an Spannungsquellen sind von Plus nach Minus gerichtet (entgegen der Stromrichtung entsprechend dem Erzeuger-Zählpfeilsystem). **Spannungspfeile an Widerständen** müssen **in Stromrichtung** gezeichnet werden (entsprechend dem Verbraucher-Zählpfeilsystem).

Vor der Anwendung der Maschenregel sind Stromquellen in Spannungsquellen umzuwandeln. Ein Maschenumlauf über eine Stromquelle ist nicht möglich, er muss über ihren zur Quelle parallel liegenden Quellenwiderstand geführt werden.

Maschenregel:

$$\boxed{U_1 + U_2 + \ldots + U_n = 0} \quad \text{oder} \quad \boxed{\sum_{k=1}^{n} U_k = 0} \tag{3.9}$$

Zur Anwendung der Kirchhoff'schen Gesetze müssen alle auftretenden Spannungen und Ströme in einem Schaltplan mit einem Namen benannt und mit

Richtungspfeilen versehen werden. Ergeben sich die Richtungen der Zählpfeile nicht aus der Schaltung, so können sie auch willkürlich gewählt werden. Auf alle Fälle sind dabei aber die Festlegungen von Erzeuger- und Verbraucher-Zählpfeilsystem zu beachten! Ergibt sich z. B. nach der Berechnung einer gesuchten Spannung ein positives Vorzeichen, so stimmt die Polarität der Spannung mit der willkürlich gewählten Bezugsrichtung des Zählpfeils überein. Hat das Ergebnis ein negatives Vorzeichen, so hat die Spannung in Wirklichkeit eine umgekehrte Polarität gegenüber der vorher willkürlich gewählten Richtung des Zählpfeils. Dasselbe gilt für die Flussrichtung von Strömen.

Durch die Anwendung der Kirchhoff'schen Regeln auf Knoten und Maschen eines Netzwerkes erhält man mehrere Gleichungen. Es werden ebenso viele linear unabhängige[12] Gleichungen benötigt, wie es Unbekannte gibt. Mithilfe des ohmschen Gesetzes lassen sich außerdem die Spannungen an den Widerständen eines Netzes durch die Ströme ausdrücken. Das Gleichungssystem kann dann nach den Unbekannten aufgelöst werden. Diese Vorgehensweise wird bei den Verfahren zur Netzwerkanalyse (Abschnitt 5) näher besprochen.

Zur Vertiefung

Die Maschenregel basiert auf dem Energieerhaltungssatz. Das elektrostatische Feld ist ein konservatives Kraftfeld, die Arbeit längs eines geschlossenen Weges ist null, das Umlaufintegral verschwindet.

$$\oint_{Weg} \vec{E} \bullet d\vec{s} = 0 \quad (3.10)$$

[13]

Mit den Knotenpunkten A, B... und den Wegen (Zweigen) AB, BC... ergibt sich:

$$\oint_{Weg} \vec{E} \bullet d\vec{s} = \int_A^B \vec{E} \bullet d\vec{s} + \int_B^C \vec{E} \bullet d\vec{s} + \ldots + \int_X^A \vec{E} \bullet d\vec{s} = U_{AB} + U_{BC} + \ldots + U_{XA} = \sum_{k=1}^{n} U_k = 0 \quad (3.11)$$

Bezogen auf die Energie sagt der Maschensatz aus, dass beim Transport einer Ladung in einem geschlossenen Stromkreis (Masche) die Energie, welche die Ladung in einer Spannungsquelle erhält, gleich ist den Energien, welche sie auf dem Weg zum anderen Pol durch die Widerstände verliert. Die Summe der Änderungen der potenziellen Energie ist null.

12 Linear unabhängig bedeutet, keine Gleichung kann aus den anderen Gleichungen hergeleitet werden, d. h., jede Gleichung enthält Information, die in den anderen nicht enthalten ist.

13 Siehe „Elektrotechnik für Studierende, Band 1: Grundlagen“ von Leonhard Stiny, Christiani-Verlag, Abschnitt 5.6

Beispiel 33

Betrachtet wird folgende Masche, welche rechtsherum orientiert ist.

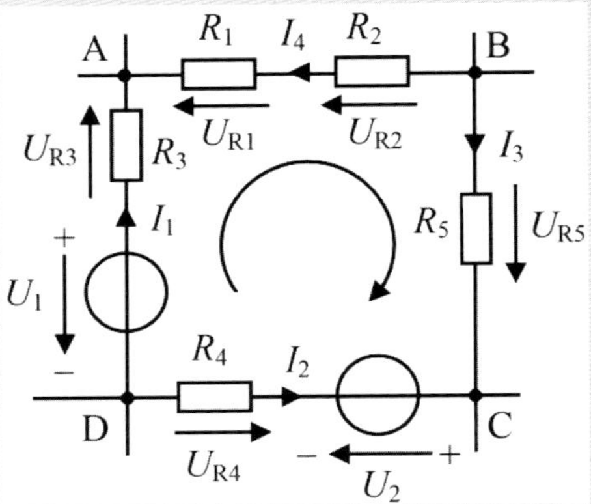

Abb. 61: Ein Beispiel zum Maschensatz

Wir stellen die Maschengleichung auf, wobei Knoten D willkürlich als Startpunkt (und Endpunkt) gewählt wird.

$$-U_1 + U_{R3} - U_{R1} - U_{R2} + U_{R5} + U_2 - U_{R4} = 0$$

Mit dem ohmschen Gesetz können wir Ströme und Werte der Widerstände mit einbeziehen.

$$-U_1 + R_3 \cdot I_1 - R_1 \cdot I_4 - R_2 \cdot I_4 + R_5 \cdot I_3 + U_2 - R_4 \cdot I_2 = 0$$

$$-U_1 + R_3 \cdot I_1 - I_4 \cdot (R_1 + R_2) + R_5 \cdot I_3 + U_2 - R_4 \cdot I_2 = 0$$

Mit Knotengleichungen können Beziehungen für Ströme aufgestellt werden. So erhält man ein Gleichungssystem, welches nach den Unbekannten zu lösen ist.

3.2 Zusammenschaltung von Widerständen

3.2.1 Reihenschaltung

Eine Reihenschaltung mehrerer Widerstände kann durch einen einzigen Widerstand mit dem Wert des Gesamtwiderstandes ersetzt werden. Dieser Widerstand wird dann Ersatzwiderstand genannt, er hat an seinen Klemmen das gleiche Strom-Spannungs-Verhalten wie die Reihenschaltung der einzelnen Widerstände.

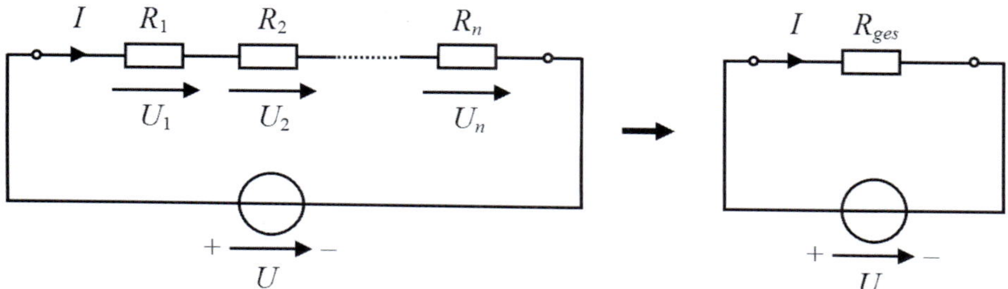

Abb. 62: Reihenschaltung von Widerständen und Ersatzwiderstand

Aus dem Maschensatz folgt:

$$U = U_1 + U_2 + \ldots + U_n \tag{3.12}$$

Mit dem ohmschen Gesetz erhält man:

$$U = R_1 \cdot I + R_2 \cdot I + \ldots + R_n \cdot I = \left(R_1 + R_2 + \ldots + R_n\right) \cdot I \tag{3.13}$$

Somit ist der Gesamtwiderstand:

$$R_{ges} = R_1 + R_2 + \ldots + R_n = \sum_{i=1}^{n} R_i \tag{3.14}$$

Werden einzelne Widerstände in Reihe geschaltet, so ergibt sich der Wert des Gesamtwiderstandes aus der Summe der einzelnen Widerstandswerte.

R_{ges} ist stets größer als der größte der Einzelwiderstände.

Dies bedeutet: Wird zu einem sehr großen Widerstand ein sehr kleiner in Reihe geschaltet, so verkleinert sich bei konstanter Spannung der Strom nur geringfügig, da der Gesamtwiderstand nur geringfügig größer geworden ist.

Da keine Knoten vorhanden sind, kann keine Aufteilung des Stromes erfolgen. Die Stromstärke ist an jeder Stelle des Stromkreises gleich groß. Bei der

Reihenschaltung findet eine Spannungsaufteilung statt. Die Teilspannungen an den Widerständen, die bei verschieden großen Widerstandswerten unterschiedlich groß sind, addieren sich zu der außen anliegenden Gesamtspannung.

Das Verhältnis der Teilspannungen ist gleich dem Verhältnis der entsprechenden Teilwiderstandswerte. Durch Division der einzelnen Teilspannungsgleichungen mit Kürzen des Stromes ergibt sich:

$$\frac{U_1}{U_2} = \frac{R_1 \cdot I}{R_2 \cdot I} = \frac{R_1}{R_2} \qquad \frac{U_1}{U_3} = \frac{R_1}{R_3} \qquad \frac{U_2}{U_3} = \frac{R_2}{R_3} \quad \text{usw.} \tag{3.15}$$

3.2.2 Parallelschaltung

Werden einzelne Widerstände parallel geschaltet und an eine Spannungsquelle angeschlossen, so liegt an allen Widerständen die Klemmenspannung U an.

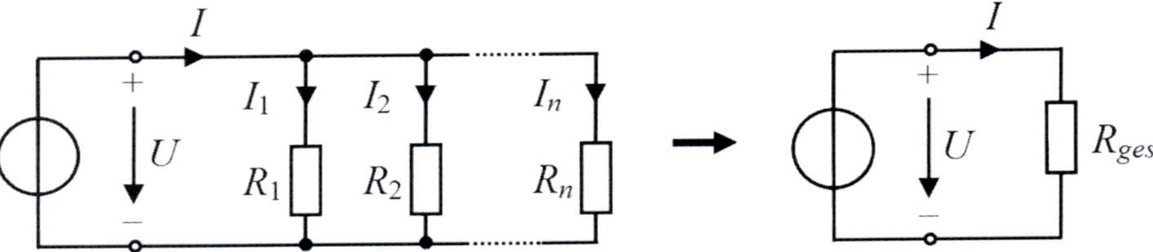

Abb. 63: Parallelschaltung von Widerständen und Ersatzwiderstand

Bei der Parallelschaltung findet eine Stromaufteilung statt. Nach der Knotenregel ist der Gesamtstrom gleich der Summe aller Teilströme. Die Teilströme durch die Widerstände, die bei verschieden großen Widerstandswerten unterschiedlich groß sind, addieren sich zum Gesamtstrom.

$$I = I_1 + I_2 + \ldots + I_n = \sum_{i=1}^{n} I_i \tag{3.16}$$

An allen Einzelwiderständen liegt die Spannung U an. Somit folgt mit dem ohmschen Gesetz:

$$I = \sum_{i=1}^{n} \frac{U}{R_i} = U \cdot \sum_{i=1}^{n} \frac{1}{R_i} = U \cdot \frac{1}{R_{ges}} \tag{3.17}$$

Durch Koeffizientenvergleich findet man den Gesamtwiderstand einer Parallelschaltung von Widerständen. Der Ersatzwiderstand hat den Wert:

$$R_{ges} = \frac{1}{\frac{1}{R_1} + \frac{1}{R_2} + \ldots + \frac{1}{R_n}} = \frac{1}{\sum_{i=1}^{n} \frac{1}{R_n}} \qquad (3.18)$$

Häufig wird diese Formel in folgender Form angegeben:

$$\frac{1}{R_{ges}} = \frac{1}{R_1} + \frac{1}{R_2} + \ldots + \frac{1}{R_n} = \sum_{i=1}^{n} \frac{1}{R_n} \qquad (3.19)$$

Werden einzelne Widerstände parallel geschaltet, so ist der Kehrwert des Gesamtwiderstandes gleich der Summe der Kehrwerte der einzelnen Widerstandswerte.

R_{ges} ist stets kleiner als der kleinste der Einzelwiderstände.

Dies bedeutet: Wird zu einem sehr kleinen Widerstand ein sehr großer parallel geschaltet, so erhöht sich bei konstanter Spannung der Strom nur geringfügig, da der Gesamtwiderstand nur geringfügig kleiner geworden ist.

Bei der Parallelschaltung von Widerständen kann es vorteilhaft sein, nicht mit Widerstandswerten, sondern mit Leitwerten zu rechnen. Mit den Leitwerten

$$G_i = \frac{1}{R_i} \qquad (3.20)$$

ergibt sich aus Gl. (3.17):

$$I = \sum_{i=1}^{n} U \cdot G_i = U \cdot \sum_{i=1}^{n} G_i = U \cdot G_{ges} \qquad (3.21)$$

$$G_{ges} = G_1 + G_2 + \ldots + G_n = \sum_{i=1}^{n} G_i \qquad (3.22)$$

Werden einzelne Widerstände parallel geschaltet, so ergibt sich der Wert des Gesamtleitwertes aus der Summe der einzelnen Leitwerte.

G_{ges} ist stets größer als der größte der Einzelleitwerte.

Bei der Parallelschaltung ist das Verhältnis der Teilströme umgekehrt zum Verhältnis der entsprechenden Teilwiderstandswerte. Durch Division der einzelnen Teilstromgleichungen mit Kürzen der Spannung erhält man:

$$\frac{I_1}{I_2} = \frac{U \cdot G_1}{U \cdot G_2} = \frac{G_1}{G_2} = \frac{R_2}{R_1} \qquad \frac{I_1}{I_3} = \frac{R_3}{R_1} \qquad \frac{I_2}{I_3} = \frac{R_3}{R_2} \quad \text{usw.} \qquad (3.23)$$

Spezialfall: Parallelschaltung von zwei Widerständen

In der Praxis werden kaum mehr als zwei Widerstände parallel geschaltet. Für diesen sehr wichtigen Sonderfall erhält man durch Bilden des Hauptnenners:

$$\frac{1}{R_{ges}} = \frac{1}{R_1} + \frac{1}{R_2} = \frac{R_2 + R_1}{R_1 \cdot R_2} \tag{3.24}$$

$$R_{ges} = R_1 \,||\, R_2 = \frac{R_1 \cdot R_2}{R_1 + R_2} \tag{3.25}$$

Diese Gleichung kommt so häufig vor, dass man sie auf alle Fälle (so wie z. B. das ohmsche Gesetz) auswendig wissen sollte!

Für die Parallelschaltung von zwei Widerständen wird häufig als Abkürzung geschrieben:

$$R = R_1 \,||\, R_2 \tag{3.26}$$

Ist bei der Parallelschaltung von zwei Widerständen $R_1 = R_2 = R$, so ist

$$R_{ges} = R \,||\, R = \frac{R}{2} \tag{3.27}$$

Die Parallelschaltung zweier gleich großer Widerstände ergibt also die Hälfte eines Widerstandswertes. Das Wissen dieser Tatsache kann in einer Prüfung Zeit sparen.

Noch ein Hinweis: Zur Berechnung von zwei parallel geschalteten Widerständen wird von Prüflingen häufig mit den Leitwerten gerechnet, also mit Gl. (3.19) bzw. Gl. (3.22). Nach dem Addieren von Leitwerten wird aber oft vergessen, den reziproken Wert zu bilden, um den Widerstandswert zu erhalten. Es wird daher empfohlen, die Gl. (3.25) anzuwenden.

3.2.3 Spannungsteiler

Zunächst wird der unbelastete, dann der belastete Spannungsteiler mit Festwiderständen betrachtet. Das Potenziometer als variabler Spannungsteiler wird als extra Bauteil vorgestellt.

3.2.3.1 Unbelasteter Spannungsteiler

In elektronischen Schaltungen benötigt man oft Spannungen, die als Teilspannungen von einer größeren Gesamtspannung abgegriffen werden. Als Beispiel sei hier auf die Arbeitspunkteinstellung eines Transistors oder auf die Abschwächung eines Signals hingewiesen. Die einfachste Art, eine gewünschte Spannung aus einer beliebig größeren Spannung zu gewinnen, stellt der ohmsche Spannungsteiler dar, der nur aus ohmschen Widerständen aufgebaut ist. Für Versorgungsspannungen wird diese Art der Spannungswandlung nur selten angewendet, da ein Teil der Gesamtspannung in Wärme (d. h. in Verluste) umgewandelt wird.

Bei einer Reihenschaltung von einzelnen Festwiderständen (Widerstände mit festen, nicht einstellbaren Werten) kann an den Einzelwiderständen eine Spannung abgegriffen werden (siehe Abb. 62). Bei einem Spannungsteiler aus diskreten Widerständen liegt ein festes Spannungsteilerverhältnis vor.

In Abb. 62 ist eine Teilspannung:

$$U_x = R_x \cdot I;\ x = 1 \ldots n \quad \text{mit } I = \frac{U}{R_{ges}} \tag{3.28}$$

Somit ist eine Teilspannung an einem der Widerstände:

$$U_x = U \cdot \frac{R_x}{R_{ges}};\ x = 1 \ldots n \tag{3.29}$$

Dies ist die äußerst wichtige **Spannungsteilerformel**.

Teilspannung = Gesamtspannung mal Widerstand, an dem die Spannung gesucht ist, dividiert durch Gesamtwiderstand

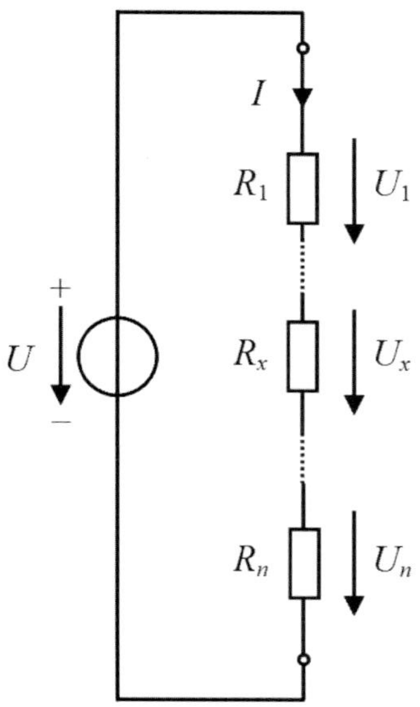

Abb. 64: Spannungsteiler aus mehreren Festwiderständen

Ein Spannungsteiler wird als unbelastet bezeichnet, wenn die abgegriffene Teilspannung keinen Strom liefern muss.

In der Praxis wird fast immer ein Spannungsteiler aus *zwei* ohmschen Widerständen verwendet.

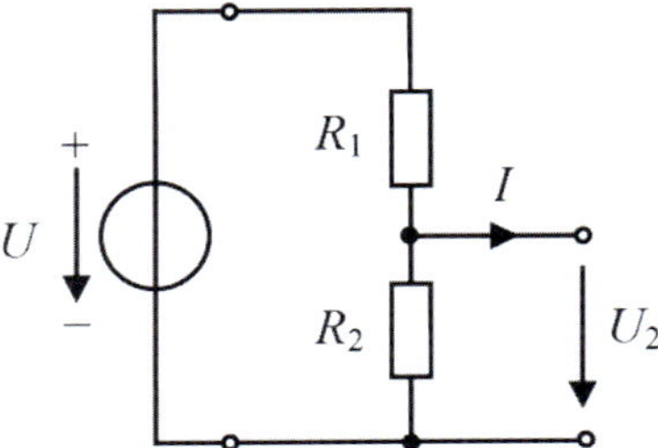

Abb. 65: Unbelasteter Spannungsteiler aus zwei Widerständen

Die Spannungsteilerformel für diesen sehr wichtigen Sonderfall lautet (auch diese Formel sollte man auswendig wissen):

$$U_2 = U \cdot \frac{R_2}{R_1 + R_2} \tag{3.30}$$

Die Spannungsteilerformel gilt nur für den unbelasteten Spannungsteiler mit $I = 0$, also für den Leerlauffall. Der Spannungsabgriff von U_2 muss sehr hochohmig erfolgen, sonst wird diese Ausgangsspannung durch den Lastwiderstand verändert.

3.2.3.2 Belasteter Spannungsteiler

Wird an den Ausgang des Spannungsteilers ein Lastwiderstand angeschlossen, so liegt dieser Widerstand parallel zum Widerstand R_2. Somit verändert sich der untere Widerstand des Spannungsteilers in eine Parallelschaltung des Widerstandes R_2 mit dem Widerstand R_L. Der Ersatzwiderstand dieser Parallelschaltung ist:

$$R_{ersatz} = \frac{R_2 \cdot R_L}{R_2 + R_L} \tag{3.31}$$

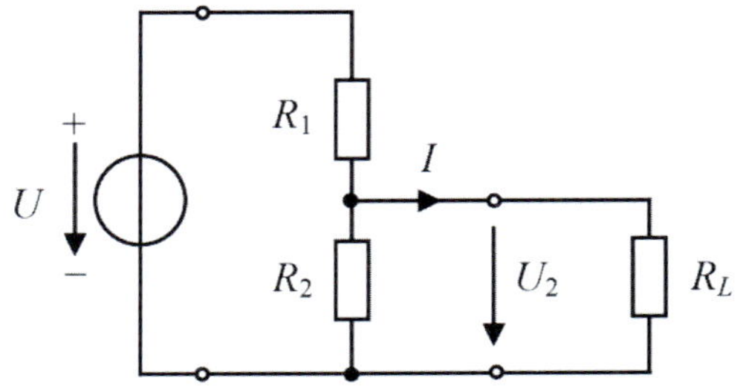

Abb. 66: Belasteter Spannungsteiler mit $I > 0$

In Gl. (3.30) für den unbelasteten Spannungsteiler wird jetzt R_2 durch den Ersatzwiderstand R_{ersatz} ersetzt:

$$U_2 = U \cdot \frac{R_{ersatz}}{R_1 + R_{ersatz}} = U \cdot \frac{\frac{R_2 \cdot R_L}{R_2 + R_L}}{R_1 + \frac{R_2 \cdot R_L}{R_2 + R_L}} = U \cdot \frac{R_2 \cdot R_L}{R_1 \cdot (R_2 + R_L) + R_2 \cdot R_L} \tag{3.32}$$

Die Ausgangsspannung des belasteten Spannungsteilers ist somit:

$$U_2 = U \cdot \frac{R_2}{\frac{R_1 \cdot R_2}{R_L} + R_1 + R_2} \tag{3.33}$$

Wie durch die Parallelschaltung von R_2 und R_L mit $R_{ersatz} < R_2$ zu erwarten war, ist die Ausgangsspannung des belasteten Spannungsteilers kleiner als die des unbelasteten Teilers. Dies sieht man auch daran, dass der Nenner des belasteten Teilers gegenüber dem unbelasteten Teiler um $R_1 \cdot R_2 / R_L$ größer geworden ist.

Beispiel 34

Gegeben ist ein Spannungsteiler nach Abb. 67. Gegeben sind folgende Werte:

$U = 30\ \text{V},\ R_1 = 10\ \text{k}\Omega,\ R_L = 47\ \text{k}\Omega$

a) Für geöffneten Schalter S soll $U_2 = 12\ \text{V}$ sein. Wie groß muss in diesem Fall R_2 sein?

b) Wie groß ist U_2 bei geschlossenem Schalter?

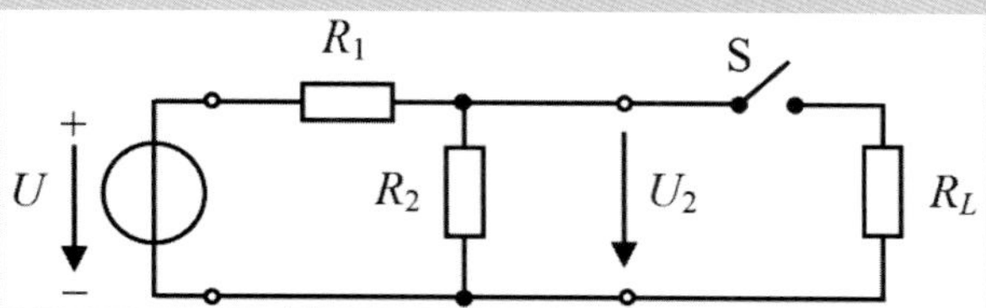

Abb. 67: Spannungsteiler mit anschaltbarer Last

Lösung:

a) Anmerkung: Ungeübte erkennen oft nicht, dass es sich um einen Spannungsteiler handelt, wenn seine Teilwiderstände abgewinkelt wie in obiger Abbildung gezeichnet werden und nicht senkrecht untereinander wie in Abb. 64.

Ist der Schalter geöffnet, so ist der Spannungsteiler unbelastet. Es gilt nach Gl. (3.30):

$U_2 = U \cdot \frac{R_2}{R_1 + R_2}$; aufgelöst nach R_2: $R_2 = \frac{U_2 \cdot R_1}{U - U_2} = \frac{12\ \text{V} \cdot 10^4\ \Omega}{30\ \text{V} - 12\ \text{V}}$;

$\underline{\underline{R_2 = 6666\ \Omega}}$

b) Bei geschlossenem Schalter ist der Spannungsteiler belastet. Nach Gl. (3.33) gilt:

$U_2 = U \cdot \frac{R_2}{\frac{R_1 \cdot R_2}{R_L} + R_1 + R_2}$; $\underline{\underline{U_2 = 11{,}1\ \text{V}}}$

3.2.3.3 Variabler Spannungsteiler

- **Potenziometer unbelastet**

Ein **Potenziometer** ist ein mechanisch betätigtes Bauelement mit drei Anschlüssen zur Verwendung als einstellbarer Spannungsteiler oder als einstellbarer Widerstand. Zwei der Anschlüsse sind mit den Enden eines Widerstandselementes mit einem festen Gesamtwiderstandswert verbunden. Der dritte Anschluss führt zu einem beweglichen Kontakt (Schleifer), der mechanisch über das Widerstandselement geführt werden kann. **Ein Potenziometer kann somit als Spannungsteiler mit einstellbarem Teilerverhältnis geschaltet werden**. Liegt an den festen Endanschlüssen die Spannung U, so kann am Schleifer gegen einen festen Anschluss eine einstellbare Teilspannung U_1 von 0 Volt bis zur Gesamtspannung U abgegriffen werden. Da mit einem Spannungsteiler verschiedene Spannungspotenziale eingestellt werden können, ist für einen solchen einstellbaren ohmschen Widerstand die Bezeichnung Potenziometer (kurz: Poti) üblich.

Potenziometer mit Drehachse werden im Gerät festgeschraubt, die Bedienachse mit aufgebrachtem Drehknopf ist von außen zugänglich. Beim Potenziometer kann das Einstellen des Widerstandswertes durch Drehen an einer Achse (Drehpotenziometer) wie beim Lautstärkeregler am Radio erfolgen oder durch Verschieben eines Abgriffes (Schiebepotenziometer, eingesetzt in Mischpulten in Tonstudios). Beim Drehpotenziometer ist die Widerstandsbahn kreisförmig, beim Schiebepotenziometer gerade ausgebildet. In beiden Fällen wird beim Verstellen über die Widerstandsschicht, die zwischen zwei festen Anschlüssen liegt, ein federnder Abgriff („Schleifer" genannt) entlanggeführt. Dadurch verändert sich der Widerstandswert zwischen den festen Anschlüssen und dem Schleiferanschluss. Mit A und E werden Anfang und Ende der Widerstandsbahn bezeichnet, S kennzeichnet den verstellbaren Abgriff.

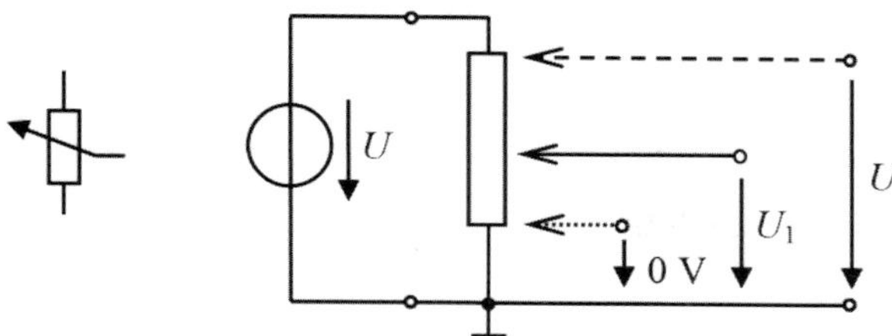

Abb. 68: Schaltzeichen eines Potenziometers (links), Potenziometer in Spannungsteilerschaltung (rechts)

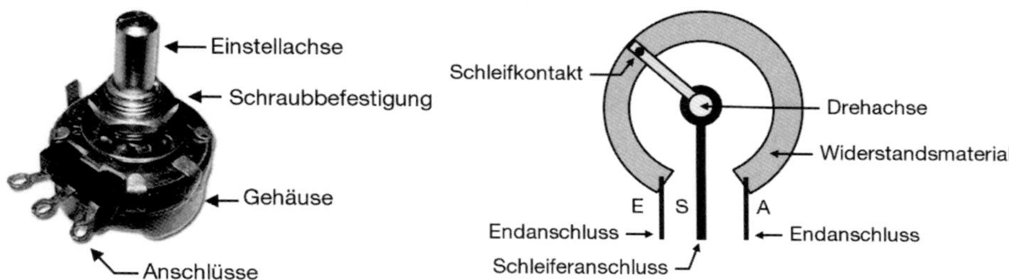

Abb. 69: Ein Drehpotenziometer (links) und das Funktionsprinzip (rechts, Blickrichtung von hinten)

Ist beim Potenziometer in Spannungsteilerschaltung an den Spannungsabgriff (an die Klemmen von Schleifer und unterem Ende des Potenziometers) kein Lastwiderstand angeschlossen, so ist die Sachlage wie beim unbelasteten Spannungsteiler mit Festwiderständen. Ist der Gesamtwiderstandswert des Potenziometers R, so gilt für die Ausgangsspannung (vergleiche Gl. (3.30)):

$$U_2 = U \cdot \frac{k \cdot R}{R} = k \cdot U \tag{3.34}$$

$k \cdot R$ ist in Gl. (3.34) der k-te Teil ($k = 0 \ldots 1$) des Gesamtwiderstandes R. Die Ausgangsspannung steigt linear mit k an. Dies gilt natürlich nur, falls die Kennlinie des Potenziometers linear ist, d. h. der Widerstandswert sich linear mit der Abgriffänderung (z. B. dem Drehwinkel) ändert.

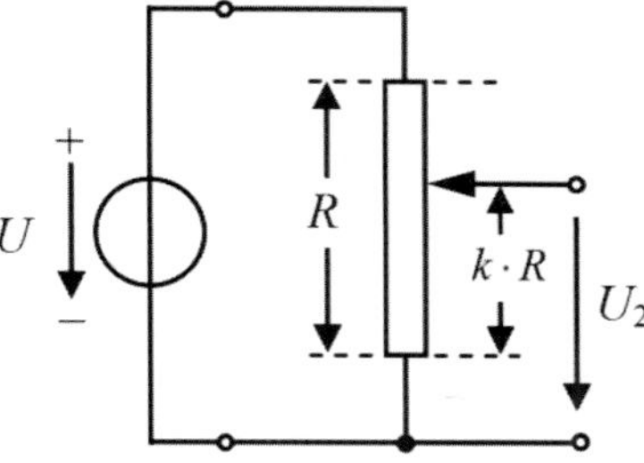

Abb. 70: Unbelasteter variabler Spannungsteiler

• Potenziometer belastet

Ist an den Ausgang des variablen Spannungsteilers ein Lastwiderstand angeschlossen, so kann für den unteren Widerstand R_2 in Abb. 65 gesetzt werden:

$$\boxed{R_2 = k \cdot R;\ k = 0...1;\ R = \text{ Gesamtwiderstand des Potenziometers}} \tag{3.35}$$

Für den oberen Widerstand R_1 kann man setzen:

$$\boxed{R_1 = (1-k) \cdot R} \tag{3.36}$$

Werden diese Ausdrücke für R_1 und R_2 in Gl. (3.33) eingesetzt, so ergibt sich:

$$U_2 = U \cdot \frac{k \cdot R}{\frac{(1-k) \cdot R \cdot k \cdot R}{R_L} + (1-k) \cdot R + k \cdot R} = \frac{k \cdot R \cdot R_L}{(1-k) \cdot R \cdot k \cdot R + (1-k) \cdot R \cdot R_L + k \cdot R \cdot R_L}$$

$$U_2 = U \cdot \frac{k \cdot R_L}{(1-k) \cdot k \cdot R + R_L} = \frac{k}{1 + \left(k - k^2\right) \cdot \frac{R}{R_L}}$$

$$\boxed{U_2 = \frac{1}{\frac{1}{k} + (1-k) \cdot r}} \tag{3.37}$$

Mit $r = R/R_L$ und $k = 0...1$ und $r = 0$, $r = 1$, $r = 10$ und $r = 50$ erhalten wir die folgende normierte Kennlinienschar $U_2/U = a(k,r)$ des belasteten Potenziometers.

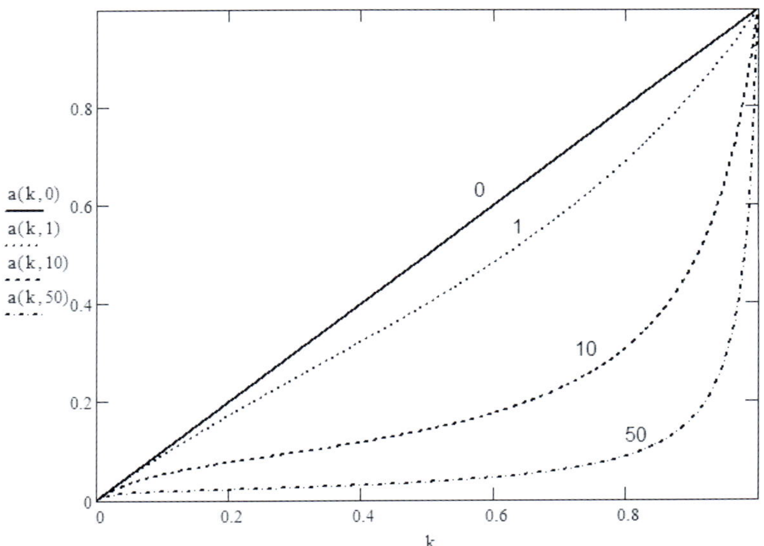

Abb. 71: Verhältnis von Ausgangsspannung zu Eingangsspannung in Abhängigkeit von R/R_L

Als Merkregel:

$$\text{Teilstrom} = \text{Gesamtstrom} \cdot \frac{\text{Widerstand des anderen Teilstroms}}{\text{Ringwiderstand der Masche}} \quad (3.44)$$

Werden statt der Widerstände die Leitwerte betrachtet, so erhält man:

$$\frac{I_1}{I_2} = \frac{G_1}{G_2} \quad (3.45)$$

Bei einer Parallelschaltung von Widerständen teilen sich die Einzelströme im Verhältnis der Leitwerte auf.

Allgemein gilt für einen Stromteiler mit n Leitwerten:

$$\frac{I_\mu}{I} = \frac{G_\mu}{\sum_{\nu=1}^{n} G_\nu}, \ \mu = 1, 2, ..., n \quad (3.46)$$

Beispiel 36

Berechnen Sie in der folgenden Abbildung die drei Ströme I_1, I_2 und I_3. Gegeben sind die Werte $I = 10\ \text{A}$, $R_1 = 5\ \Omega$, $R_2 = 2\ \Omega$, $R_3 = 4\ \Omega$.

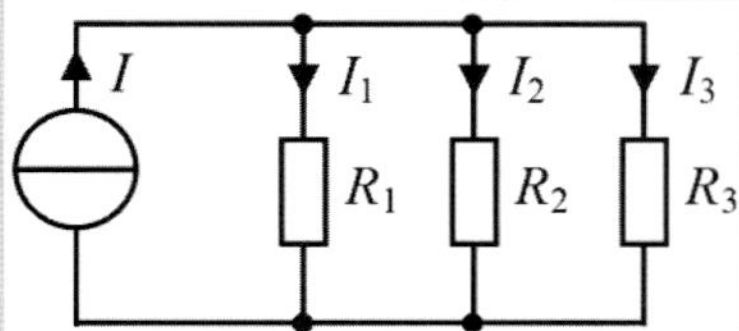

Abb. 73: Berechnung von Teilströmen mit der Stromteilerregel

Lösung:

$$I_1 = I \cdot \frac{R_2 \parallel R_3}{R_1 + R_2 \parallel R_3}; \ R_2 \parallel R_3 = \frac{2\ \Omega \cdot 4\ \Omega}{2\ \Omega + 4\ \Omega} = \frac{4}{3}\ \Omega; \ I_1 = 10\ \text{A} \cdot \frac{4/3\ \Omega}{5\ \Omega + 4/3\ \Omega};$$

$$\underline{\underline{I_1 = 2{,}105\ \text{A}}}$$

$$I_2 = \frac{R_1 \parallel R_3}{R_2 + R_1 \parallel R_3}; \ R_1 \parallel R_3 = \frac{20}{9}\ \Omega; \ I_2 = 10\ \text{A} \cdot \frac{20/9\ \Omega}{2\ \Omega + 20/9\ \Omega}; \ \underline{\underline{I_2 = 5{,}263\ \text{A}}}$$

$$I_3 = \frac{R_1 \parallel R_2}{R_3 + R_1 \parallel R_2}; \ R_1 \parallel R_2 = \frac{10}{7}\ \Omega; \ I_3 = 10\ \text{A} \cdot \frac{10/7\ \Omega}{4\ \Omega + 10/7\ \Omega}; \ \underline{\underline{I_3 = 2{,}632\ \text{A}}}$$

3.2.5 Gemischte Schaltungen von Widerständen

Gemischte Schaltungen, auch **Gruppenschaltungen** genannt, sind Kombinationen aus Parallel- und Reihenschaltungen. Gruppenschaltungen lassen sich immer auf die Grundformen der Parallel- oder Reihenschaltung zurückführen. Einzelne Werte der gemischten Schaltung werden berechnet, indem man die Schaltung in mehreren Schritten vereinfacht. Auf diese Weise können Teilströme, Teilspannungen oder Teilwiderstände berechnet werden.

Der Ersatzwiderstand einer gemischten Schaltung wird z. B. bestimmt, indem in ihr kleinere Gruppen von Reihen- oder Parallelschaltungen gesucht und diese nach den Regeln für die Bildung von Ersatzwiderständen zu Einzelwiderständen zusammengefasst werden. Dadurch entstehen schrittweise wieder neue Reihen- oder Parallelschaltungen, die der gleichen Behandlung unterzogen werden, bis der Ersatzwiderstand gefunden ist.

Beispiel 37

Bestimmen Sie den Gesamtwiderstand R_{ges} zwischen den Klemmen A und B des folgenden Netzwerkes.

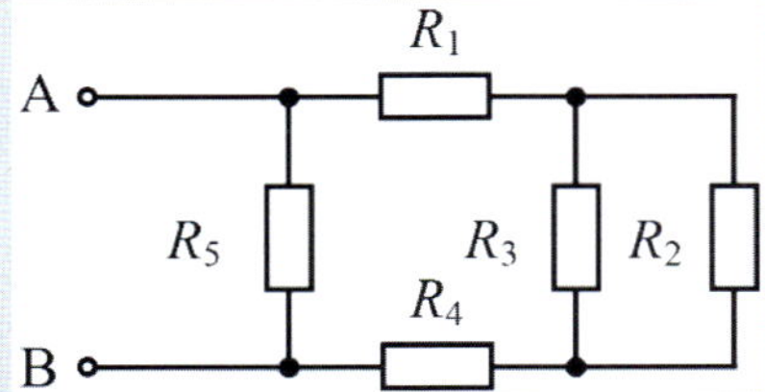

Abb. 74: Eine gemischte Schaltung von Widerständen

Lösung:

Die Parallelschaltung von R_2 und R_3 wird zusammengefasst:

$$R_2 \parallel R_3 = \frac{R_2 \cdot R_3}{R_2 + R_3}$$

Jetzt wird die Reihenschaltung aus R_1, $R_2 \parallel R_3$ und R_4 zum Ersatzwiderstand R_{1234} zusammengefasst:

$$R_{1234} = R_1 + (R_2 \parallel R_3) + R_4$$

Der Gesamtwiderstand ergibt sich als Parallelschaltung von R_5 mit R_{1234}:

$$\underline{\underline{R_{ges} = \frac{\left(R_1 + \frac{R_2 \cdot R_3}{R_2 + R_3} + R_4\right) \cdot R_5}{\left(R_1 + \frac{R_2 \cdot R_3}{R_2 + R_3} + R_4\right) + R_5}}}$$

Beispiel 38

Berechnen Sie für die Widerstandsschaltung in der folgenden Abbildung allgemein und als Zahlenwerte

a) den Gesamtwiderstand R_{ges} des an der Spannungsquelle liegenden Netzwerks,

b) die Ströme I_2 und I_6.

Gegeben sind die Werte $U = 100\ \mathrm{V}$, $R_1 = 12\ \Omega$, $R_2 = 24\ \Omega$, $R_3 = 30\ \Omega$, $R_4 = 45\ \Omega$, $R_5 = 54\ \Omega$, $R_6 = 60\ \Omega$, $R_7 = 54\ \Omega$.

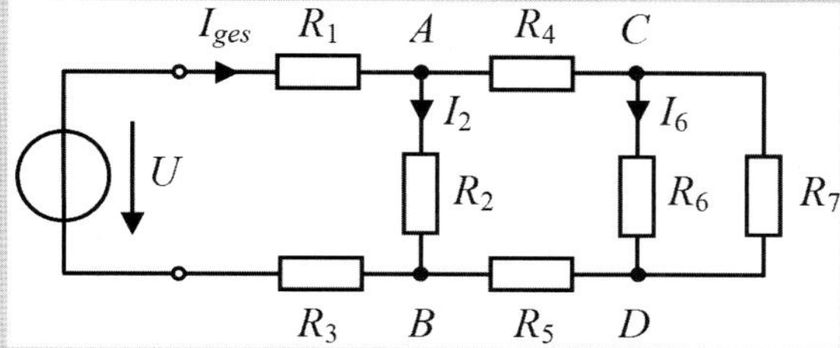

Abb. 75: Widerstandsschaltung

Lösung:

a) Zuerst wird der Ersatzwiderstand zwischen den Punkten A und B nach rechts gesehen bestimmt.

$$R_6 \parallel R_7 = \frac{R_6 \cdot R_7}{R_6 + R_7};\ R_{AB} = R_2 \parallel \left(R_4 + R_6 \parallel R_7 + R_5\right) = \frac{R_2 \cdot \left(R_4 + \frac{R_6 \cdot R_7}{R_6 + R_7} + R_5\right)}{R_2 + \left(R_4 + \frac{R_6 \cdot R_7}{R_6 + R_7} + R_5\right)}$$

$$R_{ges} = R_1 + R_{AB} + R_3;\ \underline{\underline{R_{ges} = R_1 + R_3 + \frac{R_2 \cdot \left(R_4 + \frac{R_6 \cdot R_7}{R_6 + R_7} + R_5\right)}{R_2 + \left(R_4 + \frac{R_6 \cdot R_7}{R_6 + R_7} + R_5\right)}}};$$

$$\underline{\underline{R_{ges} = 62{,}3\ \Omega}}$$

b) $I_2 = \frac{U_{AB}}{R_2} = \underline{\underline{U \cdot \frac{R_{AB}}{R_{ges} \cdot R_2}}};\ \underline{\underline{I_2 = 1{,}36\ \mathrm{A}}}$

$$I_6 = \frac{U_{CD}}{R_6} = \frac{U_{AB}}{R_6} \cdot \frac{R_6 \parallel R_7}{R_4 + R_5 + R_6 \parallel R_7} = \frac{U}{R_6} \cdot \frac{R_{AB}}{R_{ges}} \cdot \frac{R_6 \parallel R_7}{R_4 + R_5 + R_6 \parallel R_7}$$

$$\underline{\underline{I_6 = \frac{U}{R_6} \cdot \frac{R_{AB}}{R_{ges}} \cdot \frac{\frac{R_6 \cdot R_7}{R_6 + R_7}}{R_4 + R_5 + \frac{R_6 \cdot R_7}{R_6 + R_7}}}};\ \underline{\underline{I_6 = 134{,}9\ \mathrm{mA}}}$$

3.2.6 Stern-Dreieck- und Dreieck-Stern-Umwandlung

Es gibt Widerstandsschaltungen, bei denen der Gesamtwiderstand des Zweipols nicht durch eine Vereinfachung von Reihen- und Parallelschaltungen ermittelt werden kann. Ein Beispiel für solch eine Schaltung ist die sogenannte **Brückenschaltung**, die in der Messtechnik für genaue Widerstandsmessungen verwendet wird. In der Brückenschaltung lassen sich Ströme und Spannungen nicht mit der Spannungsteiler- oder Stromteilerregel ermitteln, da es in der Schaltung keine Parallel- oder Serienschaltungen mehrerer Widerstände gibt, die schrittweise durch Ersatzwiderstände ersetzt werden können.

Durch eine Stern-Dreieck- oder Dreieck-Stern-Umwandlung der Schaltung erhält man eine Anordnung der Bauelemente mit Reihen- und Parallelschaltungen, welche dann zu Ersatzwiderständen zusammengefasst werden können. Als Abkürzungen für die Umwandlungen sind üblich: Stern-Dreieck = $Y\Delta$ und Dreieck-Stern = ΔY.

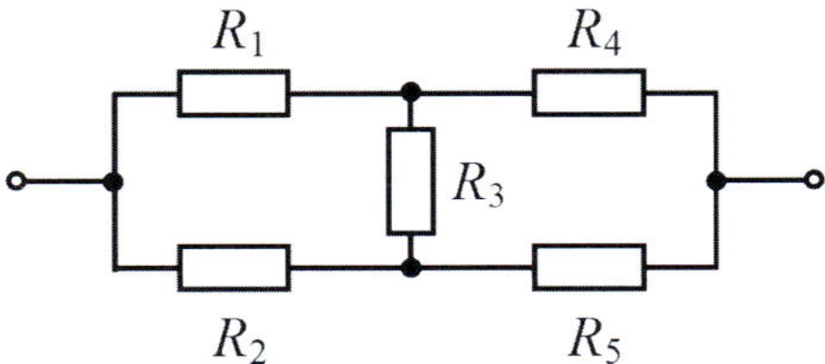

Abb. 76: Eine Brückenschaltung, eine direkte Zusammenfassung der Widerstände ist nicht möglich

Für die Stern- und Dreieckschaltung gibt es je zwei Darstellungsarten, wie die folgende Abbildung zeigt. Die in der Energietechnik üblichen Darstellungsweisen haben entsprechend ihrer Geometrie den Schaltungen ihren Namen gegeben.

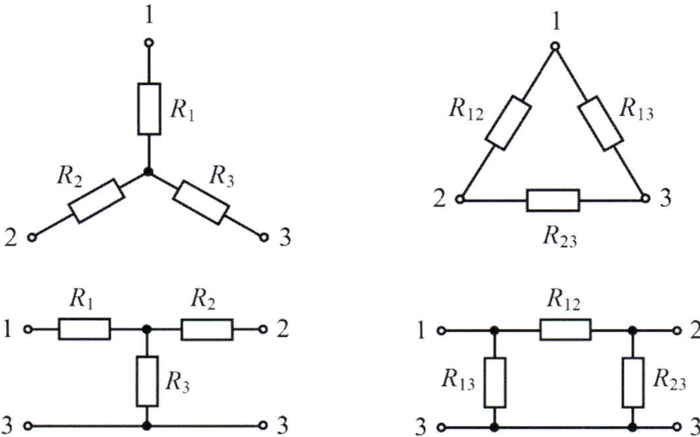

Abb. 77: Stern- und Dreieckschaltung, Darstellungen in der Energietechnik (oben), Darstellungen allgemein (unten), Sternschaltung als T-Glied (unten links), Dreieckschaltung als π-Glied (unten rechts)

Eine Sternschaltung kann in eine elektrisch gleichwertige Dreieckschaltung und umgekehrt umgewandelt werden. Die Schaltungen sind dann gleichwertig, wenn am gleichen Klemmenpaar der Schaltungen identische Widerstandswerte vorliegen. Bei einer Transformation einer Schaltung in die andere darf sich also der Widerstand zwischen den Klemmen 1-2, 1-3 und 2-3 nicht ändern.

3.2.6.1 Dreieck-Stern-Umwandlung

Die Widerstände der Dreieckschaltung R_{12}, R_{13} und R_{23} sind gegeben, gesucht sind die Widerstände der Sternschaltung R_1, R_2 und R_3.

Sollen die Widerstände zwischen zwei Eckpunkten der Dreieckschaltung und der Sternschaltung jeweils gleich sein, so muss gelten:

$$R_{23} \parallel (R_{12} + R_{13}) = R_2 + R_3 \tag{3.47}$$

$$R_{13} \parallel (R_{12} + R_{23}) = R_1 + R_3 \tag{3.48}$$

$$R_{12} \parallel (R_{13} + R_{23}) = R_1 + R_2 \tag{3.49}$$

Gl. (3.48) wird von Gl. (3.47) subtrahiert:

$$R_2 + R_3 - (R_1 + R_3) = \frac{R_{23} \cdot (R_{12} + R_{13}) - R_{13} \cdot (R_{12} + R_{23})}{R_{12} + R_{13} + R_{23}} \tag{3.50}$$

$$R_2 - R_1 = \frac{R_{23} \cdot R_{12} - R_{12} \cdot R_{13}}{R_{12} + R_{13} + R_{23}} \tag{3.51}$$

Zu Gl. (3.51) wird Gl. (3.49) addiert:

$$R_2 - R_1 + R_1 + R_2 = \frac{R_{23} \cdot R_{12} - R_{12} \cdot R_{13} + R_{12} \cdot (R_{13} + R_{23})}{R_{12} + R_{13} + R_{23}} \tag{3.52}$$

Wir erhalten die Formel für den Sternwiderstand R_2 in Abhängigkeit der drei Dreieckwiderstände:

$$R_2 = \frac{R_{12} \cdot R_{23}}{R_{12} + R_{13} + R_{23}} \tag{3.53}$$

Eine analoge Rechnung ergibt die Formeln für die beiden anderen Sternwiderstände.

$$R_1 = \frac{R_{12} \cdot R_{13}}{R_{12} + R_{13} + R_{23}} \tag{3.54}$$

$$R_3 = \frac{R_{13} \cdot R_{23}}{R_{12} + R_{13} + R_{23}} \tag{3.55}$$

Die Merkregel für die Umwandlung von Dreieckwiderständen in Sternwiderstände lautet:

$$\text{Sternwiderstand} = \frac{\text{Produkt der beiden benachbarten Dreieckwiderstände}}{\text{Summe aller Dreieckwiderstände}} \tag{3.56}$$

3.2.6.2 Stern-Dreieck-Umwandlung

Die Widerstände der Sternschaltung R_1, R_2 und R_3 sind gegeben, die Widerstände der Dreieckschaltung R_{12}, R_{13} und R_{23} sind gesucht.

Zunächst werden die Umrechnungsformeln für die Dreieck-Stern-Umwandlung dividiert.

$$\frac{R_2}{R_3} = \frac{R_{12}}{R_{13}}, \quad \frac{R_3}{R_1} = \frac{R_{23}}{R_{12}}, \quad \frac{R_2}{R_1} = \frac{R_{23}}{R_{13}} \tag{3.57}$$

In den Gleichungen (3.53) bis (3.55) werden dann die unbekannten Widerstandsverhältnisse ersetzt, z. B.

$$R_2 = \frac{R_{12} \cdot R_{23}}{R_{12} + R_{13} + R_{23}} = R_{12} \cdot \frac{\frac{R_{23}}{R_{13}}}{1 + \frac{R_{12}}{R_{13}} + \frac{R_{23}}{R_{13}}} = R_{12} \cdot \frac{\frac{R_2}{R_1}}{1 + \frac{R_2}{R_3} + \frac{R_2}{R_1}} \tag{3.58}$$

Auflösen nach R_{12} ergibt:

$$R_{12} = R_2 \cdot \frac{R_1}{R_2} \cdot \left(1 + \frac{R_2}{R_3} + \frac{R_2}{R_1}\right) = R_1 + \frac{R_1 \cdot R_2}{R_3} + \frac{R_1 \cdot R_2}{R_1} \tag{3.59}$$

Die Formeln für die Widerstände der Dreieckschaltung in Abhängigkeit der Widerstände der Sternschaltung sind:

$$R_{12} = R_1 + R_2 + \frac{R_1 \cdot R_2}{R_3} \tag{3.60}$$

$$R_{13} = R_1 + R_3 + \frac{R_1 \cdot R_3}{R_2} \tag{3.61}$$

$$R_{23} = R_2 + R_3 + \frac{R_2 \cdot R_3}{R_1} \tag{3.62}$$

Umwandlung von Sternwiderständen in Dreieckwiderstände:

$$\text{Sternwiderstand} = \sum \begin{matrix}\text{der beiden benachbarten} \\ \text{Sternwiderstände}\end{matrix} + \frac{\text{Produkt der beiden Sternwiderstände}}{\text{gegenüberliegenden Sternwiderstand}} \tag{3.63}$$

Beispiel 39

Die Sternschaltung soll in eine Dreieckschaltung umgewandelt werden. Die Widerstandswerte sind:

$R_1 = 100\ \Omega,\ R_2 = 200\ \Omega,\ R_3 = 300\ \Omega$

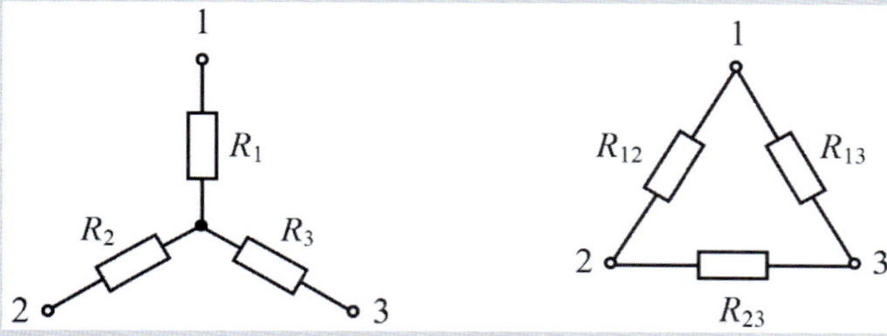

Abb. 78: Zur Umwandlung einer Stern- in eine Dreieckschaltung

Lösung:

$$R_{12} = R_1 + R_2 + \frac{R_1 \cdot R_2}{R_3} = 100\ \Omega + 200\ \Omega + \frac{100\ \Omega \cdot 200\ \Omega}{300\ \Omega} = \underline{\underline{367\ \Omega}}$$

$$R_{13} = R_1 + R_3 + \frac{R_1 \cdot R_3}{R_2} = 100\ \Omega + 300\ \Omega + \frac{100\ \Omega \cdot 300\ \Omega}{200\ \Omega} = \underline{\underline{550\ \Omega}}$$

$$R_{23} = R_2 + R_3 + \frac{R_2 \cdot R_3}{R_1} = 200\ \Omega + 300\ \Omega + \frac{200\ \Omega \cdot 300\ \Omega}{100\ \Omega} = \underline{\underline{1100\ \Omega}}$$

3.2.7 Brückenschaltungen

Eine Brückenschaltung besteht aus vier ringförmig angeordneten Zweigen. Zwei diagonale Klemmen der Schaltung, das Klemmenpaar $A-B$, bilden den Eingang der Schaltung. Die beiden anderen diagonalen Klemmen, das Klemmenpaar $C-D$, stellen den Ausgang der Schaltung dar. Brückenschaltungen werden als sogenannte Messbrücken zur Messung von Bauelementewerten verwendet. Im Folgenden werden nur Gleichstrom-Messbrücken besprochen.

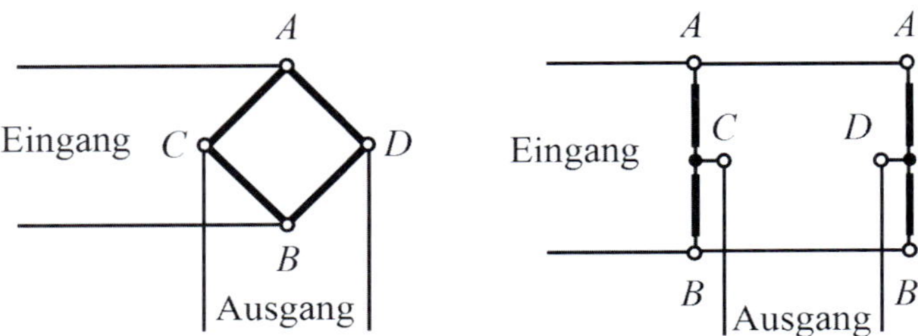

Abb. 79: Topologie der Brückenschaltung

Mit Messbrücken können Widerstandswerte sehr genau gemessen werden. Auch sehr kleine Widerstandsänderungen sind exakt erfassbar. Messbrücken werden nach zwei Abgleichverfahren unterschieden.

Bei **Abgleichmessbrücken** werden die Elemente der Messbrücke, z. B. einer der Brückenwiderstände, so lange verändert, bis die Ausgangsspannung U_D, die auch als Diagonalspannung oder Brückenspannung bezeichnet wird, null Volt ist. Diese Spannung wird mit einem empfindlichen Voltmeter gemessen, die Brücke kann sehr genau abgeglichen werden. Wesentlich ist die Empfindlichkeit des Instrumentes und nicht dessen Genauigkeit. Es kommt nur darauf an, den stromlosen Zustand festzustellen. Ist $U_D = 0\ \mathrm{V}$, so fließt in den Diagonalzweig kein Strom, das Messergebnis wird nicht vom Innenwiderstand des Voltmeters verfälscht.

Bei **Ausschlagmessbrücken** wird die Brücke nicht abgeglichen, sondern es wird eine kleine Spannung im Diagonalzweig gemessen. Ein Vorteil ist, dass keine abzugleichenden Elemente vorhanden sind. Ein Nachteil ist der Messfehler durch das Voltmeter.

3.2.7.1 Wheatstone-Brücke im Abgleichverfahren

Die Wheatstone-Brücke wurde erstmals von Wheatstone[14] 1834 zur Messung von Widerstandswerten eingesetzt. In den Zweigen der Brücke liegen ohmsche Widerstände. Die Widerstände R_1 und R_2 bilden den linken Brückenzweig, sie liegen parallel zu den Widerständen R_3 und R_4 des rechten Brückenzweiges. Es sind somit zwei Spannungsteiler aus Widerständen parallel geschaltet, die beide an einer gemeinsamen Gleichspannungsquelle U_0 als Speisespannung (Eingangsspannung) liegen. Die Ausgangsspannung ist die Brückenspannung (Diagonalspannung) U_D.

Die weiteren Betrachtungen zur Wheatstone-Brücke setzen voraus, dass der Innenwiderstand der Speisespannungsquelle vernachlässigbar klein und der Eingangswiderstand des Messgerätes am Brückenausgang sehr hoch ist, sodass diese beiden Größen keine störenden Belastungen der Brückenschaltung verursachen.

14 Sir Charles Wheatstone (1802 – 1875), engl. Physiker

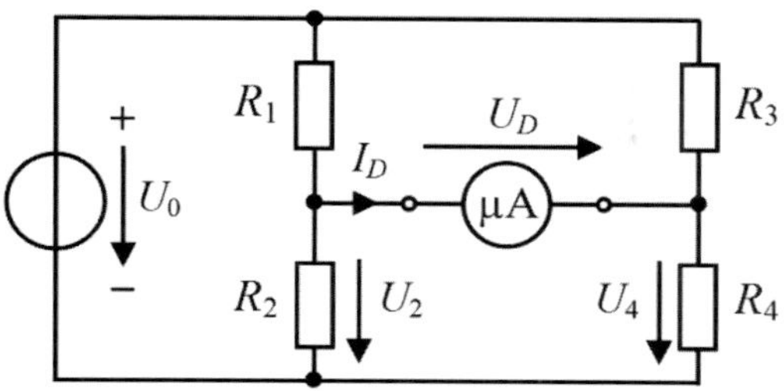

Abb. 80: Wheatstone-Messbrücke

Ist die Wheatstone-Brücke abgeglichen, so ist $U_D = 0\ \text{V}$ und der Strom im Diagonalzweig ist $I_D = 0\ \text{A}$. Die beiden Spannungsteiler sind dann voneinander unabhängig und sie können getrennt betrachtet werden. Im Folgenden wird die untere Masche über U_2, U_D, U_4 betrachtet. Alternativ wäre auch die Berechnung der oberen Masche mit dem gleichen Ergebnis möglich.

Für $U_D = 0\ \text{V}$ bei abgeglichener Brücke folgt entsprechend einem Maschenumlauf:

$$\boxed{U_2 = U_4} \tag{3.64}$$

Nach der Spannungsteilerformel ist die Spannung an R_2:

$$\boxed{U_2 = U_0 \cdot \frac{R_2}{R_1 + R_2}} \tag{3.65}$$

Die Spannung an R_4 ist:

$$\boxed{U_4 = U_0 \cdot \frac{R_4}{R_3 + R_4}} \tag{3.66}$$

Entsprechend Gl. (3.64) folgt:

$$\boxed{\frac{R_2}{R_1 + R_2} = \frac{R_4}{R_3 + R_4}} \tag{3.67}$$

Umformen der Gleichung ergibt:

$$\boxed{R_2 \cdot (R_3 + R_4) = R_4 \cdot (R_1 + R_2)} \tag{3.68}$$

Daraus folgt die **Abgleichbedingung** der Wheatstone-Brücke. Das Produkt diagonal gegenüberliegender Widerstände ist gleich:

$$\boxed{R_1 \cdot R_4 = R_2 \cdot R_3} \tag{3.69}$$

Diese Abgleichbedingung wird häufig in anderer Form geschrieben:

$$\frac{R_1}{R_2} = \frac{R_3}{R_4} \tag{3.70}$$

Ist z. B. $R_4 = R_X$ ein Widerstand mit einem unbekannten Wert, so kann R_X nach einem Abgleich der Brücke aus den drei bekannten Widerständen berechnet werden:

$$R_X = \frac{R_2 \cdot R_3}{R_1} \tag{3.71}$$

Das Messgerät dient nur zur Bestimmung des Nullwertes, es wird als **Nullindikator** bezeichnet. Nullindikatoren benötigen keine Skala, sie müssen aber sehr empfindlich sein. Moderne Nullindikatoren sind elektronisch realisiert. Früher wurden dazu spezielle Drehspulmesswerke verwendet (sehr empfindliche Mikroamperemeter mit der Nullpunktanzeige in der Skalenmitte, genannt Galvanometer).

Die Wheatstone-Brücke wird oft als Widerstandsmessgerät zur Bestimmung unbekannter Widerstände im Bereich von $10\ \Omega\ ...\ 10\ \text{M}\Omega$ eingesetzt. Wird ein Zweig der Brücke aus einem Drahtpotenziometer gebildet, so wird die Brücke auch als **Schleifdrahtbrücke** bezeichnet. Zur Bestimmung des unbekannten Widerstandes wird der Schleifer so lange betätigt, bis das Messgerät in der Brückendiagonalen keine Spannung mehr anzeigt und die Brücke abgeglichen ist. Auf einer Einstellskala kann dann der gesuchte Widerstand direkt in Ohm abgelesen werden. Bei Präzisionsmessbrücken werden als einstellbare Widerstände sehr genaue Widerstandsdekaden verwendet. Die Messunsicherheit liegt dann im Bereich 10^{-5}.

Ein wesentlicher Vorteil des Abgleichverfahrens besteht darin, dass keine Absolutwerte von Spannungen oder Strömen gemessen werden müssen. Auch die Brückenspeisespannung U_0 geht nicht in die Messung ein, an ihre Konstanz müssen keine hohen Anforderungen gestellt werden. Ein weiterer Vorzug besteht in der Tatsache, dass die Diagonalspannung U_D nur zu null abgeglichen und nicht absolut erfasst werden muss. Als Nachteil kann der langwierige Abgleichvorgang betrachtet werden.

3.2.7.2 Wheatstone-Brücke im Ausschlagverfahren

Die Wheatstone-Brücke kann nicht nur als Widerstandsmessbrücke zur Messung unbekannter Widerstände eingesetzt werden. Anwendungen sind auch in Messgeräten für Sensoren möglich, die gegenüber einem Normalzustand kleine Abweichungen aufweisen. Beispiele sind:

- Brücke für Dehnungsmessstreifen zur Überwachung mechanischer Formveränderungen
- Temperaturmessbrücke mit Pt-100-Widerstand als Temperaturfühler
- Einsatz lichtempfindlicher Widerstände zur Messung kleinster Helligkeitsschwankungen

Bei der Wheatstone-Messbrücke im Ausschlagverfahren wird die Diagonalspannung vor Versuchsbeginn auf $U_D = 0\ \mathrm{V}$ abgeglichen, dann wird im Diagonalzweig eine Spannung gemessen. Hier wird angenommen, dass ein hochohmiger Spannungsmesser eingesetzt wird und dadurch der Diagonalstrom durch das Voltmeter vernachlässigt werden kann. Die beiden Brückenzweige können somit wieder als unabhängige Spannungsteiler angenommen werden, die Berechnung der Ausschlag-Messbrücke wird einfacher.

Dehnungsmessstreifen sind Messwertaufnehmer, deren elektrischer Widerstand sich bei Deformation ändert. Die durch z. B. eine Dehnung hervorgerufene relative Widerstandsänderung $\Delta R/R$ ist sehr klein, sie liegt im Bereich 10^{-2} bis 10^{-4}. Mit der Wheatstone-Brücke wird die Widerstandsänderung $\Delta R/R$ in eine ihr proportionale Spannung überführt, gleichzeitig kann durch die Symmetrie der Brückenschaltung eine unerwünschte thermische Dehnung elektrisch kompensiert werden.

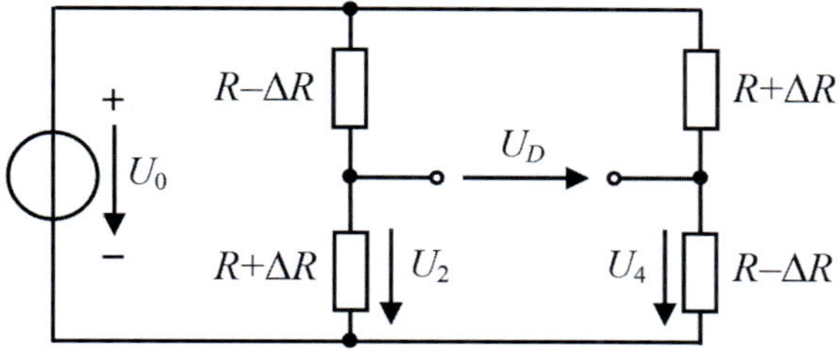

Abb. 81: Ausschlag-Messbrücke mit vier veränderlichen Widerständen (Vollbrücke)

Es wird die Diagonalspannung U_D der Ausschlag-Messbrücke berechnet.

$$\boxed{U_D = U_2 - U_4} \tag{3.72}$$

$$U_D = U_0 \cdot \left(\frac{R + \Delta R}{R + \Delta R + R - \Delta R} - \frac{R - \Delta R}{R + \Delta R + R - \Delta R} \right) \tag{3.73}$$

$$U_D = U_0 \cdot \frac{R + \Delta R - R + \Delta R}{2 \cdot R} \tag{3.74}$$

$$U_D = U_0 \cdot \frac{2 \cdot \Delta R}{2 \cdot R} \tag{3.75}$$

$$U_D = U_0 \cdot \frac{\Delta R}{R} \tag{3.76}$$

Die Brückendiagonalspannung ist also der relativen Widerstandsänderung und somit der Längenänderung proportional.

3.2.7.3 Thomson-Brücke (Kelvin-Brücke)

Die Wheatstone-Brücke ist nur zur Messung von Widerständen geeignet, die größer als ein bis zehn Ohm sind. Einerseits werden die Widerstände der Zuleitungen zu dem Messobjekt mit gemessen. Andererseits treten an den Anschlussklemmen für den unbekannten Widerstand R_X Übergangswiderstände auf, die in der Größenordnung des zu messenden Widerstandes liegen, und es entstehen Kontaktspannungen U_K. Beide Effekte verfälschen das Messergebnis. Sind die Widerstände groß genug und die Spannungen an ihnen betragen während der Messung einige Volt, dann sind diese Fehlerquellen vernachlässigbar. Bei kleinen Widerständen sind aber die Spannungen an ihnen trotz großer Ströme gering. An einem Widerstand von $10\ \mathrm{m\Omega}$ tritt z. B. bei einem Strom von $10\ \mathrm{A}$ eine Spannung von nur $100\ \mathrm{mV}$ auf. Während der Messung addieren sich die Spannungen an den Anschlusskontakten zu der Spannung am unbekannten Widerstand. Die für den Messwert ausschlaggebende Spannung wird dann viel zu groß, es wird ein zu großer Widerstand bestimmt.

Um diese Fehler zu vermeiden, wird der Widerstand R_X in der sogenannten **Vierleitertechnik** kontaktiert. An jeder Seite des Widerstandes sind zwei Leiter angeschlossen, einer für die Stromzuführung mit einem großen Querschnitt und ein zweiter Leiter, an dem die Spannung am Widerstand abgegriffen wird. Da bei der Spannungsmessung nur ein sehr geringer Strom fließt, kommt es nur zu einer äußerst geringen Verfälschung der Spannung am Widerstand, die vernachlässigbar ist. Auf die gleiche Art wird auch ein bekannter Normalwiderstand R_N angeschlossen. Es stehen jetzt zwei Spannungsanschlüsse zur Verfügung, die für eine Brückenschaltung herangezogen werden. Diese Brückenschaltung wird Thomson[15]-Brücke genannt.

15 William Thomson, im Adelsstand 1. Baron Kelvin (1824–1907), engl. Physiker

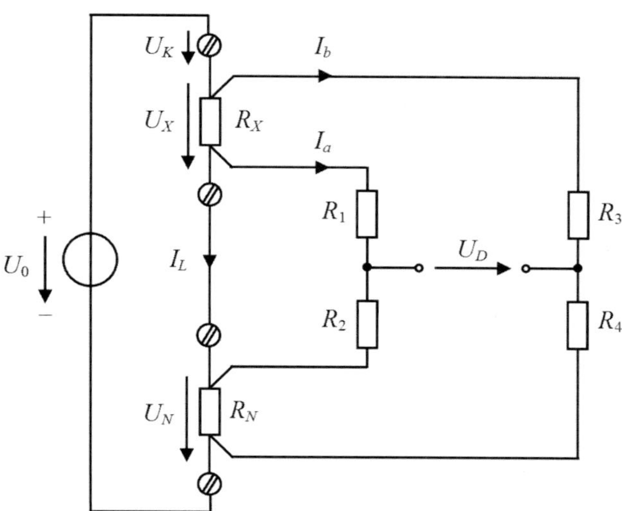

Abb. 82: Thomson-Brücke

R_X ist der zu messende Widerstand, R_N ist ein bekannter Normalwiderstand. R_1 bis R_4 sind im Vergleich zu R_X hochohmig. Es wird davon ausgegangen, dass die Brücke abgeglichen ist, es ist also $U_D = 0 \text{ V}$. In der oberen Masche gilt dann:

$$U_X + R_1 \cdot I_a - R_3 \cdot I_b = 0 \tag{3.77}$$

Die Spannung am unbekannten Widerstand ist:

$$U_X = -R_1 \cdot I_a + R_3 \cdot I_b \tag{3.78}$$

In der unteren Masche gilt:

$$U_N + R_2 \cdot I_a - R_4 \cdot I_b = 0 \tag{3.79}$$

Die Spannung am Normalwiderstand ist:

$$U_N = -R_2 \cdot I_a + R_4 \cdot I_b \tag{3.80}$$

Mit den Zusammenhängen $U_X = R_X \cdot I_L$ und $U_N = R_N \cdot I_L$ wird das Verhältnis von R_X / R_N gebildet.

$$\frac{U_X}{U_N} = \frac{R_X}{R_N} = \frac{-R_1 \cdot I_a + R_3 \cdot I_b}{-R_2 \cdot I_a + R_4 \cdot I_b} \tag{3.81}$$

Der Bruch wird auf der rechten Seite mit $1/R_2 \cdot R_4$ erweitert.

$$\frac{R_X}{R_N} = \frac{-\frac{R_1 \cdot I_a}{R_2 \cdot R_4} + \frac{R_3 \cdot I_b}{R_2 \cdot R_4}}{-\frac{I_a}{R_4} + \frac{I_b}{R_2}} \tag{3.82}$$

Durch mechanische Kopplung wird erreicht, dass das Verhältnis $R_1/R_2 = R_3/R_4$ immer übereinstimmt. Dann folgt:

$$\frac{R_X}{R_N} = \frac{R_1}{R_2} \cdot \frac{-\frac{I_a}{R_4} + \frac{I_b}{R_2}}{-\frac{I_a}{R_4} + \frac{I_b}{R_2}} \tag{3.83}$$

Der rechte Bruch ergibt eins. Die Abgleichbedingung der Thomson-Brücke ist:

$$\frac{R_X}{R_N} = \frac{R_1}{R_2} \tag{3.84}$$

Für den unbekannten Widerstand folgt:

$$R_X = R_N \cdot \frac{R_1}{R_2} \tag{3.85}$$

Mit der Thomson-Brücke können Widerstände bis ca. $10^{-5}\ \Omega$ gemessen werden.

3.3 Zusammenfassung

1. In elektrischen Netzwerken unterscheidet man Zweige, Knoten und Maschen.
2. Das 1. Kirchhoff'sche Gesetz (Knotenregel) lautet: In einem Knoten ist die vorzeichenbehaftete Summe aller Ströme gleich null.
3. Das 2. Kirchhoff'sche Gesetz (Maschenregel) lautet: In einer Masche ist die vorzeichenbehaftete Summe aller Spannungen gleich null.
4. Werden einzelne Widerstände in Reihe geschaltet, so ergibt sich der Wert des Gesamtwiderstandes aus der Summe der einzelnen Widerstandswerte.
5. Werden einzelne Widerstände parallel geschaltet, so ist der Kehrwert des Gesamtwiderstandes gleich der Summe der Kehrwerte der einzelnen Widerstandswerte.
6. Ein Spannungsteiler kann unbelastet oder belastet sein.
7. Wichtig ist die Spannungsteilerformel für zwei Widerstände:
   $$U_2 = U \cdot \frac{R_2}{R_1 + R_2}.$$
8. Die Ausgangsspannung des belasteten Spannungsteilers ist kleiner als die des unbelasteten Teilers.
9. Ein Potenziometer kann als Spannungsteiler mit einstellbarem Teilerverhältnis geschaltet werden.
10. Die Parallelschaltung von zwei oder mehreren Widerständen bildet einen Stromteiler.
11. Gemischte Schaltungen (Gruppenschaltungen) sind Kombinationen aus Parallel- und Reihenschaltungen. Sie lassen sich immer durch Vereinfachung in mehreren Schritten auf die Grundformen der Parallel- oder Reihenschaltung zurückführen.
12. Stern- und Dreieckschaltung können jeweils ineinander umgewandelt werden.
13. Bei Brückenschaltungen gibt es Abgleichmessbrücken und Ausschlagmessbrücken.
14. Mit der Wheatstone-Messbrücke können ohmsche Widerstände sehr genau gemessen werden.
15. Die Wheatstone-Brücke ist abgeglichen, wenn das Produkt diagonal gegenüberliegender Widerstände gleich ist.
16. Mit der Thomson-Brücke können durch Anwendung der Vierleitertechnik auch kleine Widerstände sehr genau gemessen werden.

4 Messung von Gleichspannung und Gleichstrom

Bei einem idealen Messvorgang beeinflusst dieser das zu untersuchende System nicht. Bei jedem realen Messvorgang wird jedoch der Messwert durch den Messvorgang beeinflusst, der Messwert weicht vom wahren Wert der Messgröße durch Störeinflüsse ab. Die Messabweichung (der Messfehler) soll möglichst klein sein und innerhalb erlaubter Messtoleranzen liegen.

Zu unterscheiden sind analoge und digitale Messverfahren. Analoge Messgeräte haben z. B. ein Drehspul- oder Dreheisenmesswerk mit einem Zeiger zur Messwertanzeige auf einer Strichskala. Ein digitales Messgerät besitzt einen Analog-Digital-Wandler, und der Messwert wird häufig von einem Mikroprozessor verarbeitet, gespeichert und mittels einer Ziffernanzeige ausgegeben.

Alle Messgeräte, ob analog oder digital, besitzen einen endlichen Innenwiderstand R_m des Messwerks.

Im Folgenden werden nur Aufbau und Wirkungsweise von zwei weitverbreiteten analogen Messwerken erläutert. Als Messwerk werden die aktiven Teile eines Zeigermessgerätes bezeichnet, die ein Drehmoment erzeugen (incl. Zeiger und Skala). Alle Bauteile, die das Messwerk zum Messgerät ergänzen, wie Gehäuse, Anschlussklemmen, Bedienknöpfe usw., bleiben unberücksichtigt.

4.1 Elektrische Messwerke

Die Wirkungsweise eines Drehspulmesswerks beruht auf der Kraftwirkung auf einen von Strom durchflossenen elektrischen Leiter in einem Magnetfeld. Ein Magnetfeld übt Kräfte auf bewegte Ladungsträger aus, egal ob im freien Raum oder in einem Leiter. Die Kraft auf Ladungsträger, die sich unter dem Winkel α zur Richtung des Magnetfeldes bewegen, ist als Vektorprodukt:

$$\vec{F} = Q \cdot \left(\vec{v} \times \vec{B}\right) \tag{4.1}$$

Die skalare Gleichung ist:

$$F = Q \cdot v \cdot B \cdot \sin(\alpha) \tag{4.2}$$

F = Kraft in N, Q = Ladung der den Leiter durchfließenden Elektronen in $\mathrm{A \cdot s}$, v = Geschwindigkeit der Elektronen in $\frac{\mathrm{m}}{\mathrm{s}}$, B = magnetische Flussdichte in $\frac{\mathrm{V \cdot s}}{\mathrm{m^2}}$, α = Winkel zwischen Stromrichtung (Leiter) und Richtung des Magnetfeldes.

Für $\alpha = 90°$ steht der Leiter senkrecht zu den Feldlinien, die Kraft auf den Leiter ist maximal.

Beim stromdurchflossenen Leiter kann man einsetzen:

$$Q = I \cdot t \tag{4.3}$$

und

$$v = \frac{l}{t} \quad l = \text{Leiterlänge} \tag{4.4}$$

Somit ist:

$$\vec{F} = I \cdot \left(\vec{l} \times \vec{B}\right) \quad \vec{l} = \text{Streckenvektor} \tag{4.5}$$

oder

$$F = I \cdot l \cdot B \cdot \sin(\alpha) \tag{4.6}$$

Stehen v und B senkrecht zueinander, so erhält man:

$$F = I \cdot l \cdot B \tag{4.7}$$

l = Leiter- bzw. Spulenlänge, I = Leiter- bzw. Spulenstrom in A

Diese Kraft wird als **Lorentz[16]-Kraft** bezeichnet, sie ist stets rechtwinklig zur Bewegung und zum Magnetfeld.

Die Richtung der Kraft auf den stromdurchflossenen Leiter kann mit der **UVW-Regel** der rechten Hand bestimmt werden. Daumen, Zeigefinger und Mittelfinger der rechten Hand werden im rechten Winkel zueinander abgespreizt. Zeigt der Daumen in die technische Stromrichtung (U = Ursache), der Zeigefinger in Richtung der Magnetfeldlinien (V = Vermittlung), so gibt der Mittelfinger die Bewegungsrichtung (W = Wirkung) des Leiters an.

Die magnetische Flussdichte B kann wie beim Drehspulmesswerk durch einen Dauermagneten oder wie beim Dreheisenmesswerk durch die stromdurchflossene Spule selbst zur Verfügung gestellt werden.

16 H. A. Lorentz (1853–1928), niederländischer Physiker

4.1.1 Drehspulmesswerk

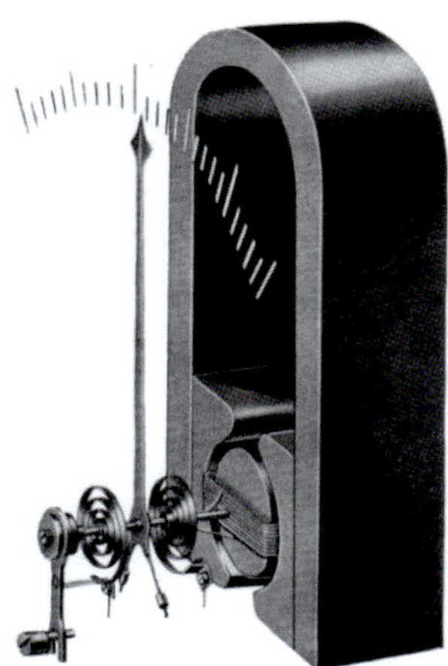

Abb. 83: Prinzip eines einfachen Drehspulmesswerks (H & B).
Die Nulllage des Zeigers kann links oder in der Mitte sein.

Den prinzipiellen Aufbau eines Drehspulmesswerks zeigt die Abbildung oben. Im Feld eines Dauermagneten befindet sich eine drehbar gelagerte Spule. Abhängig von der Richtung des durch die Spule fließenden Stromes dreht sich diese gemäß der Lorentz-Kraft rechts- oder linksherum. Die Länge l ist die Spulenlänge „nach hinten" (entsprechend der Tiefe der Polschuhe des Magneten). Durch Rückstellfedern (Spiralfedern), die gleichzeitig als Stromzuführung dienen, wird eine Gegenkraft erzeugt. Der Zeiger kommt zum Stillstand, wenn das durch den Stromfluss erzeugte Drehmoment und das mechanische Drehmoment der Federn im Gleichgewicht sind. Die **Skalenteilung** ist **linear**, da das elektrische Moment linear vom Strom I und das mechanische Moment linear vom Drehwinkel α abhängt. Die Ausschlagrichtung hängt von der Stromrichtung ab.

Das Messwerk zeigt den arithmetischen Mittelwert (Gleichanteil) des fließenden Stromes an, es ist **nur zur Messung von Gleichspannung oder Gleichstrom geeignet**. Bei der Messung von sinusförmigem Wechselstrom schwankt der Zeiger um seine Nulllage. Ist die Frequenz größer als einige Hertz, so kann das Messwerk wegen seiner Trägheit dem Momentanwert des Stromes nicht mehr folgen, der Zeiger zeigt (zitternd) null an. Die Messung von Wechselgrößen wird durch das Vorschalten eines Gleichrichters und eine entsprechende Korrektur der Skaleneinteilung möglich.

Die folgende Betrachtung ergibt den Zusammenhang zwischen dem Drehwinkel α und dem durch die Spule fließenden Strom I.

Auf eine Spule mit N Windungen ergibt sich ein Drehmoment M:

$$M = N \cdot F \cdot d = N \cdot I \cdot l \cdot B \cdot d \tag{4.8}$$

d = Durchmesser der drehbaren Spule, l = Länge der Spule

Mit $A = l \cdot d$ = Fläche der Spule folgt:

$$M = N \cdot B \cdot A \cdot I \tag{4.9}$$

Das mechanische Moment M_m der Rückstellfeder nimmt mit dem Ausschlagwinkel α zu. Für eine Federkonstante k ist:

$$M_m = k \cdot \alpha \tag{4.10}$$

Im Gleichgewichtszustand sind beide Drehmomente gleich groß:

$$M = N \cdot B \cdot A \cdot I = M_m = k \cdot \alpha \tag{4.11}$$

Der Ausschlagwinkel ist dann:

$$\alpha = \frac{N \cdot B \cdot A}{k} \cdot I = const. \cdot I \tag{4.12}$$

Der Ausschlagwinkel α ist proportional zum Strom I (linearer Zusammenhang zwischen Drehwinkel und Messstrom), die Ausschlagrichtung hängt von der Richtung des Stromflusses ab.

4.1.2 Dreheisenmesswerk

Beim Dreheisenmesswerk sind ein festes und ein drehbar gelagertes Weicheisenplättchen im Feld einer vom Messstrom durchflossenen Rundspule angeordnet. Die beiden Bleche im Inneren der Spule werden gleichsinnig magnetisiert und stoßen sich umso mehr ab, je größer der Strom ist. Die Kraft ist proportional zu I^2. Die Ausschlagrichtung des Zeigers ist somit nicht mehr von der Stromrichtung abhängig. Eine Spiralfeder erzeugt eine Gegenkraft. Das Dreheisenmesswerk ist **zur Messung von Gleich- und Wechselstrom bzw. -spannung geeignet**. Die **Skalenteilung** ist **nichtlinear**.

Bei der Messung von Wechselströmen bildet das Instrument wegen seiner Trägheit den Mittelwert aller quadrierten Momentanwerte, es wird das Quadrat des Effektivwertes angezeigt, unabhängig von der Kurvenform des Stromes. Durch eine entsprechende Formgebung der Bleche kann man erreichen, dass sich eine näherungsweise lineare Skalenteilung für die Ablesung des Effektivwertes ergibt.

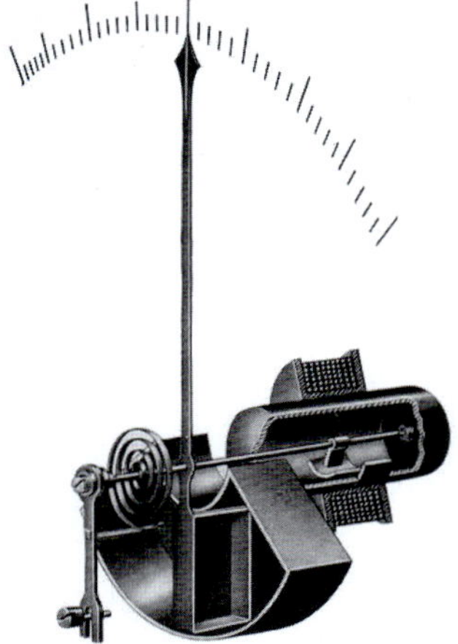

Abb. 84: Dreheisenmesswerk (H & B)

4.2 Spannungsmesser (Voltmeter)

Der **Innenwiderstand** R_m des Messwerks sollte bei einem Spannungsmesser **möglichst groß** sein, damit die zu messende Spannung nicht belastet wird. Die zu messende Spannung bricht beim Messvorgang sonst zusammen, wie bei Belastung einer realen Spannungsquelle mit einem Innenwiderstand R_i. Der Innenwiderstand des idealen Voltmeters ist unendlich groß. Daraus ergeben sich die Schaltzeichen des Voltmeters.

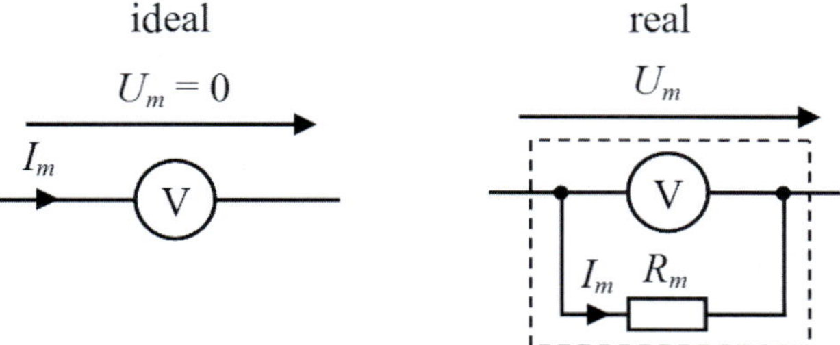

Abb. 85: Spannungsmesser, ideal (links) und real (rechts)

Der Messwerk-Innenwiderstand ist:

$$R_m = \frac{U_{m,\max}}{I_{m,\max}} \tag{4.13}$$

$U_{m,\max}$ = Spannung bei Vollausschlag, $I_{m,\max}$ = Strom bei Vollausschlag

Ein Spannungsmesser wird mit seinen beiden Anschlüssen parallel zu dem Bauelement angeschlossen, an dem die anliegende Spannung bestimmt werden soll. Bei einer Spannungsmessung wird also kein Stromkreis aufgetrennt, das Voltmeter wird (evtl. mit Tastspitzen) an den beiden Punkten angeschlossen, zwischen denen die zu messende Spannung liegt.

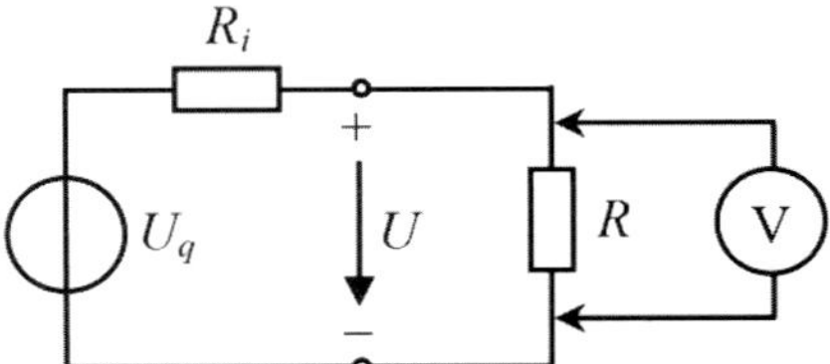

Abb. 86: Anschluss eines Voltmeters zur Spannungsmessung

Das Voltmeter besitzt einen Innenwiderstand R_m, der parallel z. B. zu einem Widerstand liegt, dessen Spannung gemessen werden soll. Dadurch verändert sich das Netzwerk und die zu messende Spannung wird kleiner (systematischer Fehler). Damit die Änderung möglichst klein und damit vernachlässigbar bleibt, muss der Innenwiderstand eines Voltmeters möglichst groß sein.

Bei der Gleichspannungsmessung mit einem Drehspulinstrument muss auf die richtige Polung der Anschlüsse geachtet werden. Jede Spannungsmessung mit einem Drehspul-Vielfachmessgerät (Multimeter) mit linker Null-Lage des Zeigers beginnt man zum Schutz des Messwerks im größten Spannungsmessbereich und schaltet dann gegebenenfalls in kleinere Messbereiche zurück, um den größtmöglichen Zeigerausschlag auf der Skala zu erhalten. Die zum Messgerät führenden Leitungen sind an dessen Klemmen so anzuschließen, dass ein positiver Zeigerausschlag entsteht. Andernfalls könnten Schäden am Messwerk entstehen, es könnte sich z. B. der Zeiger verbiegen. Bemerkt man im größten Spannungsmessbereich einen leichten Ausschlag des Zeigers in die negative Richtung, muss eine Umpolung erfolgen. Beim Einsatz eines Dreheiseninstruments spielt die Polung der Anschlüsse keine Rolle.

Bei Drehspul-Multimetern hängt der Eingangswiderstand oft vom Messbereich ab und wird in $\mathrm{k\Omega / V}$ (Kiloohm pro Volt) für den jeweiligen Messbereich angegeben.

4.3 Strommesser (Amperemeter)

Der **Innenwiderstand** R_m des Messwerks sollte bei einem Strommesser **möglichst klein** sein, damit der zu messende Strom nicht verringert wird. Der Innenwiderstand des idealen Amperemeters ist null.

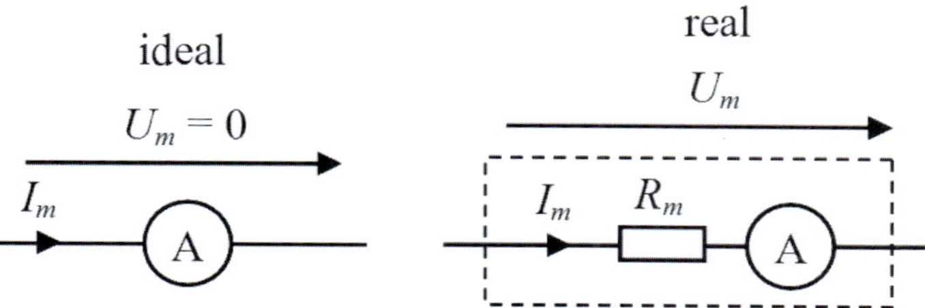

Abb. 87: Strommesser, ideal (links) und real (rechts)

Soll der Strom in einem Zweig eines Netzwerks gemessen werden, so muss der Strom durch das Amperemeter fließen. Das Amperemeter muss in den Strompfad eingeschleift werden. Hierzu muss der Stromkreis aufgetrennt und durch das Amperemeter wieder geschlossen werden. An welcher Stelle eines Stromkreises oder eines Zweiges dies geschieht, spielt keine Rolle.

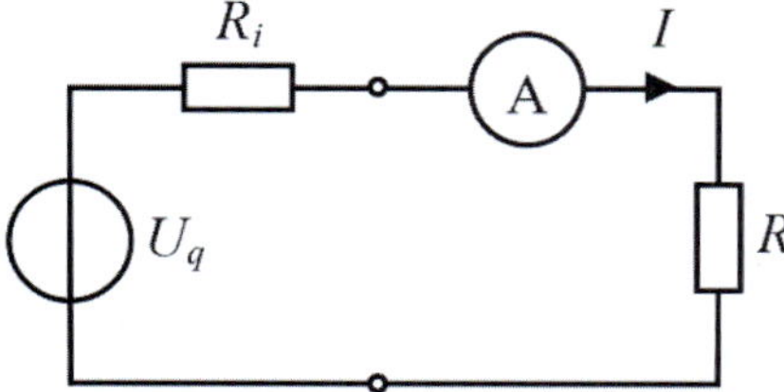

Abb. 88: Einfacher Stromkreis mit Amperemeter

Durch das Einbringen des Messgerätes wird als zusätzlicher Widerstand der Innenwiderstand des Messinstruments R_m in den Stromkreis eingebracht, dadurch wird der Wert des zu messenden Stroms verringert (systematischer Fehler). Damit diese Änderung möglichst klein und damit vernachlässigbar bleibt, muss der Innenwiderstand eines Amperemeters möglichst klein sein. Bei einer Gleichstrommessung mit einem Drehspulinstrument muss auf die richtige Polung der Anschlüsse geachtet werden. Das Amperemeter muss entsprechend dem Stromfluss (technische Stromrichtung von Plus nach Minus) in den Stromkreis geschaltet werden. Beim Einsatz eines Dreheiseninstruments spielt die Polung der Anschlüsse keine Rolle. Bezüglich der Wahl des Messbereiches bei einem Multimeter gilt das Gleiche wie bei der Spannungsmessung, man beginnt mit dem größten Messbereich.

4.4 Messbereichserweiterung beim Voltmeter

Soll der Messbereich eines Voltmeters um das x-Fache erweitert werden, so kann mit dem Messinstrument ein ohmscher Widerstand in Reihe geschaltet werden. Durch diesen Vorwiderstand kann eine größere Spannung gemessen werden als diejenige, welche dem Vollausschlag des Messinstruments entspricht. Der Vorwiderstand setzt die Spannung an den Klemmen des Messinstruments auf den Wert des Vollausschlags herab. Der Innenwiderstand R_m des Voltmeters und der Vorwiderstand R_V bilden einen Spannungsteiler. Bei bekanntem Innenwiderstand R_m des Voltmeters kann der Wert des Vorwiderstandes bei Erweiterung auf den x-fachen Messbereich berechnet werden:

$$R_V = (x-1) \cdot R_m \tag{4.14}$$

Beispiel 40

Ein Voltmeter mit einem Messbereich von $100\ \text{V}$ und einem Innenwiderstand von $R_m = 100\ \text{k}\Omega$ soll auf einen Messbereich von $500\ \text{V}$ erweitert werden. Welchen Wert muss der Vorwiderstand R_V haben, wie groß muss seine Belastbarkeit P_V mindestens sein?

Lösung:

$$R_V = (5-1) \cdot 100\ \text{k}\Omega = \underline{\underline{400\ \text{k}\Omega}};\ P_V = \frac{(400\ \text{V})^2}{400\ \text{k}\Omega} = \underline{\underline{0{,}4\ \text{W}}}$$

Beispiel 41

Ein Mehrbereichs-Spannungsmesser hat ein Messwerk mit $0{,}1\ \text{V}$ Vollausschlag. Der Innenwiderstand R_m beträgt $1000\ \Omega/\text{V}$. Wie groß sind die Widerstände R_m, R_1, R_2 und R_3 in der folgenden Abbildung?

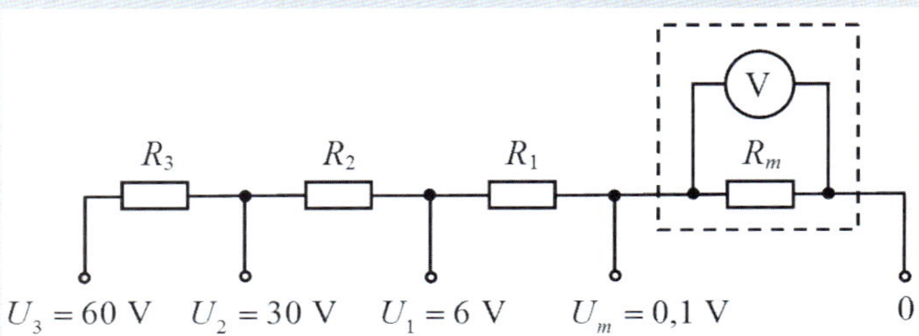

Abb. 89: Messbereichserweiterung eines Voltmeters

Lösung:

Der Strom durch das Messwerk bei Vollausschlag ist $I_m = \dfrac{1{,}0\ \text{V}}{1000\ \Omega} = 1{,}0\ \text{mA}$.

$$R_m = 0{,}1\ \text{V} \cdot 1000\ \frac{\Omega}{\text{V}} = \underline{\underline{100\ \Omega}};\ R_1 = \frac{U_1 - U_m}{I_m} = \frac{6\ \text{V} - 0{,}1\ \text{V}}{1\ \text{mA}} = \underline{\underline{5{,}9\ \text{k}\Omega}}$$

$$R_2 = \frac{U_2 - U_1}{I_m} = \frac{30\ \text{V} - 6\ \text{V}}{1\ \text{mA}} = \underline{\underline{24\ \text{k}\Omega}};\ R_3 = \frac{U_3 - U_2}{I_m} = \frac{60\ \text{V} - 30\ \text{V}}{1\ \text{mA}} = \underline{\underline{30\ \text{k}\Omega}}$$

4.5 Messbereichserweiterung beim Amperemeter

Soll mit einem Amperemeter ein größerer Strom gemessen werden als derjenige, der dem Vollausschlag des Messinstruments entspricht, so muss ein Teil des Stromes am Amperemeter vorbeigeleitet werden. Dies kann durch einen parallel zum Messinstrument geschalteten ohmschen Widerstand erfolgen. Ein solcher Parallelwiderstand wird auch als **Shunt** bezeichnet. Bei bekanntem Innenwiderstand R_m des Amperemeters kann der Wert des Parallelwiderstandes R_S bei Erweiterung auf den x-fachen Messbereich berechnet werden:

$$\boxed{R_S = \frac{R_m}{x - 1}} \qquad (4.15)$$

Beispiel 42

Ein Amperemeter mit einem Vollausschlag von $0{,}5\ \text{A}$ und einem Innenwiderstand $R_m = 0{,}9\ \Omega$ soll auf einen Messbereich von $5\ \text{A}$ erweitert werden. Welchen Wert muss der Shunt R_S haben, wie groß muss seine Belastbarkeit P_V mindestens sein?

Lösung:

$$R_S = \frac{0{,}9\ \Omega}{10 - 1} = \underline{\underline{0{,}1\ \Omega}};\ P_V = (4{,}5\ \text{A})^2 \cdot 0{,}1\ \Omega = \underline{\underline{2{,}025\ \text{W}}}$$

Beispiel 43

Ein Drehspulmessgerät mit einem Vollausschlag von $I = 100\ \mu\text{A}$ und einem Innenwiderstand $R_m = 2\ \text{k}\Omega$ soll zur Strommessung erweitert werden. Mit den Schalterstellungen 1, 2 und 3 sollen jeweils für Vollausschlag die Messbereiche $I = 30\ \text{mA}$, $I = 10\ \text{mA}$ und $I = 3\ \text{mA}$ eingestellt werden können. Berechnen Sie für diese Messbereiche die Widerstände R_1, R_2 und R_3.

Anmerkung: Ein Vorteil dieser Schaltung ist, dass sich die Kontaktwiderstände des Schalters nicht auf die Messgenauigkeit auswirken, da sie das Verhältnis des Stromteilers nicht beeinflussen.

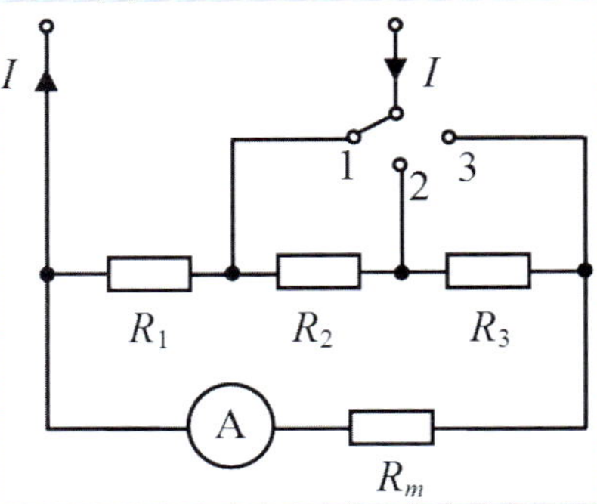

Abb. 90: Zu Beispiel 43

Lösung:

30-mA-Bereich: $x = 300;\ R_1 = \frac{R_m}{x-1};\ \underline{\underline{R_1 = 6{,}7\ \Omega}}$

10-mA-Bereich: $x = 100;\ R_1 + R_2 = \frac{R_m}{x-1};\ R_1 + R_2 = 20{,}2\ \Omega;\ \underline{\underline{R_2 = 13{,}5\ \Omega}}$

3-mA-Bereich: $x = 30;\ R_1 + R_2 + R_3 = \frac{R_m}{x-1};\ R_1 + R_2 + R_3 = 69\ \Omega;\ \underline{\underline{R_3 = 48{,}8\ \Omega}}$

4.6 Gleichzeitiges Messen von Strom und Spannung

Möchte man den Strom durch ein Bauelement und die an dem Bauelement abfallende Spannung gleichzeitig messen, so ergeben sich für die Messanordnung zwei Möglichkeiten. Beide Messanordnungen sind zusätzlich zu den bereits für die Strom- und Spannungsmessung beschriebenen Fehlern mit einem weiteren Messfehler aufgrund der gleichzeitigen Anordnung der Messinstrumente behaftet.

Die erste Möglichkeit der Messanordnung zeigt Abb. 91, sie wird als **Spannungsfehlerschaltung** oder **stromrichtige Messung** bezeichnet. Mit dem Amperemeter wird zwar der Strom I durch den Widerstand R richtig gemessen, das Voltmeter misst aber nicht nur den Spannungsabfall U_R über dem Widerstand, sondern zusätzlich den Spannungsabfall U_m über dem Amperemeter. Die gemessene Spannung ist etwas zu hoch. Die Spannungsfehlerschaltung wird angewandt, wenn der Widerstand R groß ist. Da der Strom dann klein ist, entsteht am Innenwiderstand des Amperemeters ein kleiner, zu vernachlässigender Spannungsabfall. Der kleine Innenwiderstand des Amperemeters kann gegen den großen Widerstand R in der Reihenschaltung von beiden vernachlässigt werden.

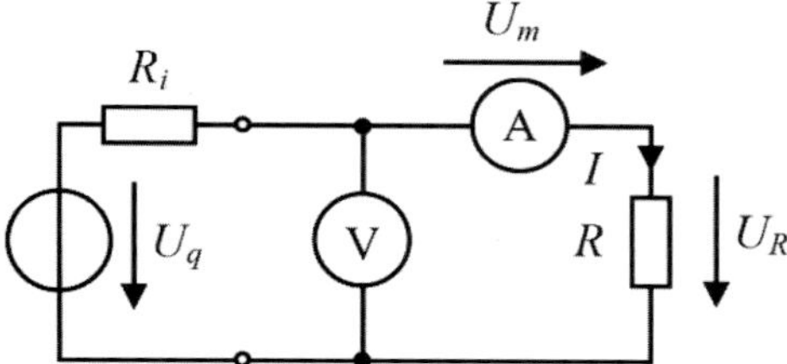

Abb. 91: Spannungsfehlerschaltung

Die zweite Möglichkeit der Messanordnung zeigt Abb. 92, sie wird als **Stromfehlerschaltung** oder **spannungsrichtige Messung** bezeichnet. Das Voltmeter misst zwar den Spannungsabfall U_R über dem Widerstand R richtig, aber das Amperemeter misst nicht nur den Strom I durch den Widerstand R, sondern zusätzlich den Strom I_m durch das Voltmeter. Der gemessene Strom ist etwas zu hoch. Die Stromfehlerschaltung wird angewandt, wenn der Widerstand R klein ist. Der kleine Strom I_m durch das Voltmeter kann dann gegen den großen Strom I durch den Widerstand vernachlässigt werden. Der große Innenwiderstand des Voltmeters kann gegen den kleinen Widerstand R in der Parallelschaltung von beiden vernachlässigt werden.

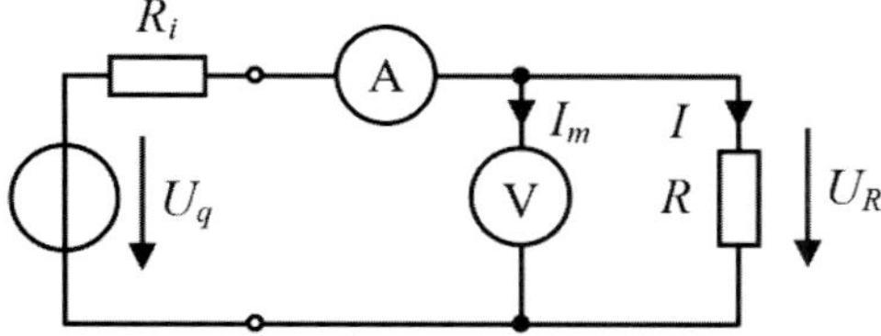

Abb. 92: Stromfehlerschaltung

Durch die gleichzeitige Messung von Spannung und Strom kann der unbekannte Wert eines ohmschen Widerstandes indirekt bestimmt werden, da sich sein Wert nach dem ohmschen Gesetz berechnen lässt. Ebenso kann die im Widerstand auftretende Verlustleistung berechnet werden.

4.7 Zusammenfassung

1. Es gibt analoge und digitale Messverfahren.
2. Alle Messgeräte haben einen endlichen Innenwiderstand R_m des Messwerks.
3. Als analoge Messwerke gibt es Drehspul- und Dreheisenmesswerke.
4. Ein Drehspulmesswerk ist nur zur Messung von Gleichspannung oder Gleichstrom geeignet. Die Skalenteilung ist linear.
5. Ein Dreheisenmesswerk ist zur Messung von Gleich- und Wechselstrom bzw. -spannung geeignet. Die Skalenteilung ist nichtlinear.
6. Der Innenwiderstand R_m des Messwerks sollte bei einem Spannungsmesser möglichst groß sein.
7. Der Innenwiderstand R_m des Messwerks sollte bei einem Strommesser möglichst klein sein.
8. Bei einem Voltmeter kann der Messbereich durch einen Vorwiderstand erweitert werden.
9. Bei einem Amperemeter kann der Messbereich durch einen Parallelwiderstand (Shunt) erweitert werden.
10. Beim gleichzeitigen Messen von Spannung und Strom gibt es die Spannungsfehlerschaltung und die Stromfehlerschaltung.

5 Analysemethoden für Gleichstromnetzwerke

Dieser Abschnitt behandelt formalisierte Verfahren, mit denen nicht nur einfache, sondern auch umfangreiche Netzwerke analysiert werden können. Diese Verfahren können auch auf Computern eingesetzt werden. Die Berechnungen werden mithilfe der Matrizenrechnung durchgeführt, diese Methoden bilden die Grundlage von Simulationsprogrammen zur Netzwerkanalyse.

Umfangreiche Netzwerke können viele Widerstände und mehrere Spannungs- und Stromquellen beinhalten, wobei die einzelnen Elemente kompliziert miteinander verbunden (stark vermascht) sein können. Die Werte der Quellen und der Widerstände sind normalerweise gegeben. Die Analyse dieser Netzwerke beinhaltet die Berechnung von Spannungen und Strömen an bestimmten oder an allen Netzwerkselementen. Es können aber auch andere elektrische Größen wie Widerstandswerte oder Leistungen zu berechnen sein.

Physikalische Basis der Netzwerkberechnung (Bestimmung aller unbekannten Spannungen und Ströme) sind die beiden kirchhoffschen Gesetze, die Knotenregel und die Maschenregel. Mit ihnen lassen sich beliebige Netzwerke berechnen. Den folgenden Betrachtungen werden *lineare* Netzwerke zugrunde gelegt. Dies bedeutet, an allen im Netzwerk vorhandenen Widerständen sind Spannung und Strom zueinander proportional. Die Gleichungen zur Beschreibung der Netzwerke sind dann ebenfalls linear. Lineare Netzwerke enthalten nur passive lineare Bauelemente, wie z. B. ideale Widerstände (zusätzlich evtl. Kondensatoren, Spulen und Übertrager, die hier nicht betrachtet werden), sowie Quellen mit lastunabhängiger Quellenspannung und lastunabhängigem Innenwiderstand. Die Vorgehensweisen gelten aber auch für nichtlineare Netzwerke, nur der mathematische Aufwand zur Lösung der sich ergebenden nichtlinearen Gleichungssysteme ist höher. Ebenso können alle hier vorgestellten Methoden zur Berechnung von Gleichstromnetzen unter Anwendung der Rechnung mit komplexen Größen auch zur Berechnung von Wechselstromnetzen angewendet werden.

5.1 Topologie elektrischer Netzwerke

Die Topologie ist als Lehre von der Lage und Anordnung geometrischer Gebilde im Raum ein Teilgebiet der Mathematik. Die Mathematik wird hier als Werkzeug eingesetzt, die mathematischen Folgerungen werden nur übernommen. Auf Herleitungen topologischer Erkenntnisse bezüglich elektrischer Netzwerke wird verzichtet.

Betrachtet man ein elektrisches Netzwerk unabhängig von den in ihm vorhandenen Schaltelementen, so wird seine Struktur, d.h. die Art, in der die einzelnen Knoten durch Zweige des Netzwerks miteinander verbunden sind, als Topologie bezeichnet. Sie kann als ein Streckenkomplex dargestellt werden, der **Netzwerkgraph** genannt wird. Der Netzwerkgraph enthält die Zweige als Linien und die Knoten als Punkte, er ist die zeichnerische Darstellung der Topologie des Netzwerkes. Die Struktur oder Topologie eines Netzwerkes beschreibt die Art der Verknüpfung von vorhandenen Schaltelementen, ohne Rücksicht auf die Typen dieser Schaltelemente.

Die Begriffe Zweig, Zweigstrom, Zweigspannung, Knoten, Knotenpotenzial, Knotenpunktspannung, Masche und Maschenstrom wurden mit Bezug auf elektrische Netzwerke bereits in Abschnitt 3.1.1 definiert und erläutert.

Weitere Definitionen aus der Graphentheorie zur Topologie elektrischer Netze sind:

- Ein **Zweig** ist ein Linienstück einschließlich seiner beiden Endpunkte.
- Ein **offener Zweig** ist ein Zweig ohne seine Endpunkte.
- Ein **Knoten** ist ein Endpunkt eines Zweiges oder der gemeinsame Endpunkt mehrerer Zweige.
- Ein **isolierter Knoten** ist ein Punkt, der nicht Endpunkt eines Zweiges ist.
- Ein **Knoten** und ein **Zweig** sind miteinander verknüpft (**inzident**), wenn der Knoten ein Anfangs- oder Endpunkt des Zweiges ist.
- Der **Grad des Knotens** ist gleich der Anzahl der Zweige, die mit diesem Knoten verknüpft sind.
- Ein **Teilgraph** ist eine Teilmenge von Zweigen eines Graphen oder ein Knoten vom Grad null, also ein isolierter Knoten.
- Eine **Masche** ist ein Teilgraph eines Graphen, dessen Zweige eine zyklisch geordnete Folge so bilden, dass jeder Knoten vom Grad 2 ist und zu zwei benachbarten Zweigen inzident ist.
- Ein **Pfad** ist eine geordnete Folge von Zweigen, zu der ein Zweig so hinzugefügt werden kann, dass eine Masche entsteht.
- Ein **Graph** ist **zusammenhängend**, wenn es mindestens einen Pfad zwischen jedem beliebigen Knotenpaar des Graphen gibt.
- Bei einem **gerichteten Graphen** (orientierter Graph, **Digraph** = Directed Graph) sind die Richtungen der Ströme in den Zweigen festgelegt. Die Zweige und Knoten sind zweckmäßigerweise durchnummeriert.
- Ein **Baum** (auch **vollständiger Baum** genannt) ist ein zusammenhängender Teilgraph eines zusammenhängenden Graphen, der alle seine Knoten enthält, jedoch keine Maschen.

- Die **Verbindungszweige** oder Sehnen sind die zu den Baumzweigen komplementäre Menge von Zweigen.

Aus den obigen Definitionen leiten sich folgende Sätze ab:

- Bei einem k-Eck sind alle k Knoten miteinander verbunden. Dieses k-Eck hat als maximale Anzahl der Zweige:

$$\boxed{z = k \cdot (k-1)/2} \tag{5.1}$$

- Liegt ein vollständiger Graph vor, in dem alle Knoten miteinander verbunden sind, so ist die maximale Anzahl der Bäume:

$$\boxed{b = k \cdot (k-1)} \tag{5.2}$$

- Bei einem Baum mit k Knoten ist die Anzahl der Baumzweige:

$$\boxed{z_B = k - 1} \tag{5.3}$$

- Werden zwei Graphen miteinander verbunden und der erste Graph hat i Bäume, der zweite j Bäume, dann ist die Gesamtzahl der Bäume:

$$\boxed{b = i \cdot j} \tag{5.4}$$

- Jeder Verbindungszweig bildet zusammen mit einer Teilmenge der Baumzweige eine Masche.
- Alle Maschen sind dann voneinander unabhängig, wenn in jeder Masche mindestens ein Verbindungszweig liegt, der nicht auch in einer anderen Masche liegt.
- Ein Graph mit k Knoten und z Zweigen enthält

$$\boxed{m_u = z - k + 1} \tag{5.5}$$

linear unabhängige Maschen (m_u ist die sogenannte Betti'sche Zahl).

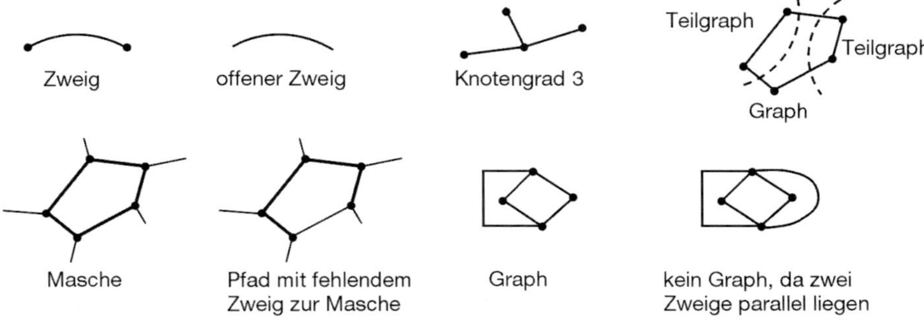

Abb. 93: Zur Definition von Zweig, Knoten und Graph

Die wichtigsten Begriffe zur Beschreibung der Struktur eines elektrischen Netzwerkes noch einmal mit anderen Worten:

Die elektrische Verknüpfung der Elemente untereinander erfolgt ideal leitend. Ein **Knoten** ist eine Stromverzweigung, in ihm stoßen mindestens zwei Zweige zusammen. Knoten, die mit ideal leitenden Verbindungsleitungen verbunden sind, liegen auf einem gemeinsamen Potenzial, sie werden zu einem Knoten zusammengefasst. Jedem Knoten eines Netzwerkes kann ein Knotenpotenzial zugeordnet werden. Die **Knotenpunktspannung** ist die Spannung eines Knotens gegenüber einem beliebigen Bezugspunkt (meist Masse).

Für ein Netzwerk mit $\boldsymbol{k}$ **Knoten** können

$$\boldsymbol{k_u = k - 1} \tag{5.6}$$

linear unabhängige Knotengleichungen aufgestellt werden. Die k-te Knotengleichung ist eine Linearkombination der unabhängigen Knotengleichungen. Die Anzahl der linear unabhängigen Knotengleichungen ist gleich der **Anzahl der Baumzweige**:

$$k_u = z_B = k - 1 \tag{5.7}$$

Ein **Zweig** ist der direkte Strompfad zwischen zwei Knoten. In einem Zweig befindet sich ein Zweipol als Bauelement (oder eine Reihenschaltung von Bauelementen). In einem Zweig fließt ein **Zweigstrom**. Die Spannung zwischen den zwei Endpunkten eines Zweiges wird als **Zweigspannung** bezeichnet. – Eine Ausnahme bilden Stromquellen als Verbindungen zwischen zwei Knoten: Stromquellen zählen nicht als Zweig. Die Serienschaltung einer idealen Spannungsquelle mit einem Widerstand oder die Parallelschaltung einer idealen Stromquelle mit einem Leitwert wird jeweils als ein einziger Zweig bewertet. Ideal leitende Verbindungen (Kurzschlüsse) zwischen zwei Knoten werden nicht als Zweig betrachtet.

Eine **Masche** ist ein über mehrere Zweige eines Netzwerkes geschlossener Umlauf. Eine Masche entsteht, wenn mehrere Netzwerkelemente so durchlaufen werden, dass keines der Elemente mehr als einmal durchlaufen wird und Anfangs- und Endpunkt zusammenfallen.

Für ein Netzwerk mit $\boldsymbol{z}$ **Zweigen** und $\boldsymbol{k}$ **Knoten** können

$$\boldsymbol{m_u = z - k + 1} \tag{5.8}$$

linear unabhängige Maschengleichungen aufgestellt werden. Alle übrigen möglichen Maschengleichungen können als Linearkombinationen aus den unabhängigen Maschengleichungen hergeleitet werden. **Maschen sind unab-**

hängig, wenn sie genau einen Verbindungszweig enthalten, der zu keiner anderen Masche gehört. Solche Maschen werden als **Elementarschleifen** (fundamentale Maschen) bezeichnet.

Die Anzahl der Zweige bzw. Zweigströme ergibt sich somit aus der Anzahl linear unabhängiger Knotengleichungen und der Anzahl linear unabhängiger Maschengleichungen:

$$z = k_u + m_u \tag{5.9}$$

Wichtig für das Aufstellen der Maschengleichungen:
Linear unabhängige Maschengleichungen erhält man, wenn man die Maschengleichungen der „kleinsten Maschen" aufstellt, die keine anderen Maschen umschließen. Diese **kleinsten Maschen** entsprechen den „**Löchern**" im Graphen des Netzwerks. Eine Masche außen um den Graphen herum sollte also nicht für eine Maschengleichung verwendet werden.

Als (vollständigen) **Baum** bezeichnet man die Verbindung **aller** Knoten durch Linien auf einem **nicht** geschlossenen Weg. In einem Baum gibt es also keinen geschlossenen Umlauf, keine Masche. Die übrigen (entfernten) Zweige werden **Verbindungszweige** (Sehnen oder Glieder) genannt. Verbindungszweige sind alle Zweige des Graphen, die nicht zum vollständigen Baum gehören. Zu einem Netzwerk gibt es i. Allg. viele mögliche Bäume. In einem Netzwerk mit $\boldsymbol{k}$ **Knoten** besitzt der Baum

$$\boldsymbol{z_B = k - 1} \tag{5.10}$$

Baumzweige.

Werden in der zeichnerischen Darstellung die Elemente eines Netzwerkes durch einfache Linien ersetzt, so erhält man den **Graphen** des Netzwerkes. Er stellt ein Skelett (Gerüst) des Netzwerkes dar. Der Graph eines Netzwerkes kann zeichnerisch unterschiedlich dargestellt werden, die Form des Graphen ist nicht vorgeschrieben.

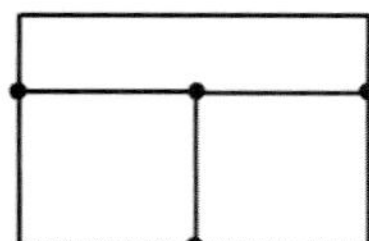

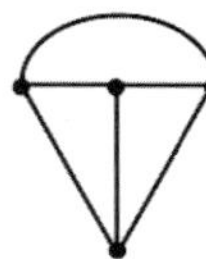

Abb. 94: Unterschiedliche Darstellung identischer Graphen

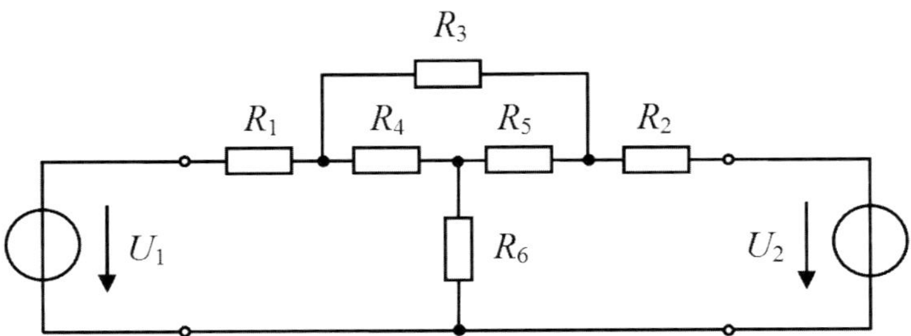

Abb. 95: Beispiel eines Netzwerkes mit $z = 6$ Zweigen und $k = 4$ Knoten

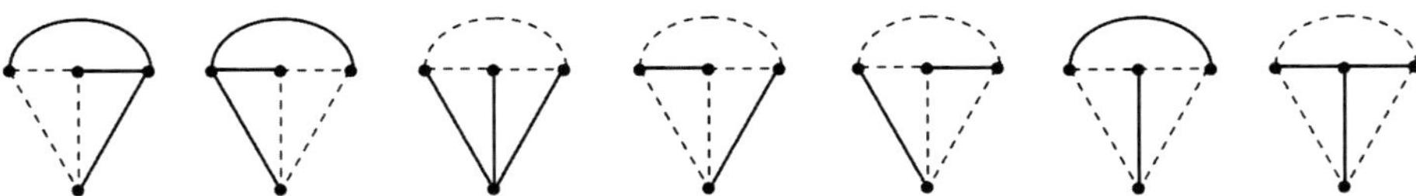

Abb. 96: Der Graph des Netzwerkes von Abb. 95 mit den sieben möglichen verschiedenen Maschen (gestrichelt)

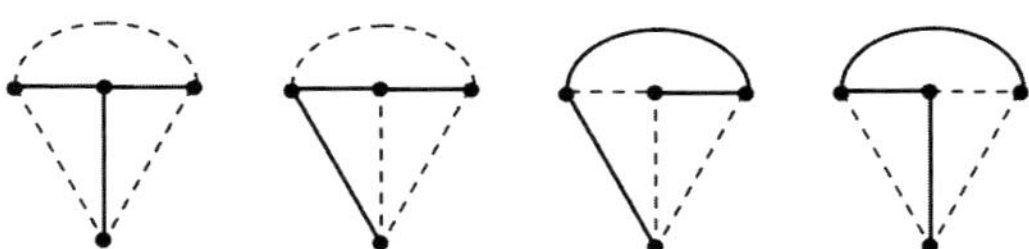

Abb. 97: Beispiele möglicher Bäume, die Verbindungszweige sind gestrichelt gezeichnet

Beispiel 44

Wie viele linear unabhängige Knotengleichungen k_u und linear unabhängige Maschengleichungen m_u lassen sich von den nachfolgend gezeigten Netzwerken aufstellen und wie ergibt sich ihre Anzahl? Wie groß ist jeweils die Anzahl der Zweigströme?

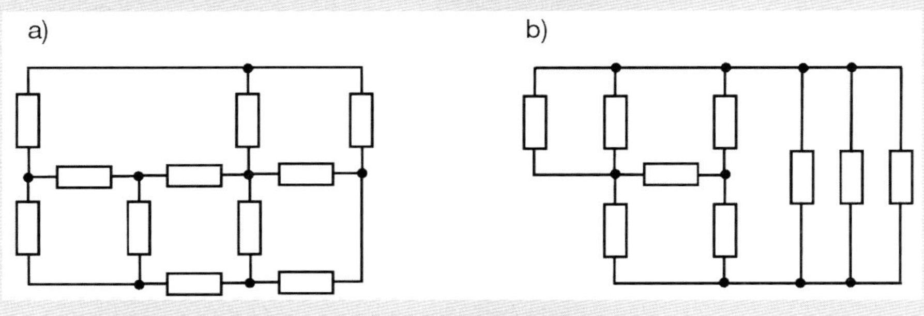

Lösung:

Die Anzahl der linear unabhängigen Knotengleichungen k_u berechnet sich als Anzahl der Knoten k minus eins: $k_u = k - 1$.

Oder: Anzahl der linear unabhängigen Knotengleichungen = Anzahl der Baumzweige $z_B = k - 1$.

Die Anzahl der linear unabhängigen Maschengleichungen m_u ist: Anzahl der Zweigströme (Anzahl der Zweige) minus Anzahl der linear unabhängigen Knotengleichungen

$m_u = z - k_u = z - (k - 1) = z - k + 1$.

Oder bei planaren Netzen einfach: Die Anzahl der linear unabhängigen Maschengleichungen m_u ist gleich der Anzahl der sichtbaren „Löcher" im Graphen des Netzwerkes.

a) Knotenanzahl $k = 7$; $k_u = 6$; $m_u = 5$;

Anzahl der Zweigströme $z = k_u + m_u = 11$

b) Knotenanzahl $k = 4$; $k_u = 3$; $m_u = 6$;

Anzahl der Zweigströme $z = k_u + m_u = 9$

5.2 Netzwerkanalyse mit den kirchhoffschen Gleichungen (Zweigstromanalyse)

Im Allgemeinen sind die Werte der passiven Bauelemente sowie der Spannungs- und Stromquellen eines Netzwerkes bekannt.

Mit den kirchhoffschen Gesetzen und den Bauteilgleichungen kann jedes lineare Netzwerk analysiert werden. Besitzt ein Netzwerk z Zweige, so können mithilfe der kirchhoffschen Gesetze z Gleichungen zur Bestimmung der z Zweigspannungen und z Zweigströme gewonnen werden. Die z Gleichungen setzen sich aus $k_u = k - 1$ Knotengleichungen und $m_u = z - k + 1$ Maschengleichungen zusammen. Mithilfe der z Bauteilgleichungen wird sukzessive die jeweils andere Zweiggröße ermittelt. Zur Berechnung der unbekannten Zweigströme und -spannungen sind also $2z$-Gleichungen erforderlich:

1. z Zweipolgleichungen (für Widerstände $U = I \cdot R$, ohmsches Gesetz)
2. $k_u = k - 1$ linear unabhängige Knotengleichungen
3. $m_u = z - k + 1$ linear unabhängige Maschengleichungen

$$\boxed{2z = z + k_u + m_u = z + k - 1 + z - k + 1} \quad (5.11)$$

Bei umfangreichen Schaltungen führt dieses Verfahren zu sehr großen Gleichungssystemen, die gelöst werden müssen. Die verschiedenen Verfahren zur Netzwerkanalyse unterscheiden sich vor allem durch die Systematik, mit welcher die Gleichungen aufgestellt werden können, und den rechnerischen Aufwand zur Bestimmung ihrer numerischen Lösung.

Bei der direkten Bestimmung der Zweiggrößen mit den kirchhoffschen Gleichungen werden die z Zweigstromstärken und die z Zweigspannungen als unbekannte Größen betrachtet. Dieses Verfahren wird auch als direktes Verfahren, **Zweigstromanalyse** oder Zweigstromverfahren bezeichnet.

Allgemeine Vorgehensweise bei der Analyse eines Netzwerkes mit den kirchhoffschen Gleichungen

1. Das Netzwerk wird topologisch gekennzeichnet. Alle Netzwerkelemente werden benannt (z. B. R_1, R_2, U_q), alle Knoten werden nummeriert (z. B. K_1, K_2), alle Maschen werden mit ihrer Umlaufrichtung versehen und erhalten einen Namen (z. B. M_1, M_2).
2. An den passiven Netzwerkelementen werden die Richtungen der Ströme festgelegt, die Ströme werden benannt. Werden zusätzlich Spannungen an den passiven Netzwerkelementen eingetragen und mit Namen versehen, so muss das Verbraucherzählpfeilsystem berücksichtigt werden (Ströme und Spannungen haben gleiche Richtung).
3. Die Quellen werden benannt, für die Zählpfeile der Ströme und Spannungen muss das Erzeugerzählpfeilsystem berücksichtigt werden (Ströme und Spannungen haben entgegengesetzte Richtung).
4. Das Gleichungssystem mit $k_u = k - 1$ Knotengleichungen und $m_u = z - k + 1$ Maschengleichungen wird aufgestellt. Die Anzahl der linear unabhängigen Knoten- und Maschengleichungen entspricht der Anzahl der unbekannten Größen. Für jedes Bauelement wird dann der Zusammenhang zwischen Strom und Spannung in die Maschengleichungen eingesetzt (bei Widerständen also $U = R \cdot I$).
5. Das Gleichungssystem wird gelöst, alle unbekannten Größen (Spannungen, Ströme, Leistungen) werden bestimmt. Durch sukzessives Auflösen nach einer Unbekannten und Einsetzen in die anderen Gleichungen ist das lineare Gleichungssystem immer lösbar.

Beispiel 45

Unter Anwendung der kirchhoffschen Gesetze sind im folgenden Netzwerk alle Zweigströme zu berechnen. Die Werte der Spannungsquellen und Widerstände sind als gegeben zu betrachten.

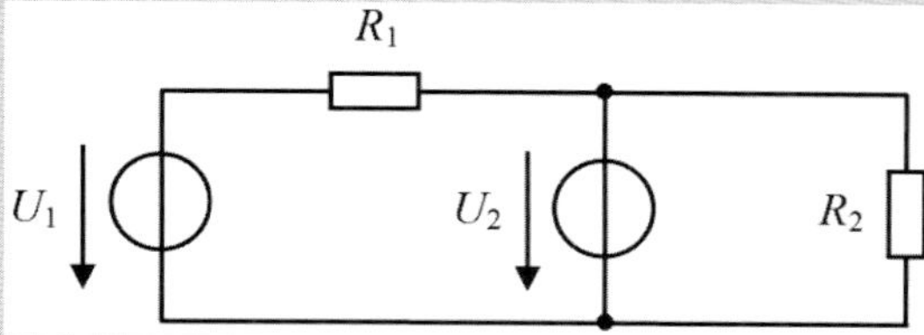

Abb. 98: Schaltung zu Beispiel 45

Lösung:

Das Netzwerk hat $z = 3$ Zweige und $k = 2$ Knoten. Somit kann folgende Anzahl linear unabhängiger Gleichungen aufgestellt werden: Zwei Maschengleichungen ($m_u = z - k + 1 = 2$) und eine Knotengleichung ($k_u = k - 1 = 1$). Für die Knotengleichung wird als Knoten der obere Knoten gewählt und mit dem Namen K_1 versehen. Der untere Knoten wird als Bezugspunkt der Potenziale (als Masse) betrachtet. Als Maschen werden die beiden inneren Maschen gewählt, und ihre Umlaufrichtungen und Namen werden festgelegt. Die Zählpfeile der Spannungsquellen sind bereits vorgegeben. Damit ist unter Beachtung des Erzeugerzählpfeilsystems die Richtung des Stromes durch die Spannungsquelle U_1 und den Widerstand R_1 festgelegt, dieser Strom wird I_1 genannt. Die Spannung an R_1 wird U_{R1} genannt, ihre Richtung ist durch das Verbraucherzählpfeilsystem festgelegt. Der Strom durch die Spannungsquelle U_2 wird als I_2 bezeichnet, seine Richtung ist wieder durch das Erzeugerzählpfeilsystem bestimmt. Der Strom durch R_2 wird I_3 genannt, seine Richtung wird willkürlich gewählt. Allerdings ist dadurch die Richtung des Spannungsabfalls an R_2 durch das Verbraucherzählpfeilsystem festgelegt. Diese Spannung wird U_{R2} genannt. Es ergibt sich folgende ergänzte Schaltung:

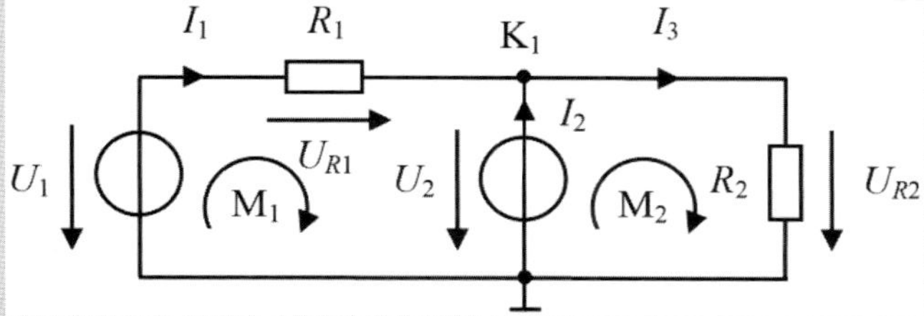

Abb. 99: Mit Namen von Spannungen, Strömen, Zählpfeilen, Knoten und Maschen ergänzte Schaltung von Abb. 98

Nun wird das Gleichungssystem der Knoten- und Maschengleichungen aufgestellt.

$K_1\colon I_1 + I_2 - I_3 = 0$

$M_1\colon -U_1 + U_{R1} + U_2 = 0$

$M_2\colon -U_2 + U_{R2} = 0$

In die Maschengleichungen wird jetzt für die Spannungsabfälle an den Widerständen jeweils der Zusammenhang zwischen Strom und Spannung eingesetzt.

$M_1\colon -U_1 + R_1 I_1 + U_2 = 0$

$M_2\colon -U_2 + R_2 I_3 = 0$

Wir haben jetzt drei Gleichungen mit den drei unbekannten Zweigströmen I_1, I_2, I_3. Ansonsten kommen in den drei Gleichungen nur noch die bekannten Größen der Widerstände und Spannungsquellen vor. Das Gleichungssystem wird nach den Unbekannten aufgelöst.

Aus M_1 erhält man:

$$I_1 = \frac{U_1 - U_2}{R_1}$$

Aus M_2 folgt:

$$I_3 = \frac{U_2}{R_2}$$

I_1 und I_3 werden in die bisher noch nicht benutzte Knotengleichung eingesetzt, um I_2 zu bestimmen.

$$I_2 = I_3 - I_1 = \frac{U_2}{R_2} - \frac{U_1 - U_2}{R_1} = \frac{(R_1 + R_2)U_2 - R_2 U_1}{R_1 R_2}$$

Anmerkung: Dieses sehr einfache Beispiel soll nur die prinzipielle Vorgehensweise bei der direkten Analyse einer Schaltung mit den kirchhoffschen Gleichungen veranschaulichen. Mit etwas Übung sieht man sofort, dass die Spannung U_2 gleich der Spannung U_{R2} ist und somit $I_3 = U_2/R_2$ sein muss. Eine ideale Spannungsquelle bewirkt ja zwischen zwei Knoten eine eingeprägte Spannung. Nicht betrachtete Netzwerkteile (links von U_2 in Abb. 99), die parallel zu einer idealen Spannungsquelle (U_2) liegen, haben keinen Einfluss auf das Restnetzwerk. I_3 ist somit nur von U_2 abhängig. **Es gilt allgemein: Bauelemente parallel zu idealen Spannungsquellen und in Reihe zu idealen Stromquellen können ohne Konsequenzen für das übrige Netzwerk weggelassen werden.** – Es ist auch sofort zu erkennen, dass am Widerstand R_1 die Spannung $U_{R1} = U_1 - U_2$ liegt, somit kann auch das Ergebnis für I_1 sofort angegeben werden. Anschließend muss nur noch die Knotengleichung zur Bestimmung von I_2 verwendet werden.

Beispiel 46

Analysiert wird die Gleichstromschaltung nach Abb. 100.

Gegeben sind folgende Werte: $R_1 = R_2 = R_3 = 50\ \Omega$; $U_0 = U_1 = 100\ \text{V}$.

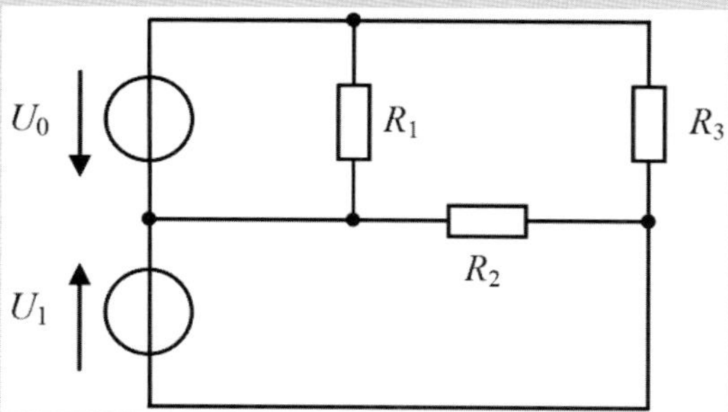

Abb. 100: Gleichstromschaltung

a) Wie viele Knoten k und Zweige z enthält das Netzwerk?

b) Wie viele jeweils linear unabhängige Knotengleichungen k_u und Maschengleichungen m_u sind zur Bestimmung aller Zweigströme des Netzwerkes erforderlich?

c) Markieren Sie die Knoten und tragen Sie die Zählpfeile und Benennungen für die unbekannten Zweigströme ein. Legen Sie die zur Aufstellung der Maschengleichungen erforderlichen Maschen mit Umlaufsinn fest. Benennen Sie die Spannungen an den Widerständen.

d) Stellen Sie die linear unabhängigen Knoten- und Maschengleichungen auf.

e) Berechnen Sie die unbekannten Zweigströme.

f) Berechnen Sie die Spannungen an den Widerständen.

Lösung:

a) Das Netzwerk enthält $k = 3$ Knoten und $z = 5$ Zweige.

b) $k_u = k - 1 = 2;\ m_u = z - k + 1 = 3$

c)

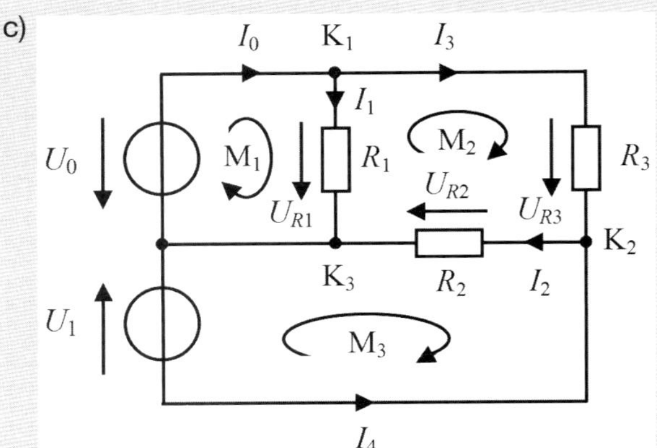

Abb. 101: Ergänzte Schaltung von Abb. 100

d) $K_1: I_0 - I_1 - I_3 = 0$; $K_2: I_3 - I_2 + I_4 = 0$

$M_1: -U_0 + R_1 I_1 = 0$; $M_2: -R_1 I_1 + R_3 I_3 + R_2 I_2 = 0$; $M_3: U_1 - R_2 I_2 = 0$

e) Das Gleichungssystem wird nach den fünf unbekannten Zweigströmen aufgelöst.

Aus $M_1: I_1 = \frac{U_0}{R_1} = \frac{100\ \text{V}}{50\ \Omega} = \underline{\underline{2\ \text{A}}}$

Aus $M_3: I_2 = \frac{U_1}{R_2} = \frac{100\ \text{V}}{50\ \Omega} = \underline{\underline{2\ \text{A}}}$

I_1 und I_2 einsetzen in $M_2: -50\ \Omega \cdot 2\ \text{A} + 50\ \Omega \cdot I_3 + 50\ \Omega \cdot 2\ \text{A} = 0$

$\Rightarrow \underline{\underline{I_3 = 0\ \text{A}}}$

I_1 und I_3 einsetzen in $K_1: I_0 - 2\ \text{A} - 0\ \text{A} = 0 \Rightarrow \underline{\underline{I_0 = 2\ \text{A}}}$

I_2 und I_3 einsetzen in $K_2: 0\ \text{A} - 2\ \text{A} + I_4 = 0 \Rightarrow \underline{\underline{I_4 = 2\ \text{A}}}$

f) Die Spannungsabfälle an den Widerständen erhält man mit den gegebenen Widerstandswerten und den soeben berechneten Zweigströmen mithilfe des ohmschen Gesetzes.

$U_{R1} = R_1 \cdot I_1 = 50\ \Omega \cdot 2\ \text{A} = \underline{\underline{100\ \text{V}}}$

$U_{R2} = R_2 \cdot I_2 = 50\ \Omega \cdot 2\ \text{A} = \underline{\underline{100\ \text{V}}}$

$U_{R3} = R_3 \cdot I_3 = 50\ \Omega \cdot 0\ \text{A} = \underline{\underline{0\ \text{V}}}$

Anmerkung: Auch dieses Beispiel ist sehr einfach und soll die Vorgehensweise bei der Analyse einer Schaltung mit den kirchhoffschen Gleichungen verdeutlichen. Natürlich könnte man auch hier z. B. den Strom I_2 durch den parallel zu einer idealen Spannungsquelle U_1 liegenden Widerstand R_2 sofort angeben, er wird von den anderen Netzwerkteilen nicht beeinflusst.

Beispiel 47

Bisher wurden die Gleichungssysteme gelöst, indem die Gleichungen nach einer Unbekannten aufgelöst und das Ergebnis in eine andere, noch nicht benutzte Gleichung eingesetzt wurde. Solche Lösungen „von Hand" sind nur zeitlich vertretbar, wenn die Anzahl der Variablen klein ist. Der Aufwand ist besonders groß, wenn allgemeine Lösungen in analytischer Form (als arithmetische Ausdrücke) zu suchen sind. Mit Mathematikprogrammen können solche linearen Gleichungssysteme sehr schnell gelöst werden. Hier soll mit dem Programm „Mathcad" ein Lösungsweg mittels Matrizen gezeigt werden.

Die Gleichungen aus Beispiel 46 lauteten:

$\mathrm{K}_1\colon I_0 - I_1 - I_3 = 0$

$\mathrm{K}_2\colon I_3 - I_2 + I_4 = 0$

$\mathrm{M}_1\colon -U_0 + R_1 I_1 = 0$

$\mathrm{M}_2\colon -R_1 I_1 + R_3 I_3 + R_2 I_2 = 0$

$\mathrm{M}_3\colon U_1 - R_2 I_2 = 0$

Die Gleichungen werden nach aufsteigenden Indizes der Ströme umgestellt, dabei werden die Spannungen gleich auf die rechte Seite gebracht. Die Namen der Gleichung entfallen.

$I_0 - I_1 - I_3 = 0$

$-I_2 + I_3 + I_4 = 0$

$R_1 I_1 = U_0$

$-R_1 I_1 + R_2 I_2 + R_3 I_3 = 0$

$R_2 I_2 = U_1$

Dieses Gleichungssystem lässt sich mittels Matrizen darstellen. In Kurzform:

$$\boldsymbol{R} \bullet \boldsymbol{I} = \boldsymbol{U} \qquad (5.12)$$

Die Matrix $\boldsymbol{R}$ ist die **Koeffizientenmatrix**, in ihr sind alle (bekannten) Koeffizienten der unbekannten Zweigströme zusammengefasst. Die Matrizen $\boldsymbol{I}$ und $\boldsymbol{U}$ sind Spaltenvektoren mit den unbekannten Variablen I der Zweigströme und den bekannten Spannungen U der Quellenspannungen. Das Gleichungssystem lässt sich durch Multiplikation mit der inversen Matrix $\boldsymbol{R}^{-1}$ lösen.

$$\boldsymbol{I} = \boldsymbol{R}^{-1} \bullet \boldsymbol{U} \qquad (5.13)$$

Der fette Multiplikationspunkt stellt das Skalarprodukt dar. Es ergibt sich:

$$\begin{pmatrix} 1 & -1 & 0 & -1 & 0 \\ 0 & 0 & -1 & 1 & 1 \\ 0 & R_1 & 0 & 0 & 0 \\ 0 & -R_1 & R_2 & R_3 & 0 \\ 0 & 0 & R_2 & 0 & 0 \end{pmatrix} \bullet \begin{pmatrix} I_1 \\ I_2 \\ I_3 \\ I_4 \\ I_5 \end{pmatrix} = \begin{pmatrix} 0 \\ 0 \\ U_0 \\ 0 \\ U_1 \end{pmatrix}$$

$$\begin{pmatrix} I_1 \\ I_2 \\ I_3 \\ I_4 \\ I_5 \end{pmatrix} := \begin{pmatrix} 1 & -1 & 0 & -1 & 0 \\ 0 & 0 & -1 & 1 & 1 \\ 0 & R_1 & 0 & 0 & 0 \\ 0 & -R_1 & R_2 & R_3 & 0 \\ 0 & 0 & R_2 & 0 & 0 \end{pmatrix}^{-1} \bullet \begin{pmatrix} 0 \\ 0 \\ U_0 \\ 0 \\ U_1 \end{pmatrix}$$

Als allgemeinen Lösungsvektor für die unbekannten Ströme I_1 bis I_5 erhält man:

$$\begin{pmatrix} I_1 \\ I_2 \\ I_3 \\ I_4 \\ I_5 \end{pmatrix} \to \begin{pmatrix} \frac{R_1 + R_3}{R_3 \cdot R_1} \cdot U_0 - \frac{1}{R_3} \cdot U_1 \\ \frac{1}{R_1} \cdot U_0 \\ \frac{1}{R_2} \cdot U_1 \\ \frac{1}{R_3} \cdot U_0 - \frac{1}{R_3} \cdot U_1 \\ \frac{-1}{R_3} \cdot U_0 + \frac{R_3 + R_2}{R_2 \cdot R_3} \cdot U_1 \end{pmatrix}$$

Die Lösungen können in Mathcad auch einzeln aufgerufen werden, z. B:

$$I_1 \rightarrow \frac{R_1 + R_3}{R_3 \cdot R_1} \cdot U_0 - \frac{1}{R_3} \cdot U_1$$

Jetzt werden für die Widerstände und Spannungsquellen Werte (ohne Einheiten) eingesetzt.

$R_1 := 50 \qquad R_2 := 50 \qquad R_3 := 50 \qquad U_0 := 100 \qquad U_1 := 100$

Das Gleichungssystem wird neu definiert.

$$\begin{pmatrix} I_1 \\ I_2 \\ I_3 \\ I_4 \\ I_5 \end{pmatrix} := \begin{pmatrix} 1 & -1 & 0 & -1 & 0 \\ 0 & 0 & -1 & 1 & 1 \\ 0 & R_1 & 0 & 0 & 0 \\ 0 & -R_1 & R_2 & R_3 & 0 \\ 0 & 0 & R_2 & 0 & 0 \end{pmatrix}^{-1} \bullet \begin{pmatrix} 0 \\ 0 \\ U_0 \\ 0 \\ U_1 \end{pmatrix}$$

Man erhält als numerische Lösung für die Ströme:

$$\begin{pmatrix} I_1 \\ I_2 \\ I_3 \\ I_4 \\ I_5 \end{pmatrix} \rightarrow \begin{pmatrix} 2 \\ 2 \\ 2 \\ 0 \\ 2 \end{pmatrix}$$

Wie zu erwarten war, stimmen diese Werte mit den Lösungen in Beispiel 46 überein.

Kurze Erläuterungen zu den Eingaben in Mathcad:

Die Indizes ergeben sich durch Eingabe eines vorangestellten Punktes.

Das Skalarprodukt ist in der Symbolleiste „Matrix“ zu finden.

Das Zeichen „=“ erhält man durch „Strg“ und „+“.

Das Zeichen „:=“ erhält man durch „Shift“ und „ .“.

Den Operator „ → “ erhält man durch „Strg“ und „ .“.

Beispiel 48

Bestimmen Sie in nachfolgender Brückenschaltung alle Zweigströme in allgemeiner Form in Abhängigkeit der Widerstände und der Spannungsquelle.

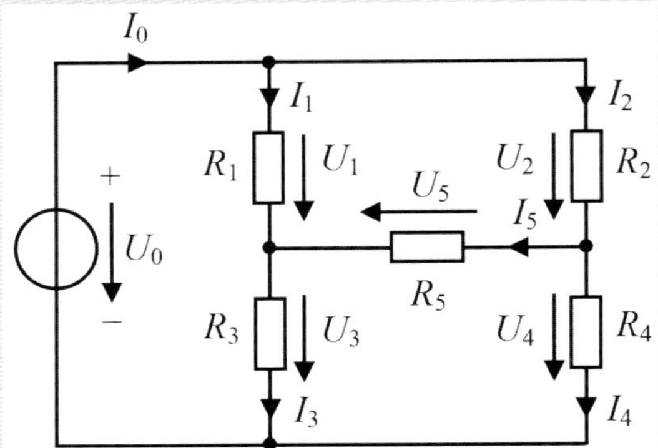

Abb. 102: Brückenschaltung

Lösung:

Es werden die Knoten- und Maschengleichungen aufgestellt.

$$I_0 - I_1 - I_2 = 0$$
$$I_1 + I_5 - I_3 = 0$$
$$I_2 - I_5 - I_4 = 0$$
$$-U_0 + U_1 + U_3 = 0$$
$$-U_1 + U_2 + U_5 = 0$$
$$-U_3 - U_5 + U_4 = 0$$

Die Spannungsabfälle an den Widerständen werden nach dem ohmschen Gesetz ersetzt.

$$I_0 - I_1 - I_2 = 0$$
$$I_1 + I_5 - I_3 = 0$$
$$I_2 - I_5 - I_4 = 0$$
$$-U_0 + R_1 I_1 + R_3 I_3 = 0$$
$$-R_1 I_1 + R_2 I_2 + R_5 I_5 = 0$$
$$-R_3 I_3 - R_5 I_5 + R_4 I_4 = 0$$

Dies sind sechs Gleichungen für die sechs unbekannten Zweigströme. Das Gleichungssystem wird in Matrizenschreibweise dargestellt und mit Mathcad gelöst.

$$\begin{pmatrix} 1 & -1 & -1 & 0 & 0 & 0 \\ 0 & 1 & 0 & -1 & 0 & 1 \\ 0 & 0 & 1 & 0 & -1 & -1 \\ 0 & R_1 & 0 & R_3 & 0 & 0 \\ 0 & -R_1 & R_2 & 0 & 0 & R_5 \\ 0 & 0 & 0 & -R_3 & R_4 & -R_5 \end{pmatrix} \bullet \begin{pmatrix} I_0 \\ I_1 \\ I_2 \\ I_3 \\ I_4 \\ I_5 \end{pmatrix} = \begin{pmatrix} 0 \\ 0 \\ 0 \\ U_0 \\ 0 \\ 0 \end{pmatrix} \qquad \begin{pmatrix} I_0 \\ I_1 \\ I_2 \\ I_3 \\ I_4 \\ I_5 \end{pmatrix} := \begin{pmatrix} 1 & -1 & -1 & 0 & 0 & 0 \\ 0 & 1 & 0 & -1 & 0 & 1 \\ 0 & 0 & 1 & 0 & -1 & -1 \\ 0 & R_1 & 0 & R_3 & 0 & 0 \\ 0 & -R_1 & R_2 & 0 & 0 & R_5 \\ 0 & 0 & 0 & -R_3 & R_4 & -R_5 \end{pmatrix}^{-1} \bullet \begin{pmatrix} 0 \\ 0 \\ 0 \\ U_0 \\ 0 \\ 0 \end{pmatrix}$$

Für die sechs Ströme ergeben sich folgende Lösungen:

$$\begin{pmatrix} I_0 \\ I_1 \\ I_2 \\ I_3 \\ I_4 \\ I_5 \end{pmatrix} \rightarrow \begin{bmatrix} \dfrac{R_3 \cdot R_5 + R_3 \cdot R_1 + R_2 \cdot R_3 + R_2 \cdot R_5 + R_4 \cdot R_2 + R_1 \cdot R_4 + R_1 \cdot R_5 + R_4 \cdot R_5}{R_2 \cdot R_3 \cdot R_1 + R_1 \cdot R_4 \cdot R_3 + R_2 \cdot R_1 \cdot R_5 + R_1 \cdot R_4 \cdot R_5 + R_1 \cdot R_4 \cdot R_2 + R_2 \cdot R_3 \cdot R_5 + R_4 \cdot R_2 \cdot R_3 + R_4 \cdot R_3 \cdot R_5} \cdot U_0 \\ \dfrac{R_2 \cdot R_3 + R_2 \cdot R_5 + R_4 \cdot R_2 + R_4 \cdot R_5}{R_2 \cdot R_3 \cdot R_1 + R_1 \cdot R_4 \cdot R_3 + R_2 \cdot R_1 \cdot R_5 + R_1 \cdot R_4 \cdot R_5 + R_1 \cdot R_4 \cdot R_2 + R_2 \cdot R_3 \cdot R_5 + R_4 \cdot R_2 \cdot R_3 + R_4 \cdot R_3 \cdot R_5} \cdot U_0 \\ \dfrac{R_3 \cdot R_5 + R_3 \cdot R_1 + R_1 \cdot R_5 + R_1 \cdot R_4}{R_2 \cdot R_3 \cdot R_1 + R_1 \cdot R_4 \cdot R_3 + R_2 \cdot R_1 \cdot R_5 + R_1 \cdot R_4 \cdot R_5 + R_1 \cdot R_4 \cdot R_2 + R_2 \cdot R_3 \cdot R_5 + R_4 \cdot R_2 \cdot R_3 + R_4 \cdot R_3 \cdot R_5} \cdot U_0 \\ \dfrac{R_2 \cdot R_5 + R_4 \cdot R_2 + R_1 \cdot R_4 + R_4 \cdot R_5}{R_2 \cdot R_3 \cdot R_1 + R_1 \cdot R_4 \cdot R_3 + R_2 \cdot R_1 \cdot R_5 + R_1 \cdot R_4 \cdot R_5 + R_1 \cdot R_4 \cdot R_2 + R_2 \cdot R_3 \cdot R_5 + R_4 \cdot R_2 \cdot R_3 + R_4 \cdot R_3 \cdot R_5} \cdot U_0 \\ \dfrac{R_1 \cdot R_5 + R_3 \cdot R_5 + R_3 \cdot R_1 + R_2 \cdot R_3}{R_2 \cdot R_3 \cdot R_1 + R_1 \cdot R_4 \cdot R_3 + R_2 \cdot R_1 \cdot R_5 + R_1 \cdot R_4 \cdot R_5 + R_1 \cdot R_4 \cdot R_2 + R_2 \cdot R_3 \cdot R_5 + R_4 \cdot R_2 \cdot R_3 + R_4 \cdot R_3 \cdot R_5} \cdot U_0 \\ \dfrac{-\left[(-R_1) \cdot R_4 + R_2 \cdot R_3\right]}{R_2 \cdot R_3 \cdot R_1 + R_1 \cdot R_4 \cdot R_3 + R_2 \cdot R_1 \cdot R_5 + R_1 \cdot R_4 \cdot R_5 + R_1 \cdot R_4 \cdot R_2 + R_2 \cdot R_3 \cdot R_5 + R_4 \cdot R_2 \cdot R_3 + R_4 \cdot R_3 \cdot R_5} \cdot U_0 \end{bmatrix}$$

Versuchen Sie, dieses Ergebnis durch eine Rechnung von Hand zu erhalten. Hinweis: Wenden Sie eine Dreieck-Stern-Umwandlung an.

Beispiel 49

Gegeben ist die in nachfolgender Abbildung dargestellte Gleichstromschaltung.

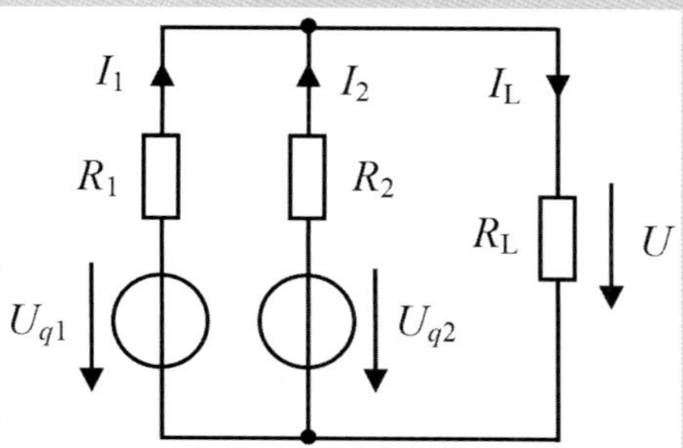

Abb. 103: Gleichstromschaltung mit zwei realen Spannungsquellen und Lastwiderstand

a) Bestimmen Sie die Ströme I_1 und I_2 in Abhängigkeit der Widerstände und der Spannungsquellen.

b) Geben Sie U_{q2} in Abhängigkeit von U_{q1} und den Widerständen für folgende drei Fälle an:
$I_2 = 0$, $I_2 = I_1$ und $I_2 = -I_1$.

c) Ermitteln Sie für diese drei Fälle die Spannung U in Abhängigkeit von U_{q1} und Widerständen.

Lösung:

a) Maschengleichung: $U_{q1} = R_1 I_1 + R_L I_1 + R_L I_2$

$\Rightarrow \mathrm{M}_1\text{: } U_{q1} = (R_1 + R_L) I_1 + R_L I_2$

Maschengleichung: $U_{q2} = R_2 I_2 + R_L I_1 + R_L I_2$

$\Rightarrow \mathrm{M}_2\text{: } U_{q2} = (R_2 + R_L) I_2 + R_L I_1$

Aus M_1: $I_2 = \dfrac{U_{q1} - (R_1 + R_L) I_1}{R_L}$; aus M_2: $I_2 = \dfrac{U_{q2} - R_L I_1}{R_2 + R_L}$

Gleichsetzen:

$$\frac{U_{q1} - (R_1 + R_L) I_1}{R_L} = \frac{U_{q2} - R_L I_1}{R_2 + R_L}$$

$$(R_2 + R_L)(U_{q1} - R_1 I_1 - R_L I_1) = R_L (U_{q2} - R_L I_1)$$

$$R_2 U_{q1} - R_1 R_2 I_1 - R_2 R_L I_1 + R_L U_{q1} - R_1 R_L I_1 - R_L^2 I_1 = R_L U_{q2} - R_L^2 I_1$$

$$R_2 U_{q1} + R_L U_{q1} - R_L U_{q2} = R_1 R_2 I_1 + R_2 R_L I_1 + R_1 R_L I_1$$

$$U_{q1}(R_2 + R_L) - U_{q2} R_L = I_1 (R_1 R_2 + R_2 R_L + R_1 R_L)$$

$$\underline{\underline{I_1 = \frac{U_{q1}(R_2 + R_L) - U_{q2} R_L}{R_1 R_2 + R_L (R_1 + R_2)}}}$$

Aus M_1: $I_1 = \dfrac{U_{q1} - R_L I_2}{R_1 + R_L}$; aus M_2: $I_1 = \dfrac{U_{q2} - (R_2 + R_L) I_2}{R_L}$

Gleichsetzen:

$$R_L (U_{q1} - R_L I_2) = (R_1 + R_L)(U_{q2} - R_2 I_2 - R_L I_2)$$

$$R_L U_{q1} - R_L^2 I_2 = R_1 U_{q2} - R_1 R_2 I_2 - R_1 R_L I_2 + R_L U_{q2} - R_2 R_L I_2 - R_L^2 I_2$$

$$R_L U_{q1} - R_1 U_{q2} - R_L U_{q2} = I_2 (-R_1 R_2 - R_1 R_L - R_2 R_L)$$

$$\underline{\underline{I_2 = \frac{U_{q2}(R_1 + R_L) - U_{q1} R_L}{R_1 R_2 + R_L (R_1 + R_2)}}}$$

b) $\boxed{I_2 = 0}$

Der Zähler von I_2 wird null gesetzt.

$$U_{q2}(R_1 + R_L) - U_{q1}R_L = 0;\ \underline{\underline{U_{q2} = U_{q1}\frac{R_L}{R_1 + R_L}}}$$

$\boxed{I_2 = I_1}$

Die Nenner von I_2 und I_1 sind gleich, die Zähler werden gleichgesetzt.

$$U_{q2}(R_1 + R_L) - U_{q1}R_L = U_{q1}(R_2 + R_L) - U_{q2}R_L;$$

$$U_{q2}R_1 + U_{q2}R_L - U_{q1}R_L = U_{q1}R_2 + U_{q1}R_L - U_{q2}R_L$$

$$U_{q2}(R_1 + 2R_L) = U_{q1}(R_2 + 2R_L);\ \underline{\underline{U_{q2} = U_{q1}\frac{R_2 + 2R_L}{R_1 + 2R_L}}}$$

$\boxed{I_2 = -I_1}$

$$U_{q2}(R_1 + R_L) - U_{q1}R_L = -U_{q1}(R_2 + R_L) + U_{q2}R_L;$$

$$U_{q2}R_1 + U_{q2}R_L = U_{q1}R_L - U_{q1}R_L - U_{q1}R_2 + U_{q2}R_L$$

$$\underline{\underline{U_{q2} = -U_{q1}\frac{R_2}{R_1}}}$$

c) $\boxed{I_2 = 0}$

Wenn der Strom I_2 gleich null ist, kann man diesen Zweig als nicht vorhanden betrachten. Die Spannung an R_L ergibt sich aus der Spannungsteilerformel:

$$\underline{\underline{U = U_{q1}\frac{R_L}{R_1 + R_L}}}$$

$\boxed{I_2 = I_1}$

$$U = R_L \cdot 2I_2;\ I_2 = \frac{U}{2R_L};\ -U_{q2} + R_2I_2 + U = 0;\ U = U_{q2} - R_2\frac{U}{2R_L};$$

$$U + U\frac{R_2}{2R_L} = U_{q2}$$

$U\left(\frac{R_2 + 2R_L}{2R_L}\right) = U_{q2}$; mit $U_{q2} = U_{q1}\frac{R_2 + 2R_L}{R_1 + 2R_L}$ aus Teilaufgabe b) folgt:

$$U\left(\frac{R_2 + 2R_L}{2R_L}\right) = U_{q1}\frac{R_2 + 2R_L}{R_1 + 2R_L};\ \underline{\underline{U = U_{q1}\frac{2R_L}{R_1 + 2R_L}}}$$

$\boxed{I_2 = -I_1}$

$$I_L = I_1 + I_2 = -I_2 + I_2 = 0 \Rightarrow \underline{\underline{U = 0}}$$

5.3 Maschenanalyse

Die Maschenanalyse wird auch als Maschenstromanalyse, Maschenstromverfahren, Kreisstromanalyse, Schleifenanalyse oder Umlaufstromverfahren bezeichnet. Ziel der Maschenanalyse ist die Bestimmung aller Zweigspannungen und -ströme.

Durch Einführen von sogenannten Maschenströmen bei der Maschenanalyse (bzw. von Knotenpotenzialen bei der Knotenanalyse) kann die Zahl der zu lösenden Gleichungen reduziert werden.

Bei einem Netzwerk mit z Zweigen und k Knoten müssen beim direkten Verfahren (Zweigstromanalyse mit den kirchhoffschen Gleichungen) zur Berechnung aller Zweigströme z linear unabhängige Gleichungen gelöst werden. Bei der Maschenanalyse reduziert sich diese Anzahl auf $m_u = z - k + 1$ und bei der Knotenanalyse auf $k_u = k - 1$ Gleichungen. Diese Verfahren werden als indirekte Verfahren bezeichnet, da die Zweiggrößen nicht direkt berechnet werden.

Ist $m_u < z$, so empfiehlt sich die Anwendung der Maschenanalyse. Dieses Verfahren eignet sich besonders gut, um alle Zweigströme zu berechnen, wenn das Netzwerk ausschließlich Spannungsquellen als aktive Elemente enthält. Die Spannungen ergeben sich dann mithilfe der Zweiggleichungen.

Die Maschenanalyse reduziert die Zahl der zu lösenden Gleichungen um die Knotengleichungen. Anstelle der Zweigströme werden bei der Maschenanalyse sogenannte Maschen- oder Kreisströme eingeführt (siehe Abschnitt 3.1.1), durch deren Überlagerung sich die Zweigströme ergeben. Dadurch werden die Knotengleichungen eingespart. Alle Bauteilströme lassen sich mithilfe der Maschenströme ausdrücken. Bei der Maschenanalyse müssen also nur die Maschengleichungen (unter Berücksichtigung der Maschenströme) aufgestellt werden.

Bei der Maschenanalyse ist zwischen Zweigen und Verbindungszweigen bzw. zwischen Zweigströmen und Maschenströmen zu unterscheiden!

Die Größen der Spannungsquellen und der Widerstände im Netzwerk werden als bekannt vorausgesetzt. Gesucht sind die Zweigspannungen und die Zweigströme.

5.3.1 Allgemeine Vorgehensweise bei der Maschenanalyse

1. Voraussetzung für die Maschenanalyse ist, dass im Netzwerk nur Spannungsquellen vorkommen. Vorhandene Stromquellen mit parallelgeschaltetem Innenwiderstand werden zuerst in äquivalente Spannungsquellen umgewandelt.
2. Man zeichnet den Graphen des Netzwerkes und wählt einen beliebigen vollständigen Baum aus.
3. In die gegebene Schaltung werden für alle Spannungen und Ströme (willkürlich orientierte) Richtungspfeile eingetragen. Die Richtungen von Erzeuger- und Verbraucherzählpfeilsystem sind dabei zu berücksichtigen.

4. Alle Maschen mit nur **einem** Verbindungszweig werden durch einen benannten Umlaufpfeil gekennzeichnet, der die Richtung des Umlaufens der Masche festlegt. Wählt man eine Masche mit mehreren Verbindungszweigen, so sind die Gleichungen im nächsten Schritt nicht linear unabhängig, und das Gleichungssystem ist nicht lösbar. Durch den Umlaufpfeil wird in jeder Masche ein fiktiver Strom definiert, der sogenannte Maschenstrom oder Ringstrom, der alle Widerstände und Spannungsquellen der Masche durchfließt. Die **Umlaufrichtung der Masche** wird **übereinstimmend mit der Richtung des Stromes im Verbindungszweig** gewählt (dies ist kein Zwang, aber sinnvoll, da dann Maschenstromrichtung und Zweigstromrichtung übereinstimmen). In einem Zweig überlagern sich die Maschenströme zum Zweigstrom.
5. Für jede so festgelegte Masche des Netzwerkes wird entsprechend dem zweiten kirchhoffschen Gesetz eine Gleichung aufgestellt. Jede Maschengleichung wird niedergeschrieben, indem alle Spannungen der Masche vorzeichenrichtig aufsummiert und gleich null gesetzt werden. Für ein Netzwerk mit z Zweigen und k Knoten erhält man durch dieses Vorgehen ein Gleichungssystem mit $m_u = z - k + 1$ Maschengleichungen.
6. Die Spannungsabfälle an den Widerständen werden nach dem ohmschen Gesetz durch die zugehörigen Ströme ausgedrückt. Bei einiger Übung kann dies auch sofort in Schritt fünf erfolgen.
7. Die Ströme in den Zweigen werden entsprechend dem ersten kirchhoffschen Gesetz durch die Ströme der Verbindungszweige ausgedrückt und in das oben gewonnene Gleichungssystem eingesetzt. Für ein Netzwerk mit k Knoten werden dazu $k_u = k - 1$ Knotengleichungen verwendet.
8. Das Gleichungssystem mit m_u Gleichungen und m_u Unbekannten (den gesuchten Strömen in den Verbindungszweigen) wird gelöst.
9. Ist die Spannung eines Verbindungszweiges gesucht, so kann diese anschließend einfach nach dem ohmschen Gesetz berechnet werden.
10. Die Ströme in den Zweigen wurden bereits in Schritt sieben durch die Ströme in den Verbindungszweigen ausgedrückt, welche in Schritt acht bestimmt wurden. Die Ströme in den Zweigen lassen sich also jetzt leicht berechnen, dabei ist allerdings auf umgewandelte Stromquellen zu achten. Ebenso können anschließend die Spannungen der Zweige nach dem ohmschen Gesetz leicht berechnet werden.

Tipp: Sucht man nur einzelne Ströme, dann wählt man die Maschenströme so, dass der betreffende Zweig nur einmal durchflossen wird. Damit ist ein Zweigstrom gleich einem Maschenstrom.

Tipp: Werden Umläufe mit möglichst wenig Kopplungen gewählt, so erhält man viele Nullen in der Widerstandsmatrix.

5.3.2 Maschenanalyse in Matrizenschreibweise

5.3.2.1 Aufstellen des Gleichungssystems

Ausmultiplizieren, Sortieren und Ausklammern der Maschenströme liefert ein geordnetes Gleichungssystem, in welchem die Indizes der Ströme von links nach rechts ansteigen, und die Ströme Koeffizienten aus Widerständen oder aus der Summe von Widerständen aufweisen. Auf der rechten Seite des Gleichungssystems stehen die Quellenspannungen oder null, wenn in der Masche keine Quellenspannung liegt. Das Gleichungssystem lässt sich wieder mittels Matrizen darstellen.

$\boldsymbol{R}_M$ ist eine Widerstandsmatrix, sie wird (auch auf Wechselstrom bezogen und somit allgemeiner) als **Maschenimpedanzmatrix** bezeichnet. $\boldsymbol{I}_M$ ist der Vektor der Maschenströme. $\boldsymbol{U}_q$ ist ein Maschen-Spannungsvektor, der Vektor der Quellenspannungen in den Maschenumläufen. In Kurzform lautet dann das Gleichungssystem:

$$\boldsymbol{R}_M \bullet \boldsymbol{I}_M = \boldsymbol{U}_q \tag{5.14}$$

Eine Darstellung mit den Elementen der Matrix und der Vektoren:

$$\begin{pmatrix} R_{11} & R_{12} & \cdots & R_{1n} \\ R_{21} & R_{22} & \cdots & R_{2n} \\ \vdots & \vdots & \ddots & \vdots \\ R_{n1} & R_{n2} & \cdots & R_{nn} \end{pmatrix} \bullet \begin{pmatrix} I_{M1} \\ I_{M2} \\ \vdots \\ I_{Mn} \end{pmatrix} = \begin{pmatrix} U_{q1} \\ U_{q2} \\ \vdots \\ U_{qn} \end{pmatrix} \tag{5.15}$$

Das Gleichungssystem lässt sich durch Multiplikation mit der inversen Matrix $\boldsymbol{R}_M^{-1}$ lösen.

$$\boldsymbol{I}_M = \boldsymbol{R}_M^{-1} \bullet \boldsymbol{U}_q \tag{5.16}$$

5.3.2.2 Eigenschaften der Maschenimpedanzmatrix

1. Jede Zeile der Matrix beschreibt die Schaltungsstruktur einer Masche.
2. Die Widerstandsmatrix ist symmetrisch zur Hauptdiagonalen (von links oben nach rechts unten), die Matrix ist gleich der transponierten Matrix.

$$R_{nm} = R_{mn} \rightarrow \boldsymbol{R}_M = \boldsymbol{R}_M^T \tag{5.17}$$

3. Die stets positiven Elemente der Hauptdiagonalen sind die Umlaufwiderstände der jeweiligen Maschenumläufe. Ein Umlaufwiderstand ist die Summe aller Widerstandswerte in allen Zweigen eines Maschenumlaufs. Mit anderen Worten: Die Elemente Z_{nn} der Hauptdiagonalen bestehen aus der Summe der vom Maschenstrom durchflossenen Widerstände.

4. Die übrigen Elemente der Widerstandsmatrix werden von den Widerständen gebildet, die den verschiedenen (benachbarten) Maschen gemeinsam angehören. Wird der gemeinsame Widerstand (Koppelwiderstand) von der Umlaufrichtung der Masche n und von der Umlaufrichtung der Masche m gleichsinning durchlaufen, so ist $R_{nm} = R_{mn} > 0$, bei gegensinniger Umlaufrichtung ist $R_{nm} = R_{mn} < 0$. Besteht keine Kopplung zwischen den durchlaufenen Maschen, dann wird an dieser Stelle das Element der Widerstandsmatrix zu null gesetzt.

Die Elemente des Spannungsvektors $\boldsymbol{U}_q$ auf der rechten Seite der Gleichung (5.14) werden aus der Summe aller Quellenspannungen jeweils eines Umlaufs gebildet. Eine Quellenspannung hat dabei ein *negatives* Vorzeichen, wenn ihre Richtung *gleich* dem Umlaufsinn der Masche ist, ansonsten ist das Vorzeichen positiv.

5.3.2.3 Die fundamentale Mascheninzidenzmatrix

Die fundamentale Mascheninzidenzmatrix $\boldsymbol{B}$:

$$\boldsymbol{B} = \left[b_{ij}\right] \text{ ist eine } m_u \times z \text{ Matrix mit } m_u = z - k + 1 \text{ Zeilen und } z \text{ Spalten} \tag{5.18}$$

$m_u = z - k + 1$ ist die Anzahl linear unabhängiger Maschen, z ist die Anzahl der Zweige.

Diese Matrix beschreibt ein System linear unabhängiger Maschen. Die Zeilen entsprechen den unabhängigen Maschen (Elementarschleifen) mit nur einem Verbindungszweig, die Spalten entsprechen den Zweigen. Die Elemente der fundamentalen Mascheninzidenzmatrix werden nach folgender Regel bestimmt:

$$b_{ij} = \begin{cases} +1, \text{ wenn Masche } i \text{ den Zweig } j \text{ beinhaltet und ihre Richtungen übereinstimmen} \\ -1, \text{ wenn Masche } i \text{ den Zweig } j \text{ beinhaltet und ihre Richtungen entgegengesetzt sind} \\ \;\;0, \text{ wenn Masche } i \text{ den Zweig } j \text{ nicht beinhaltet} \end{cases} \tag{5.19}$$

Die Maschenströme in den Verbindungszweigen sind nach dem Lösen des Gleichungssystems $\boldsymbol{I}_M = \boldsymbol{R}_M^{-1} \bullet \boldsymbol{U}_q$ (siehe Gl. (5.16)) bekannt. Die restlichen Ströme in den Zweigen können durch *direktes* Einsetzen der Maschenströme in die in Schritt sieben der allgemeinen Vorgehensweise festgelegten Gleichungen der Zweigströme ermittelt werden.

Die Zweigströme können aber auch mit der transponierten fundamentalen Mascheninzidenzmatrix $\boldsymbol{B}^T$ und dem Vektor der Maschenströme $\boldsymbol{I}_M$ berechnet werden.

Der Vektor aller z Zweigströme ist:

$$\boldsymbol{I_Z} = \begin{pmatrix} I_1 \\ I_2 \\ \vdots \\ I_z \end{pmatrix} \tag{5.20}$$

Alle Zweigströme (ein Teil davon sind auch Maschenströme) ergeben sich dann aus:

$$\boldsymbol{I_Z} = \boldsymbol{B}^T \bullet \boldsymbol{I_M} \tag{5.21}$$

Die Zweigspannungen lassen sich jetzt ebenfalls berechnen.

Der Vektor aller z Zweigspannungen (ohne Quellen) ist:

$$\boldsymbol{U_Z} = \begin{pmatrix} U_1 \\ U_2 \\ \vdots \\ U_z \end{pmatrix} \tag{5.22}$$

$$\boldsymbol{U_Z} = \boldsymbol{R_Z} \cdot \boldsymbol{I_Z} \tag{5.23}$$

Die Matrix $\boldsymbol{R_Z}$ ist eine Diagonalmatrix, welche die Widerstände aller Zweige in der Diagonalen aufweist.

$$\boldsymbol{R_Z} = \begin{bmatrix} R_1 & & 0 \\ & \ddots & \\ 0 & & R_z \end{bmatrix} \tag{5.24}$$

Beispiel 50

Gegeben ist die Gleichstromschaltung in Abb. 104. Bestimmen Sie mit einer Maschenanalyse alle Zweigströme und Zweigspannungen.

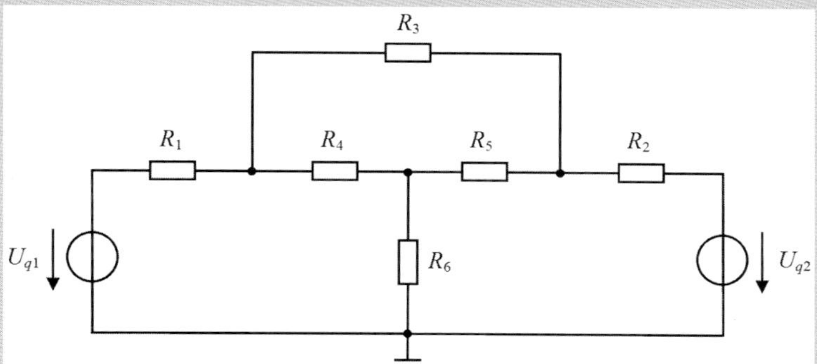

Abb. 104: Gleichstromschaltung

Lösung:

Der Graph wird gezeichnet und ein vollständiger Baum wird gewählt, die Verbindungszweige sind gestrichelt gezeichnet.

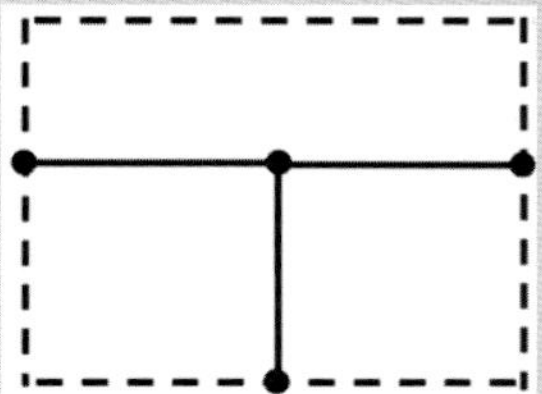

Abb. 105: Graph mit vollständigem Baum und Verbindungszweigen

In das Netzwerk werden die Richtungspfeile der Spannungen und Ströme eingetragen. In die Maschen mit nur einem Verbindungszweig werden die Umlaufpfeile entsprechend der Richtungen der Ströme in den Verbindungszweigen gezeichnet und die Maschen benannt.

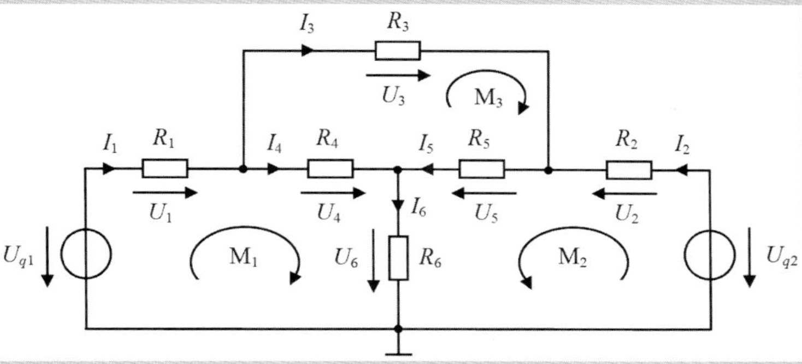

Abb. 106: Die Schaltung mit eingezeichneten Spannungen, Zweigströmen und Maschenströmen (Umlaufpfeilen)

Das Netzwerk besitzt $k = 4$ Knoten und $z = 6$ Zweige. Es werden die $m_u = z - k + 1 = 3$ Maschengleichungen der soeben festgelegten Maschen niedergeschrieben.

$$\mathrm{M}_1\text{: } U_1 + U_4 + U_6 - U_{q1} = 0$$

$$\mathrm{M}_2\text{: } U_2 + U_5 + U_6 - U_{q2} = 0$$

$$\mathrm{M}_3\text{: } -U_4 + U_3 + U_5 = 0$$

Die Spannungsabfälle an den Widerständen werden durch die Widerstände und Ströme ersetzt. Dabei wird das Gleichungssystem nach von links nach rechts aufsteigenden Indizes der Ströme geordnet und die Quellenspannungen werden auf die rechte Seite gebracht.

$$\mathrm{M}_1\text{: } R_1 I_1 + R_4 I_4 + R_6 I_6 = U_{q1}$$

$$\mathrm{M}_2\text{: } R_2 I_2 + R_5 I_5 + R_6 I_6 = U_{q2}$$

$$\mathrm{M}_3\text{: } R_3 I_3 - R_4 I_4 + R_5 I_5 = 0$$

Die Ströme in den Zweigen werden durch die Ströme in den Verbindungszweigen (durch die Maschenströme) ausgedrückt.

$$I_4 = I_1 - I_3;\ I_5 = I_2 + I_3;\ I_6 = I_1 + I_2$$

Die Ströme werden in das Gleichungssystem eingesetzt. Die Zweigströme werden also durch die Verbindungszweigströme ersetzt.

$$\mathrm{M}_1\text{: } R_1 I_1 + R_4 (I_1 - I_3) + R_6 (I_1 + I_2) = U_{q1}$$

$$\mathrm{M}_2\text{: } R_2 I_2 + R_5 (I_2 + I_3) + R_6 (I_1 + I_2) = U_{q2}$$

$$\mathrm{M}_3\text{: } R_3 I_3 - R_4 (I_1 - I_3) + R_5 (I_2 + I_3) = 0$$

Das Gleichungssystem wird ausmultipliziert und nach den (Maschen-)Strömen in den Verbindungszweigen sortiert.

$$\mathrm{M}_1\text{: } (R_1 + R_4 + R_6) I_1 + R_6 I_2 - R_4 I_3 = U_{q1}$$

$$\mathrm{M}_2\text{: } R_6 I_1 + (R_2 + R_5 + R_6) I_2 + R_5 I_3 = U_{q2}$$

$$\mathrm{M}_3\text{: } -R_4 I_1 + R_5 I_2 + (R_3 + R_4 + R_5) I_3 = 0$$

Das Gleichungssystem in Matrizendarstellung:

$$\begin{pmatrix} R_1 + R_4 + R_6 & R_6 & -R_4 \\ R_6 & R_2 + R_5 + R_6 & R_5 \\ -R_4 & R_5 & R_3 + R_4 + R_5 \end{pmatrix} \bullet \begin{pmatrix} I_1 \\ I_2 \\ I_3 \end{pmatrix} = \begin{pmatrix} U_{q1} \\ U_{q2} \\ 0 \end{pmatrix}$$

Man beachte, dass hier die Maschenströme im Index nicht extra gekennzeichnet wurden (z. B. als I_{M1}), um sie von den Zweigströmen zu unterscheiden.

Überprüfung der Maschenimpedanzmatrix: Es besteht Symmetrie zur Hauptdiagonalen. Die Elemente der Hauptdiagonalen sind positiv und setzen sich aus den Summen der Widerstände eines Maschenumlaufs zusammen. R_6 ist ein Koppelwiderstand, er ist positiv, da er bei den Umläufen in M_1 und M_2 gleichsinnig durchlaufen wird. R_4 ist ein Koppelwiderstand, er ist negativ, da er bei den Umläufen in M_1 und M_3 gegensinnig durchlaufen wird. R_5 ist ein Koppelwiderstand, er ist positiv, da er bei den Umläufen in M_2 und M_3 gleichsinnig durchlaufen wird.

Eine allgemeine (symbolische) Auswertung des Gleichungssystems mit Mathcad ergibt für die Ströme sehr lange Ausdrücke. Wir wählen deshalb folgende Zahlenwerte:

$$R_1 = 100\ \Omega, R_2 = 330\ \Omega, R_3 = 470\ \Omega, R_4 = 1000\ \Omega, R_5 = 2200\ \Omega, R_6 = 220\ \Omega$$

$$U_{q1} = 5{,}0\ \mathrm{V}, U_{q2} = 10{,}0\ \mathrm{V}$$

Die Auswertung in Mathcad (ohne Einheiten) ergibt für die Maschenströme:

$$\begin{pmatrix} I_1 \\ I_2 \\ I_3 \end{pmatrix} = \begin{pmatrix} -1.255 \times 10^{-3} \\ 7.706 \times 10^{-3} \\ -4.961 \times 10^{-3} \end{pmatrix}$$

Die negativen Vorzeichen von I_1 und I_3 bedeuten, dass diese Ströme entgegengesetzt zu der im Schaltbild (Abb. 106) eingezeichneten Richtung fließen. Aus dem Vorzeichen von I_1 und der daraus resultierenden Flussrichtung dieses Stromes erkennt man auch, dass die Quelle U_{q1} Leistung aufnimmt und nicht abgibt, da Spannung und Strom wie beim Verbraucherzählpfeilsystem gleichgerichtet sind.

Die Zweigströme können *direkt* aus den Maschenströmen berechnet werden.

$$I_4 = I_1 - I_3 = 3{,}706 \cdot 10^{-3}\ \mathrm{A}; I_5 = I_2 + I_3 = 2{,}745 \cdot 10^{-3}\ \mathrm{A};$$

$$I_6 = I_1 + I_2 = 6{,}451 \cdot 10^{-3}\ \mathrm{A}$$

Die Zweigströme können auch mittels der fundamentalen Mascheninzidenzmatrix $\boldsymbol{B}$ berechnet werden. Diese Matrix wird am besten aufgestellt, indem man sich eine leere Matrix mit z Spalten und $m_u = z - k + 1$ Zeilen vorbereitet. Die Elemente der Matrix werden nach Gl. (5.19) bestimmt. Für unser Beispiel folgt:

$$\boldsymbol{B} = \begin{pmatrix} 1 & 0 & 0 & 1 & 0 & 1 \\ 0 & 1 & 0 & 0 & 1 & 1 \\ 0 & 0 & 1 & -1 & 1 & 0 \end{pmatrix}$$

Die Transponierte der fundamentalen Mascheninzidenzmatrix ist:

$$\boldsymbol{B}^T = \begin{pmatrix} 1 & 0 & 0 \\ 0 & 1 & 0 \\ 0 & 0 & 1 \\ 1 & 0 & -1 \\ 0 & 1 & 1 \\ 1 & 1 & 0 \end{pmatrix}$$

Die Berechnung der Zweigströme ergibt:

$$\begin{pmatrix} I_1 \\ I_2 \\ I_3 \\ I_4 \\ I_5 \\ I_6 \end{pmatrix} = \begin{pmatrix} 1 & 0 & 0 \\ 0 & 1 & 0 \\ 0 & 0 & 1 \\ 1 & 0 & -1 \\ 0 & 1 & 1 \\ 1 & 1 & 0 \end{pmatrix} \cdot \begin{pmatrix} I_{M1} \\ I_{M2} \\ I_{M3} \end{pmatrix}$$

Die einzelnen Gleichungen sind:

$$I_1 = I_{M1}$$
$$I_2 = I_{M2}$$
$$I_3 = I_{M3}$$
$$I_4 = I_{M1} - I_{M3}$$
$$I_5 = I_{M2} + I_{M3}$$
$$I_6 = I_{M1} + I_{M2}$$

Die ersten drei Zweigströme stimmen mit den drei Maschenströmen überein. Die restlichen Zweigströme werden entsprechend ihrer Zusammensetzung aus den Maschenströmen berechnet. Zahlenmäßig erfolgte dies bereits oben.

Wie man sieht, kann $\boldsymbol{B}^T$ auch auf diese Weise aus dem Zusammenhang zwischen Zweigströmen und Maschenströmen aufgestellt werden.

Mit den sechs jetzt bekannten Strömen können durch *direkte* Anwendung des ohmschen Gesetzes die Spannungen an allen Widerständen berechnet werden. Es ist z. B.:

$U_3 = R_3 \cdot I_3 = 470\ \Omega \cdot \left(-4{,}961 \cdot 10^{-3}\right)\ \text{A} = -2{,}332\ \text{V}$. Die Spannung ist entgegengesetzt zu der im Schaltbild eingezeichneten Richtung gerichtet.

Die Zweigspannungen können auch entsprechend Gl. (5.23) berechnet werden.

$$\begin{pmatrix} U_1 \\ U_2 \\ U_3 \\ U_4 \\ U_5 \\ U_6 \end{pmatrix} = \begin{pmatrix} R_1 & & & & & \\ & R_2 & & & 0 & \\ & & R_3 & & & \\ & & & R_4 & & \\ & 0 & & & R_5 & \\ & & & & & R_6 \end{pmatrix} \cdot \begin{pmatrix} I_1 \\ I_2 \\ I_3 \\ I_4 \\ I_5 \\ I_6 \end{pmatrix}; \quad \begin{pmatrix} U_1 \\ U_2 \\ U_3 \\ U_4 \\ U_5 \\ U_6 \end{pmatrix} = \begin{pmatrix} -0{,}1255\ \text{V} \\ 2{,}54298\ \text{V} \\ -2{,}33167\ \text{V} \\ 3{,}706\ \text{V} \\ 6{,}039\ \text{V} \\ 1{,}41922\ \text{V} \end{pmatrix}$$

Beispiel 51

Die Gleichstromschaltung in Abb. 107 soll mit einer Maschenanalyse untersucht werden.

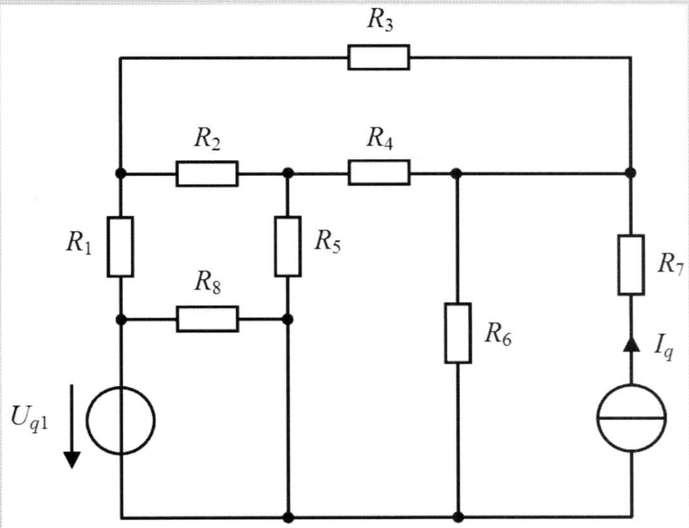

Abb. 107: Gleichstromschaltung

Lösung:

Die Schaltung wird vereinfacht. Bauelemente parallel zu idealen Spannungsquellen und in Reihe zu idealen Stromquellen können weggelassen werden, somit entfallen R_7 und R_8. Die Stromquelle wird in eine Spannungsquelle umgewandelt. Es wird ein vollständiger Baum gewählt. In das Schaltbild werden Spannungen, Zweigströme und Kreisströme eingetragen. Die Stromrichtungen in den Verbindungszweigen entsprechen dem Umlaufsinn der Maschen, die Stromrichtungen in den Zweigen sind willkürlich gewählt. Die Richtungen von Erzeuger- und Verbraucherzählpfeilsystem sind berücksichtigt.

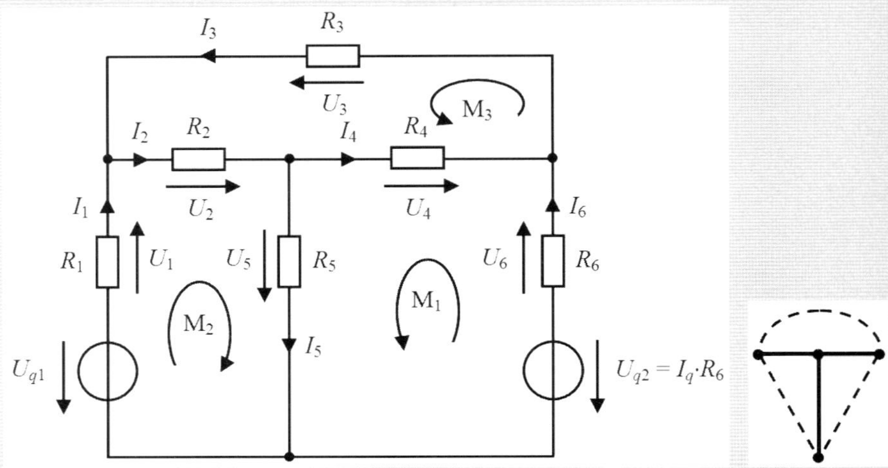

Abb. 108: Vereinfachte Schaltung mit eingetragenen Größen (links), vollständiger Baum (rechts)

Nun wird das Gleichungssystem aufgestellt.

$$\mathrm{M}_1\text{: } -U_4 + U_5 + U_6 = U_{q2}$$

$$\mathrm{M}_2\text{: } U_1 + U_2 + U_5 = U_{q1}$$

$$\mathrm{M}_3\text{: } U_2 + U_3 + U_4 = 0$$

Die Spannungsabfälle an den Widerständen werden durch die Widerstände und Ströme ersetzt.

$$\mathrm{M}_1\text{: } -R_4 I_4 + R_5 I_5 + R_6 I_6 = U_{q2}$$

$$\mathrm{M}_2\text{: } R_1 I_1 + R_2 I_2 + R_5 I_5 = U_{q1}$$

$$\mathrm{M}_3\text{: } R_2 I_2 + R_3 I_3 + R_4 I_4 = 0$$

Die Ströme in den Zweigen werden durch die Maschenströme ausgedrückt.

$$I_2 = I_1 + I_3;\ I_4 = I_3 - I_6;\ I_5 = I_1 + I_6$$

Es folgt:

$$\mathrm{M}_1\text{: } -R_4 (I_3 - I_6) + R_5 (I_1 + I_6) + R_6 I_6 = U_{q2}$$

$$\mathrm{M}_2\text{: } R_1 I_1 + R_2 (I_1 + I_3) + R_5 (I_1 + I_6) = U_{q1}$$

$\mathrm{M}_3\colon R_2(I_1+I_3)+R_3I_3+R_4(I_3-I_6)=0$

Ströme ausklammern, ordnen:

$\mathrm{M}_1\colon R_5I_1-R_4I_3+(R_4+R_5+R_6)I_6=U_{q2}$

$\mathrm{M}_2\colon (R_1+R_2+R_5)I_1+R_2I_3+R_5I_6=U_{q1}$

$\mathrm{M}_3\colon R_2I_1+(R_2+R_3+R_4)I_3-R_4I_6=0$

Gleichungen umstellen:

$\mathrm{M}_2\colon (R_1+R_2+R_5)I_1+R_2I_3+R_5I_6=U_{q1}$

$\mathrm{M}_3\colon R_2I_1+(R_2+R_3+R_4)I_3-R_4I_6=0$

$\mathrm{M}_1\colon R_5I_1-R_4I_3+(R_4+R_5+R_6)I_6=U_{q2}$

Das Gleichungssystem in Matrizendarstellung:

$$\begin{pmatrix} R_1+R_2+R_5 & R_2 & R_5 \\ R_2 & R_2+R_3+R_4 & -R_4 \\ R_5 & -R_4 & R_4+R_5+R_6 \end{pmatrix}\cdot\begin{pmatrix} I_1 \\ I_3 \\ I_6 \end{pmatrix}=\begin{pmatrix} U_{q1} \\ 0 \\ U_{q2} \end{pmatrix}$$

Die Struktur des Netzwerkes in Abb. 108 entspricht der Struktur des Netzwerkes in Abb. 106 von Beispiel 50. Wir übertragen die Zahlenwerte der Widerstände und Quellen den jeweiligen Bezeichnungen entsprechend und erhalten:

$R_1=100\ \Omega, R_2=1000\ \Omega, R_3=470\ \Omega, R_4=2200\ \Omega, R_5=220\ \Omega, R_6=330\ \Omega$

$U_{q1}=5{,}0\ \mathrm{V}, U_{q2}=10{,}0\ \mathrm{V}$

Als Lösung für die Maschenströme erhalten wir in Mathcad:

$$\begin{pmatrix} I_1 \\ I_3 \\ I_6 \end{pmatrix}=\begin{pmatrix} -1.255\times 10^{-3} \\ 4.961\times 10^{-3} \\ 7.706\times 10^{-3} \end{pmatrix}$$

In Beispiel 50 ergab die Auswertung in Mathcad:

$$\begin{pmatrix} I_1 \\ I_2 \\ I_3 \end{pmatrix}=\begin{pmatrix} -1.255\times 10^{-3} \\ 7.706\times 10^{-3} \\ -4.961\times 10^{-3} \end{pmatrix}$$

Wie es sein muss, stimmen die beiden Lösungen überein. Die Ströme sind nur anders benannt und die Umlaufrichtungen von M_3 sind entgegengesetzt (daher der Vorzeichenwechsel). Die weiteren Ströme und Spannungen werden jetzt nicht mehr berechnet.

Nun soll gelten:

$R_1 = 3R$, $R_2 = R_3 = R_4 = R_5 = R_6 = R$

Es soll allgemein der Strom I_5 bestimmt werden.

Jetzt ist das Gleichungssystem in Matrizendarstellung:

$$\begin{pmatrix} 5R & R & R \\ R & 3R & -R \\ R & -R & 3R \end{pmatrix} \cdot \begin{pmatrix} I_1 \\ I_3 \\ I_6 \end{pmatrix} = \begin{pmatrix} U_{q1} \\ 0 \\ U_{q2} \end{pmatrix}$$

Lösen Sie das Gleichungssystem von Hand! Mit Mathcad ergibt sich die Lösung:

$$\begin{pmatrix} I_1 \\ I_3 \\ I_6 \end{pmatrix} \rightarrow \begin{pmatrix} \frac{1}{4 \cdot R} \cdot U_{q1} - \frac{1}{8 \cdot R} \cdot U_{q2} \\ \frac{-1}{8 \cdot R} \cdot U_{q1} + \frac{3}{16 \cdot R} \cdot U_{q2} \\ \frac{-1}{8 \cdot R} \cdot U_{q1} + \frac{7}{16 \cdot R} \cdot U_{q2} \end{pmatrix}$$

Der Zweigstrom I_5 war $I_5 = I_1 + I_6$. Somit folgt:

$$I_5 = \frac{1}{8R} \cdot U_{q1} + \frac{5}{16R} \cdot U_{q2} = \underline{\underline{\frac{1}{8R} \cdot U_{q1} + \frac{5}{16} \cdot I_q}}$$

5.4 Knotenanalyse

Die Knotenanalyse wird auch als Knotenpotenzialverfahren, Knotenpunktanalyse oder Knotenspannungsanalyse bezeichnet. Ziel der Knotenanalyse ist (wie bei der Maschenanalyse) die Bestimmung aller Zweigspannungen und Zweigströme. Die Größen der Quellen und der Widerstände im Netzwerk werden wieder als bekannt vorausgesetzt.

Die Knotenanalyse basiert auf Knotengleichungen und ist ein duales Verfahren zur Maschenanalyse. Während bei der Maschenanalyse $m_u = z - k + 1$ linear unabhängige Gleichungen gelöst werden müssen, sind es bei der Knotenanalyse $k_u = k - 1$ Gleichungen. Ausschlaggebend für die Wahl des Analyseverfahrens ist die Anzahl der Unbekannten, d. h., mit welchem Verfahren die wenigsten Gleichungen zu lösen sind. Allgemein gilt: **Ab** einer Gesamtzahl von **fünf Knoten** ist die **Knotenanalyse vorteilhafter**.

Die Knotenanalyse eignet sich besonders gut, um alle Zweigspannungen zu berechnen, wenn das Netzwerk ausschließlich Stromquellen als aktive Elemente enthält. Die Ströme ergeben sich dann mithilfe der Zweiggleichungen.

Bei der Knotenanalyse werden sogenannte Knotenpotenziale eingeführt. Jedem Knoten in einem Netzwerk wird ein **Knotenpotenzial** zugeordnet. Ein beliebiger Knoten des Netzwerkes wird als Bezugsknoten gewählt, meist ist dieser Bezugsknoten Masse mit dem Potenzial null. Für die verbleibenden $k_u = k - 1$ Knoten besteht dann eine **Knotenspannung** als Differenz zwischen dem Potenzial des Knotens und des Bezugsknotens. Eine Knotenspannung ist also die Spannung eines Knotens gegenüber Masse als Bezugsknoten.

Bei der Knotenanalyse ist zwischen Knotenpotenzialen und Knotenspannungen zu unterscheiden.

Sind alle Knotenspannungen eines Netzwerkes bekannt, so ist die gesamte Strom- bzw. Spannungsverteilung des Netzwerkes festgelegt, alle Zweigspannungen und -ströme können berechnet werden. Würde man alle Knoten mit dem Bezugsknoten kurzschließen, also alle Knotenspannungen zu null machen, so wäre das Netzwerk spannungsfrei. Somit können keine Spannungen im Netzwerk vorhanden sein, die von den Knotenspannungen unabhängig sind.

Jede Zweigspannung kann durch eine oder mehrere Knotenspannungen ausgedrückt werden. Bei der Knotenanalyse müssen nur die Knotengleichungen (unter Berücksichtigung der Knotenspannungen) aufgestellt werden. Die Maschengleichungen werden eingespart. Vorhandene Spannungsquellen werden in äquivalente Stromquellen umgewandelt und Widerstände werden durch Leitwerte ersetzt.

5.4.1 Allgemeine Vorgehensweise bei der Knotenanalyse

5.4.1.1 Aufstellen des Gleichungssystems in Matrizenschreibweise

1. Voraussetzung für die Knotenanalyse ist, dass im Netzwerk nur Stromquellen vorkommen. Vorhandene Spannungsquellen mit Innenwiderstand werden zuerst in äquivalente Stromquellen umgewandelt.
2. Alle Widerstände werden in Leitwerte umgewandelt.
3. Ein beliebiger Knoten wird als Bezugsknoten gewählt. Dieser Knoten ist meist der Masseknoten, welcher mit Erde verbunden wird, er wird vorwiegend mit „0“ oder „K0“ bezeichnet. Wurde in der Schaltung kein Massepunkt festgelegt, sollte als Bezugsknoten ein Knoten gewählt werden, der mit möglichst vielen anderen Knoten verbunden ist.
4. Es wird ein **sternförmiger** vollständiger Baum gebildet. Die Baumzweige werden die Verbindungen zwischen dem Bezugsknoten und allen anderen $k-1$ Knoten des Netzwerkes. Für Knoten ohne Verbindung zum Bezugsknoten werden zusätzliche Leitwerte $G=0$ eingefügt. Das Netzwerk wird dann um künstliche Zweige mit dem Leitwert null erweitert. Falls nur wenige Spannungen gesucht sind, sollte man den Baum nach Möglichkeit so wählen, dass die gesuchten Spannungen an Baumzweigen abfallen, also unabhängige Variable werden.
5. Alle Knoten werden durchnummeriert. Für alle Knoten werden die $k-1$ Knotenspannungen mit Richtung der Spannungspfeile zum Bezugsknoten hin eingetragen. Dies sind die $k-1$ unabhängigen Spannungen längs der Baumzweige. (Die Knotenspannungen sind Potenziale, welche sich als Summen von Spannungen über den Zweipolen in den Zweigen ergeben.) Die abhängigen Spannungen liegen somit in den Verbindungszweigen.
6. Die **Knotenleitwertmatrix** (kurz: Leitwertmatrix) wird aufgestellt:
   - Die stets positiven Elemente G_{ii} der Hauptdiagonalen bestehen aus den Summen der an den betreffenden Knoten angeschlossenen Leitwerte.
   - Die Elemente G_{ij} außerhalb der Hauptdiagonalen sind die **negativen** Summen der Leitwerte, die auf dem Pfad von Knoten i nach j liegen (Koppelleitwerte). Die Matrixelemente sind null, wenn Knoten i und j keine gemeinsamen Elemente haben, also nicht über einen Leitwert verbunden sind.
   - Die Leitwertmatrix ist quadratisch und symmetrisch zur Hauptdiagonalen.
   - Die Leitwertmatrix für ein Netzwerk mit k Knoten hat $k-1$ Spalten und $k-1$ Zeilen und besitzt folgenden Aufbau:

$$\boldsymbol{G} = \underset{\text{Knoten}\ \downarrow}{} \overset{\text{Knotenpotenziale}\ \rightarrow}{\begin{pmatrix} G_{11} & G_{12} & \cdots & G_{1(k-1)} \\ G_{21} & G_{22} & \cdots & G_{2(k-1)} \\ \vdots & \vdots & \ddots & \vdots \\ G_{(k-1)1} & G_{(k-1)2} & \cdots & G_{(k-1)(k-1)} \end{pmatrix}} \tag{5.25}$$

7. Der Spaltenvektor der Knotenspannungen wird aufgestellt. Er enthält alle $k-1$ unabhängigen Spannungen in den Baumzweigen.

$$\boldsymbol{U_K} = \begin{pmatrix} U_{K1} \\ U_{K2} \\ \vdots \\ U_{K(k-1)} \end{pmatrix} \tag{5.26}$$

8. Der Spaltenvektor der Quellenströme wird aufgestellt. Die Elemente des Stromvektors werden gebildet aus der Summe aller Quellenströme, die am aktuellen Knoten i angeschlossen sind. Alle zu einem Knoten hinfließenden Quellenströme haben positives, alle wegfließenden Quellenströme negatives Vorzeichen.

$$\boldsymbol{I_q} = \begin{pmatrix} I_{q1} \\ I_{q2} \\ \vdots \\ I_{q(k-1)} \end{pmatrix} \tag{5.27}$$

9. In Kurzform lautet nun das Gleichungssystem:

$$\boldsymbol{G} \bullet \boldsymbol{U_K} = \boldsymbol{I_q} \tag{5.28}$$

Eine Darstellung mit den Elementen der Matrix und der Vektoren:

$$\begin{pmatrix} G_{11} & G_{12} & \cdots & G_{1(k-1)} \\ G_{21} & G_{22} & \cdots & G_{2(k-1)} \\ \vdots & \vdots & \ddots & \vdots \\ G_{(k-1)1} & G_{(k-1)2} & \cdots & G_{(k-1)(k-1)} \end{pmatrix} \bullet \begin{pmatrix} U_{K1} \\ U_{K2} \\ \vdots \\ U_{K(k-1)} \end{pmatrix} = \begin{pmatrix} I_{q1} \\ I_{q2} \\ \vdots \\ I_{q(k-1)} \end{pmatrix} \tag{5.29}$$

Das Gleichungssystem lässt sich durch Multiplikation mit der inversen Matrix $\boldsymbol{G}^{-1}$ lösen. Die Knotenspannungen ergeben sich aus:

$$\boldsymbol{U}_K = \boldsymbol{G}^{-1} \bullet \boldsymbol{I}_q \tag{5.30}$$

10. Die Zweigspannungen lassen sich bei Bedarf *direkt* aus der Differenz der Knotenspannungen berechnen. Die Zweigströme können dann mit dem ohmschen Gesetz aus den Zweigspannungen bestimmt werden.

5.4.1.2 Die Knoteninzidenzmatrix

Die Zweigspannungen können statt einzeln und direkt auch mit der transponierten reduzierten Knoteninzidenzmatrix $\boldsymbol{K}^T$ und dem Vektor der Knotenspannungen berechnet werden. Zunächst folgen Definitionen zur Knoteninzidenzmatrix.

Erweiterte Knoteninzidenzmatrix $\boldsymbol{K}_a$

$$\boldsymbol{K}_a = \left[a_{ij}\right] \text{ ist eine } k \times z \text{ Matrix mit } k \text{ Zeilen und } z \text{ Spalten} \tag{5.31}$$

Ein Zweig ist mit einem Knoten inzident, wenn der Zweig in dem Knoten beginnt oder endet. Die erweiterte Knoteninzidenzmatrix (vollständige Knoteninzidenzmatrix, **Knoten-Zweig-Inzidenzmatrix**, Knoten-Zweig-Verbindungsmatrix) gibt die Beziehungen zwischen den Zweigströmen und den Maschenströmen an. Die Knoteninzidenzmatrix stellt ein numerisches Abbild des gerichteten Netzwerkgraphen dar und beschreibt ihn vollständig. Sie bezeichnet die Verbindungen (= Zweige) zwischen den einzelnen Knoten und die Richtungen der in den Zweigen fließenden Ströme.

Bei einem Netzwerk mit k Knoten und z Zweigen hat die erweiterte Knoteninzidenzmatrix k Zeilen und z Spalten. Die Zeilen entsprechen also den Knoten und die Spalten entsprechen den Zweigen. Die Elemente a_{ij} der Knoteninzidenzmatrix werden nach folgender Regel bestimmt:

$$a_{ij} = \begin{cases} +1, \text{ wenn Zweig } j \text{ in Knoten } i \text{ beginnt} \\ -1, \text{ wenn Zweig } j \text{ in Knoten } i \text{ endet} \\ \ \ 0, \text{ wenn Zweig } j \text{ nicht mit Knoten } i \text{ verbunden ist} \end{cases} \tag{5.32}$$

Aufbau der Knoteninzidenzmatrix:

$$\boldsymbol{K}_a = \text{Knoten} \downarrow \overset{\text{Zweige } \rightarrow}{\begin{pmatrix} a_{11} & a_{12} & \cdots & a_{1n} \\ a_{21} & a_{22} & \cdots & a_{2n} \\ \vdots & \vdots & \ddots & \vdots \\ a_{n1} & a_{n2} & \cdots & a_{nn} \end{pmatrix}} \tag{5.33}$$

Alle Summen der Elemente der Spalten sind null. Das System ist also linear abhängig. Jede Spalte enthält eine 1 und eine -1 und sonst nur Nullen.

Beispiel 52

Gegeben ist der gerichtete Graph (Digraph) einer Schaltung mit fünf Knoten und sieben Zweigen. Stellen Sie die zugehörige erweiterte Knoteninzidenzmatrix auf.

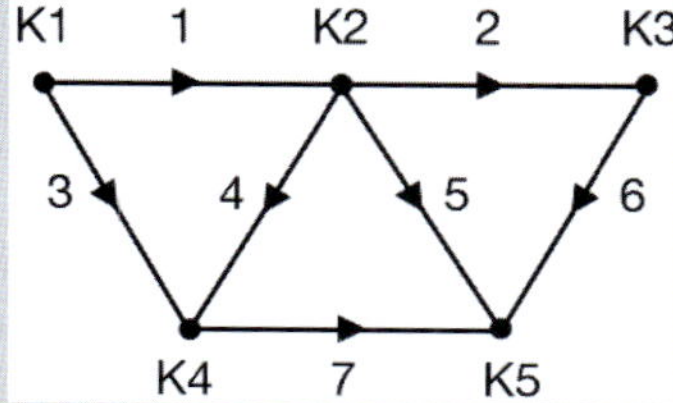

Abb. 109: Gerichteter Graph eines Netzwerkes

Lösung:

Es kann eine Matrix mit k Zeilen und z Spalten mit leeren oder mit 0 gefüllten Matrixelementen vorbereitet werden. Mit Zweig 1 beginnend betrachtet man nacheinander alle Zweige. Man schreibt in die dem Zweig entsprechende Spalte an die Stelle des zugehörigen Knotens eine 1, wenn der Zweig vom Knoten weggerichtet ist, und eine –1, wenn der Zweig zum Knoten hingerichtet ist. Zum Schluss werden leere Elemente mit 0 aufgefüllt. Kontrolle: Die Summe der Elemente in einer Spalte muss null sein.

$$\boldsymbol{K}_a = \begin{pmatrix} 1 & 0 & 1 & 0 & 0 & 0 & 0 \\ -1 & 1 & 0 & 1 & 1 & 0 & 0 \\ 0 & -1 & 0 & 0 & 0 & 1 & 0 \\ 0 & 0 & -1 & -1 & 0 & 0 & 1 \\ 0 & 0 & 0 & 0 & -1 & -1 & -1 \end{pmatrix}$$

Reduzierte Knoteninzidenzmatrix $\boldsymbol{K}$

$$\boldsymbol{K} \text{ ist eine } (k-1) \times z \text{ Matrix mit } k-1 \text{ Zeilen und } z \text{ Spalten} \tag{5.34}$$

Die reduzierte Knoteninzidenzmatrix erhalten wir, wenn wir irgendeine Zeile der erweiterten Knoteninzidenzmatrix weglassen. Alle Zeilen dieser Matrix sind linear unabhängig. Als Knoten, welchem die weggelassene Zeile entspricht, wird meist der Bezugsknoten (Masse) gewählt.

Der Vektor der z Zweigströme ist:

$$\boldsymbol{I_Z} = \begin{pmatrix} I_1 \\ I_2 \\ \vdots \\ I_z \end{pmatrix} \tag{5.35}$$

Die $k_u = k - 1$ linear unabhängigen Knotengleichungen können dann in folgender Form geschrieben werden:

$$\boldsymbol{K} \bullet \boldsymbol{I_Z} = \boldsymbol{0} \tag{5.36}$$

Die Zweigspannungen können mit der negativen transponierten reduzierten Knoteninzidenzmatrix $\boldsymbol{K}^T$ und dem Vektor $\boldsymbol{U_K}$ der Knotenspannungen berechnet werden:

$$\boldsymbol{U_Z} = -\boldsymbol{K}^T \bullet \boldsymbol{U_K} \tag{5.37}$$

Das negative Vorzeichen in dieser Gleichung entspricht der Definition der Knotenregel, dass zu einem Knoten hinfließende Ströme positiv und wegfließende Ströme negativ sind.

Die Zweigströme lassen sich jetzt ebenfalls berechnen.

$$\boldsymbol{I_Z} = \boldsymbol{G_Z} \bullet \boldsymbol{U_Z} \tag{5.38}$$

Die Matrix $\boldsymbol{G_Z}$ ist eine Diagonalmatrix, welche die Leitwerte aller Zweige in der Diagonalen aufweist.

$$\boldsymbol{G_Z} = \begin{bmatrix} G_1 & & 0 \\ & \ddots & \\ 0 & & G_z \end{bmatrix} \tag{5.39}$$

Beispiel 53

Es wird die Gleichstromschaltung von Abb. 104 aus Beispiel 50 mit der Knotenanalyse berechnet. Gesucht sind alle Zweigspannungen und Zweigströme.

Zunächst werden alle Spannungsquellen in äquivalente Stromquellen umgewandelt. Als Bezugsknoten wird der unterste Knoten gewählt, mit dem Symbol für Masse und der Bezeichnung K_0 versehen. Es wird ein sternförmiger vollständiger Baum gewählt, alle Knoten werden durchnummeriert und die Zählpfeile für die Knotenspannungen werden in das Schaltbild eingetragen.

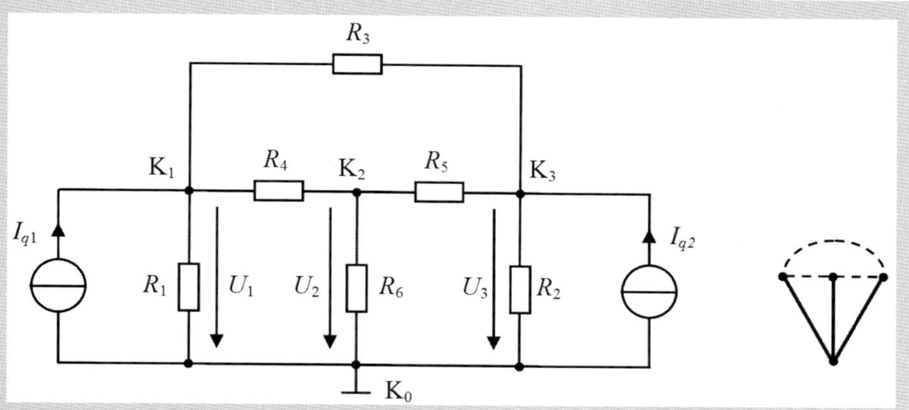

Abb. 110: Beispiel zur Knotenanalyse, rechts der sternförmige, vollständige Baum

Es wird die Knotenleitwertmatrix aufgestellt.

$$\boldsymbol{G} = \begin{pmatrix} \frac{1}{R_1}+\frac{1}{R_3}+\frac{1}{R_4} & -\frac{1}{R_4} & -\frac{1}{R_3} \\ -\frac{1}{R_4} & \frac{1}{R_4}+\frac{1}{R_5}+\frac{1}{R_6} & -\frac{1}{R_5} \\ -\frac{1}{R_3} & -\frac{1}{R_5} & \frac{1}{R_2}+\frac{1}{R_3}+\frac{1}{R_5} \end{pmatrix}$$

Das Gleichungssystem mit den Knotenspannungen als Variable lautet:

$$\begin{pmatrix} \frac{1}{R_1}+\frac{1}{R_3}+\frac{1}{R_4} & -\frac{1}{R_4} & -\frac{1}{R_3} \\ -\frac{1}{R_4} & \frac{1}{R_4}+\frac{1}{R_5}+\frac{1}{R_6} & -\frac{1}{R_5} \\ -\frac{1}{R_3} & -\frac{1}{R_5} & \frac{1}{R_2}+\frac{1}{R_3}+\frac{1}{R_5} \end{pmatrix} \bullet \begin{pmatrix} U_{K1} \\ U_{K2} \\ U_{K3} \end{pmatrix} = \begin{pmatrix} I_{q1} \\ 0 \\ I_{q2} \end{pmatrix}$$

Die Knotenspannungen ergeben sich aus:

$$\begin{pmatrix} U_{K1} \\ U_{K2} \\ U_{K3} \end{pmatrix} = \begin{pmatrix} \frac{1}{R_1}+\frac{1}{R_3}+\frac{1}{R_4} & -\frac{1}{R_4} & -\frac{1}{R_3} \\ -\frac{1}{R_4} & \frac{1}{R_4}+\frac{1}{R_5}+\frac{1}{R_6} & -\frac{1}{R_5} \\ -\frac{1}{R_3} & -\frac{1}{R_5} & \frac{1}{R_2}+\frac{1}{R_3}+\frac{1}{R_5} \end{pmatrix}^{-1} \bullet \begin{pmatrix} I_{q1} \\ 0 \\ I_{q2} \end{pmatrix}$$

Hierin sind entsprechend den Umwandlungen der Spannungs- in Stromquellen:

$I_{q1} = \frac{U_{q1}}{R_1}$ und $I_{q2} = \frac{U_{q2}}{R_2}$

Wir wählen wieder die Zahlenwerte aus Beispiel 50:

$R_1 = 100\ \Omega, R_2 = 330\ \Omega, R_3 = 470\ \Omega, R_4 = 1000\ \Omega, R_5 = 2200\ \Omega, R_6 = 220\ \Omega$

$U_{q1} = 5{,}0\ \text{V}, U_{q2} = 10{,}0\ \text{V}$

Eine Auswertung in Mathcad ergibt für die Knotenspannungen:

$\underline{\underline{U_{K1} = 5{,}125\ \text{V}}}, \underline{\underline{U_{K2} = 1{,}419\ \text{V}}}, \underline{\underline{U_{K3} = 7{,}457\ \text{V}}}$

Aus diesen Knotenspannungen können jetzt *direkt* die Zweigspannungen berechnet werden. Der Spannungsabfall über R_4 (die Zweigspannung U_{Z4}) ist z. B.: $U_{Z4} = U_{K1} - U_{K2} = 3{,}706\ \text{V}$. Auch der Zweigstrom durch R_4 kann nun mit dem ohmschen Gesetz unmittelbar bestimmt werden. Diese direkten Berechnungen sind für alle weiteren Zweigspannungen und -ströme möglich.

Die Zweigspannungen und -ströme können auch mithilfe der Knoteninzidenzmatrix ermittelt werden. Zuerst wird ein Digraph der Schaltung gezeichnet.

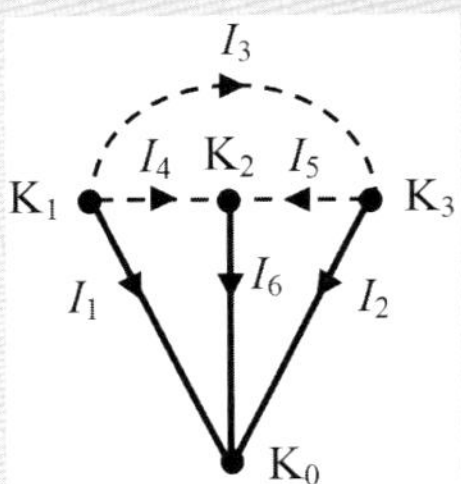

Abb. 111: Digraph zum Netzwerk von Abb. 110

Jetzt wird mithilfe des Digraphen gleich die reduzierte Knoteninzidenzmatrix erstellt.

$$\boldsymbol{K} = \begin{pmatrix} 1 & 0 & 1 & 1 & 0 & 0 \\ 0 & 0 & 0 & -1 & -1 & 1 \\ 0 & 1 & -1 & 0 & 1 & 0 \end{pmatrix}$$

Die Zweigspannungen sind entsprechend Gl. (5.37):

$$\boldsymbol{U}_Z = -\begin{pmatrix} 1 & 0 & 0 \\ 0 & 0 & 1 \\ 1 & 0 & -1 \\ 1 & -1 & 0 \\ 0 & -1 & 1 \\ 0 & 1 & 0 \end{pmatrix} \bullet \begin{pmatrix} U_{K1} \\ U_{K2} \\ U_{K3} \end{pmatrix}$$

Eine zahlenmäßige Auswertung ergibt für die Zweigspannungen:

$$\begin{pmatrix} U_{Z1} \\ U_{Z2} \\ U_{Z3} \\ U_{Z4} \\ U_{Z5} \\ U_6 \end{pmatrix} = \begin{pmatrix} 5{,}125\ \text{V} \\ 7{,}457\ \text{V} \\ -2{,}332\ \text{V} \\ 3{,}706\ \text{V} \\ 6{,}038\ \text{V} \\ 1{,}419\ \text{V} \end{pmatrix}$$

Die Zweigspannungen U_{Z1} und U_{Z2} sind gleich den Knotenspannungen U_{K1} und U_{K3}. Werden die Stromquellen wieder zurück in Spannungsquellen gewandelt, so ergeben sich die Spannungsabfälle $-0{,}125\ \text{V}$ an R_1 und $2{,}543\ \text{V}$ an R_2. Die Zweigspannungen setzen sich aus den Werten der Spannungsquellen und diesen Spannungsabfällen zusammen.

Die Zweigströme sind nach Gl. (5.38):

$$\begin{pmatrix} I_{Z1} \\ I_{Z2} \\ I_{Z3} \\ I_{Z4} \\ I_{Z5} \\ I_{Z6} \end{pmatrix} = \begin{pmatrix} \frac{1}{R_1} & & & & & \\ 0 & \frac{1}{R_2} & 0 & 0 & 0 & 0 \\ 0 & 0 & \frac{1}{R_3} & 0 & 0 & 0 \\ 0 & 0 & 0 & \frac{1}{R_4} & 0 & 0 \\ 0 & 0 & 0 & 0 & \frac{1}{R_5} & 0 \\ 0 & 0 & 0 & 0 & 0 & \frac{1}{R_6} \end{pmatrix} \bullet \begin{pmatrix} U_{Z1} \\ U_{Z2} \\ U_{Z3} \\ U_{Z4} \\ U_{Z5} \\ U_6 \end{pmatrix}; \begin{pmatrix} I_{Z1} \\ I_{Z2} \\ I_{Z3} \\ I_{Z4} \\ I_{Z5} \\ I_{Z6} \end{pmatrix} = \begin{pmatrix} 5{,}125 \cdot 10^{-2}\ \text{A} \\ 2{,}260 \cdot 10^{-2}\ \text{A} \\ -4{,}961 \cdot 10^{-3}\ \text{A} \\ 3{,}706 \cdot 10^{-3}\ \text{A} \\ 2{,}745 \cdot 10^{-3}\ \text{A} \\ 6{,}451 \cdot 10^{-3}\ \text{A} \end{pmatrix}$$

Vergleichen Sie diese Werte mit denen von Beispiel 50. Die Werte für die Zweigströme I_{Z1} und I_{Z2} werden verständlich, wenn man die Werte der Stromquellen

$I_{q1} = \frac{U_{q1}}{R_1} = 50\ \text{mA}$ und $I_{q2} = \frac{U_{q2}}{R_2} = 30{,}303\ \text{mA}$ betrachtet.

5.5 Der Überlagerungssatz

Voraussetzung für die Anwendung des Überlagerungssatzes zur Analyse eines Netzwerkes ist, dass das elektrische Netzwerk **linear** ist. Allgemein kann die Eigenschaft der Linearität auf ein System erweitert werden, welches als eine Menge untereinander verbundener Komponenten zur Erfüllung eines technischen Zwecks definiert wird (z. B. auch auf ein mechanisches System). Zunächst wird die wichtige Eigenschaft der Linearität eines Netzwerkes näher erläutert.

5.5.1 Linearität

Ein Netzwerk ist ein lineares Netzwerk, wenn es sowohl homogen als auch additiv ist.

Homogenes Netzwerk:
An ein Tor eines Netzwerkes wird eine Spannung U gelegt. Im Netz stellt sich eine Strom-Spannungs-Beziehung ein. Wird die Spannung am Tor um den Faktor k geändert (statt U wird $k \cdot U$ eingespeist) und ändern sich alle Ströme und Spannungen im Netzwerk um den gleichen Faktor k, so ist das Netzwerk homogen.

Additives Netzwerk:
Eine Schaltung besitzt zwei Eingangstore. Am ersten Tor wird eine Spannungsquelle U_1 angelegt. Innerhalb der Schaltung stellt sich dann eine bestimmte Strom-Spannungs-Verteilung ein. Es wird dann an das zweite Tor die Spannung U_2 gelegt. Innerhalb der Schaltung stellt sich ebenfalls eine Strom-Spannungs-Beziehung ein. Nun wird gleichzeitig an Tor 1 die Spannung U_1 und an Tor 2 die Spannung U_2 angelegt. Stellt jetzt die Strom-Spannungs-Beziehung des Netzes die Addition der beiden einzelnen Beziehungen dar, dann ist das Netz additiv.

Ein homogenes und additives Netzwerk ist ein lineares Netzwerk, in ihm gilt das Überlagerungsprinzip.

Bei einem linearen System stehen Ursache und Wirkung in einem linearen Zusammenhang.

Die Eigenschaft der Homogenität kann auch anders ausgedrückt werden:

$$\boxed{\text{Wirkung}(k \cdot \text{Ursache}) = k \cdot \text{Wirkung}(\text{Ursache})} \tag{5.40}$$

In Worten: Die Wirkung der k-fachen Ursache ist gleich der k-fachen Wirkung der einfachen Ursache. Gleichung (5.40) beschreibt die Verstärkungseigenschaft. Sie wird auch als Proportionalitätsprinzip bezeichnet und entspricht einer Skalierung (Multiplikation mit einer Konstanten k).

Die Eigenschaft der Additivität kann beschrieben werden als:

$$\boxed{\text{Wirkung}(\text{Ursache 1}) + \text{Wirkung}(\text{Ursache 2}) = \text{Wirkung}(\text{Ursache 1} + \text{Ursache 2})} \quad (5.41)$$

In Worten: Die Summe der Wirkungen von Ursache 1 und Ursache 2 ist gleich der Wirkung aus der Summe beider Ursachen. Allgemein: Die Wirkung auf eine Summe von Ursachen ist gleich der Summe der Wirkungen auf die einzelnen Ursachen. Gleichung (5.41) beschreibt die Überlagerungseigenschaft, das Prinzip der **Superposition**.

Wird ein lineares System am Eingang mit der Größe „0" erregt, so ist die Größe am Ausgang ebenfalls „0". Für ein lineares System ist:

$$\boxed{\text{Wirkung}(0) = 0} \quad (5.42)$$

Für ein lineares Bauteil gilt:
Der Strom durch das Bauteil ist unabhängig von Höhe und Richtung des Stromes. Der Widerstand des Bauteils ist somit konstant und unabhängig vom Strom.

Vertiefende Ergänzungen zur Linearität

Reale Systeme erfüllen die Eigenschaft der Linearität meistens nur in einem eingeschränkten Bereich der Variablen. Bei vielen Anwendungen besteht jedoch der idealisierte Sachverhalt der Linearität zumindest näherungsweise und beschreibt das Wesentliche. Würde man die Linearität eines Systems nicht einführen, so würde dessen Untersuchung unnötig kompliziert.

Häufig erhält man für eine Erregung (Ursache) die Antwort (Wirkung) des Systems als Lösung einer Differenzialgleichung. Ist die Differenzialgleichung linear, so gilt der Superpositionssatz: Die Lösung für eine Linearkombination von Erregungen ist gleich der Linearkombination der Lösungen für die einzelnen Erregungen. Wird ein System durch eine lineare Differenzialgleichung beschrieben, so ist das System linear. Die Ordnung der Differenzialgleichung kann beliebig, ihre Koeffizienten konstant oder nicht konstant sein.

Die Antwort eines linearen Systems auf eine Erregung mit einer Schwingung einer bestimmten Frequenz ist eine Schwingung mit der gleichen Frequenz. Ein nichtlineares System verzerrt Eingangssignale nichtlinear und die Antwort enthält Schwingungen mit neuen Frequenzen, die in den Eingangssignalen nicht enthalten sind. Die ursprünglichen Frequenzverhältnisse lassen sich dann nicht mehr ohne Weiteres rekonstruieren.

Vertiefende Ergänzungen zu linearen Netzwerkelementen

Ein lineares elektrisches Netzwerk ist aus Schaltelementen mit linearer Charakteristik aufgebaut. Zu diesen Bauteilen gehören ohmsche Widerstände, Kapazitäten und Induktivitäten. In der Regel bezieht sich die Aussage der Linearität bzw. Nichtlinearität auf die I-U-Kennlinie.

Die Linearität eines ohmschen Widerstandes ist unmittelbar aus der linearen Abhängigkeit der Spannung vom Strom einsichtig: $U = R \cdot I$. Bei einem Kondensator ist der Strom proportional dem Differenzialquotienten der Spannung: $i(t) = C \cdot \frac{du(t)}{dt}$. Bei einer Spule ist die Spannung proportional dem Differenzialquotienten des Stromes: $u(t) = L \cdot \frac{di(t)}{dt}$. Die letzten beiden Gleichungen sind lineare Differenzialgleichungen mit den konstanten Koeffizienten C bzw. L. Somit sind auch Kapazitäten und Induktivitäten lineare Bauteile. Für sie gilt ja auch der lineare Zusammenhang $\underline{U} = \underline{Z} \cdot \underline{I}$ zwischen Spannung und Strom im ohmschen Gesetz mit komplexen Größen.

Lineare vierpolige Netzwerkelemente sind ebenfalls Übertrager mit idealisierten Gegeninduktivitäten M sowie gesteuerte Quellen. Eine Diode mit ihrer gekrümmten I-U-Kennlinie ist z. B. kein lineares Bauteil.

Beispiel 54

Gegeben ist ein Spannungsteiler.

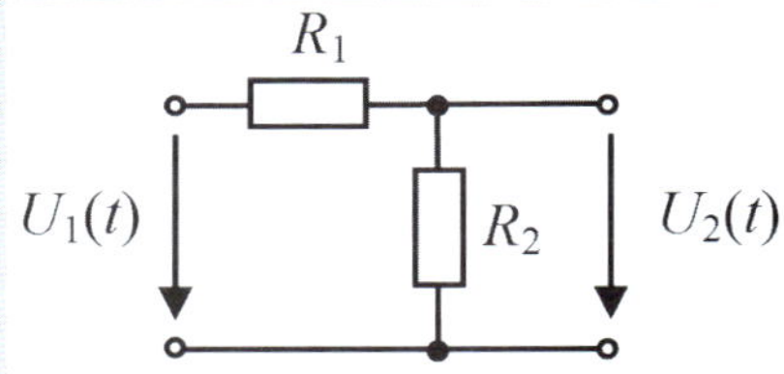

Abb. 112: Spannungsteiler als Netzwerk

Ist der Spannungsteiler als Netzwerk betrachtet linear?

Lösung:

Die Ausgangsspannung $U_2(t)$ in Abhängigkeit der Eingangsspannung $U_1(t)$ ist:

$$U_2(t) = \frac{R_2}{R_1 + R_2} \cdot U_1(t);\; U_2(t) = \mathbf{S}\{U_1(t)\}$$

Der Operator $\mathbf{S}$ ist ein Proportionalitätsfaktor $\frac{R_2}{R_1 + R_2}$, das System ist linear.

5.5.2 Analyse von Netzwerken mit dem Überlagerungssatz

Nach dem Superpositionsprinzip kann in linearen Systemen die Wirkung einer Ursache unabhängig von allen anderen Ursachen und Wirkungen berechnet werden. Die Gesamtwirkung kann durch Summieren der Einzelwirkungen bestimmt werden. In der Schaltungstechnik sind Strom- und Spannungsquellen die Ursachen, die Wirkungen sind Ströme oder Spannungen an bestimmten Punkten einer Schaltung.

Der Überlagerungssatz (Satz von Helmholtz[17]) ermöglicht besonders dann eine sehr effektive Berechnung von Stromkreisen, wenn eine Schaltung **mehrere Quellen** enthält und nur **ein** Zweigstrom oder **ein** Spannungsabfall zu berechnen ist. Einen Zweigstrom erhält man durch Addition der jeweils nur von einer Quelle hervorgerufenen Teilströme.

In einem linearen Netzwerk mit mehreren unabhängigen Quellen können Zweigströme oder Zweigspannungen bestimmt werden, indem **nacheinander alle Quellen außer einer zu null gesetzt** (passiv gemacht, abgeschaltet) werden. Es wird der Einfluss jeder einzelnen Quelle auf die Gesamtschaltung betrachtet.

Eine **ideale Spannungsquelle wird zu null gesetzt**, indem sie durch einen **Kurzschluss ersetzt** wird.

Eine **ideale Stromquelle wird zu null gesetzt**, indem sie durch einen Leerlauf ersetzt, also **aus dem Netzwerk entfernt** wird.

Es dürfen nur ideale Quellen zu null gesetzt werden. Die zu realen Quellen gehörenden Innenwiderstände bleiben im passiven Netzwerk bei Anwendung des Überlagerungssatzes unverändert bestehen.

Für die jeweils eine verbleibende, aktive Quelle wird die interessierende Größe im Netzwerk bestimmt. Auf diese Weise wird der Anteil der Wirkung jeder einzelnen Quelle berechnet. Nach der Berechnung aller Teilwirkungen der Quellen werden **alle Anteile vorzeichenrichtig zur Gesamtwirkung addiert**. Man erhält so die gesamte Wirkung, also z. B. den gesamten Zweigstrom oder die gesamte Zweigspannung, wenn alle Quellen aktiv sind. Die resultierenden Zweigströme oder -spannungen ergeben sich durch Überlagerung der jeweiligen Teilströme und -spannungen der einzelnen Quellen.

Das Überlagerungsprinzip gilt nur für Ströme und Spannungen, nicht für Leistungen.

17 Hermann von Helmholtz (1821 – 1894), deutscher Physiker

Beispiel 55

In der Schaltung nach Abb. 113 ist die Spannung U_2 mit dem Überlagerungssatz zu bestimmen.

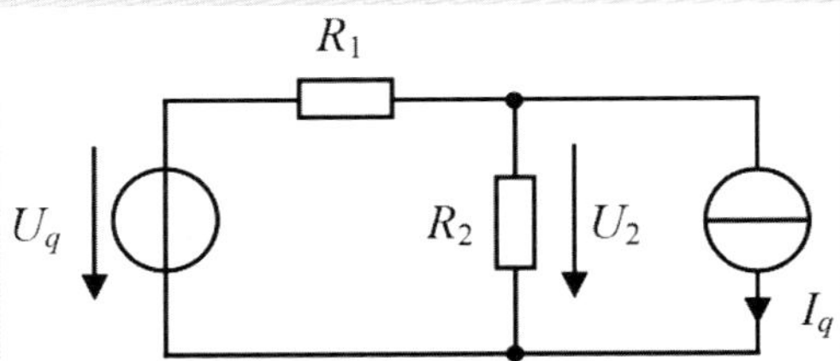

Abb. 113: Zur Analyse mit dem Überlagerungssatz

Lösung:

Zuerst wird die Stromquelle deaktiviert, um den Wirkanteil der Spannungsquelle allein zu erhalten. Dazu wird die Stromquelle aus der Schaltung entfernt. Man erhält folgende Schaltung:

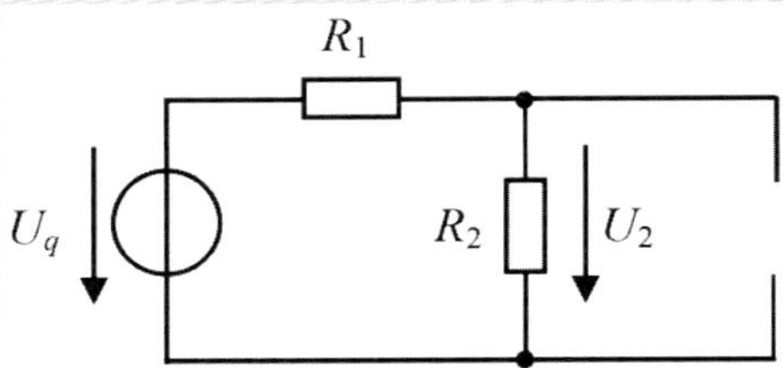

Abb. 114: Die Stromquelle wurde zu null gesetzt

Der erste Anteil U_{21} der Spannung U_2 errechnet sich aus der Spannungsteilerformel zu:

$$U_{21} = U_q \cdot \frac{R_2}{R_1 + R_2}$$

Nun wird die Wirkung der Stromquelle allein untersucht. Die ideale Spannungsquelle wird zu null gesetzt, indem sie durch einen Kurzschluss ersetzt wird.

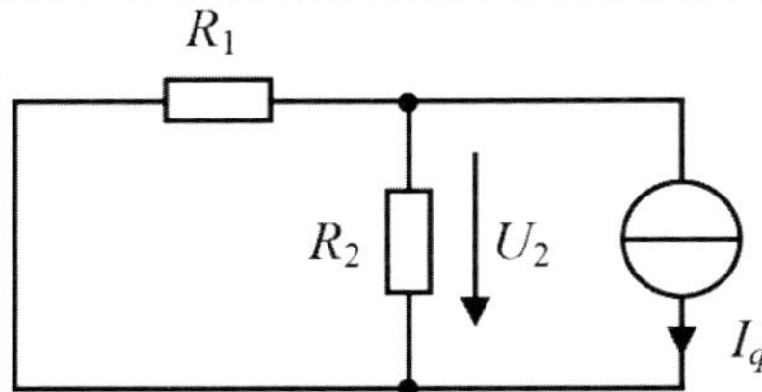

Abb. 115: Die Spannungsquelle wurde deaktiviert

R_1 und R_2 sind jetzt parallel geschaltet und können zu einem Gesamtwiderstand R_g zusammengefasst werden.

$$R_g = \frac{R_1 \cdot R_2}{R_1 + R_2}$$

Der zweite Anteil U_{22} der Spannung U_2 ist:

$$U_{22} = -R_g \cdot I_q = -\frac{R_1 \cdot R_2}{R_1 + R_2} \cdot I_q$$

Die gesamte Spannung U_2 ergibt sich, wenn beide Quellen aktiv sind. Man erhält sie durch Addition (Superposition) der Einzelwirkungen.

$$U_2 = U_{21} + U_{22} = U_q \cdot \frac{R_2}{R_1 + R_2} - \frac{R_1 \cdot R_2}{R_1 + R_2} \cdot I_q;\ \underline{\underline{U_2 = \frac{R_2}{R_1 + R_2} \cdot \left(U_q - R_1 \cdot I_q\right)}}$$

Beispiel 56

Zwei reale Spannungsquellen sind parallel geschaltet. Mit dem Überlagerungssatz ist der Strom $I = \frac{U}{R}$ durch den Lastwiderstand R zu bestimmen. Gegeben sind U_{q1}, U_{q2}, R_{i1}, R_{i2}, R.

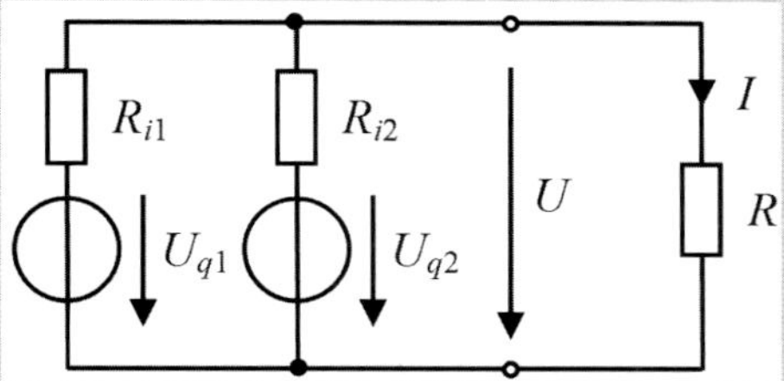

Abb. 116: Zwei parallel geschaltete Spannungsquellen

Lösung:

Es ist nur die erste Quelle aktiv, die zweite wird kurzgeschlossen. R_{i2} und R liegen parallel.

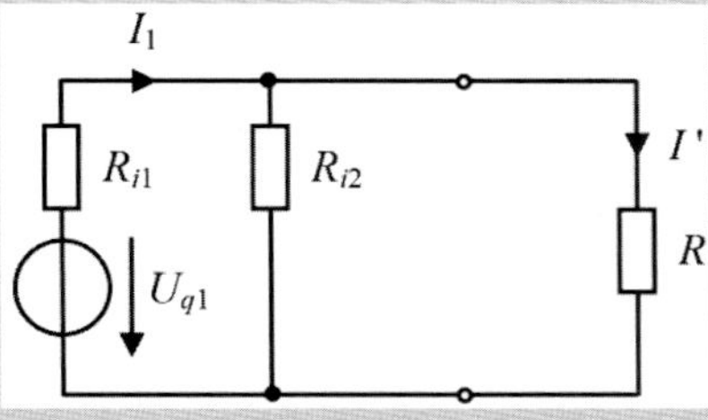

Abb. 117: Nur die erste Quelle ist aktiv

$$I_1 = \frac{U_{q1}}{R_{i1} + \frac{R_{i2} \cdot R}{R_{i2} + R}} = \frac{U_{q1} \cdot (R_{i2} + R)}{R_{i1} \cdot R_{i2} + R \cdot (R_{i1} + R_{i2})}$$

Mit der Stromteilerregel folgt der Anteil von U_{q1}:

$$I' = \frac{R_{i2}}{R_{i2} + R} \cdot I_1 = \frac{U_{q1} \cdot R_{i2}}{R_{i1} \cdot R_{i2} + R \cdot (R_{i1} + R_{i2})}$$

Es ist nur die zweite Quelle aktiv, die erste wird kurzgeschlossen. R_{i1} und R liegen parallel.

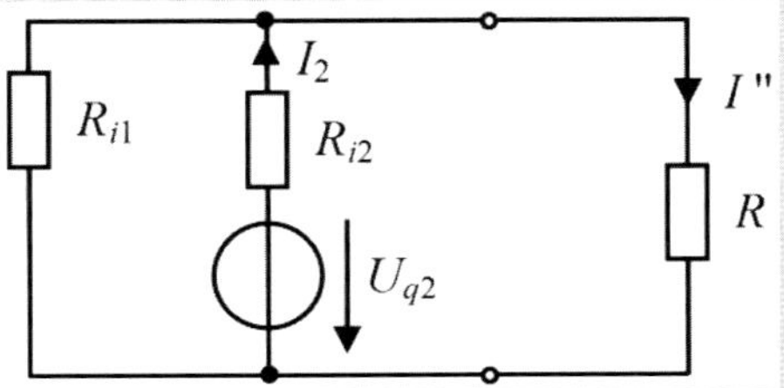

Abb. 118: Nur die zweite Quelle ist aktiv

$$I_2 = \frac{U_{q2}}{R_{i2} + \frac{R_{i1} \cdot R}{R_{i1} + R}} = \frac{U_{q2} \cdot (R_{i1} + R)}{R_{i1} \cdot R_{i2} + R \cdot (R_{i1} + R_{i2})}$$

Mit der Stromteilerregel folgt der Anteil von U_{q2}:

$$I'' = \frac{R_{i1}}{R_{i1} + R} \cdot I_2 = \frac{U_{q2} \cdot R_{i1}}{R_{i1} \cdot R_{i2} + R \cdot (R_{i1} + R_{i2})}$$

Sind beide Quellen aktiv, so ist der Gesamtstrom:

$$I = I' + I'' = \frac{U_{q1} \cdot R_{i2}}{R_{i1} \cdot R_{i2} + R \cdot (R_{i1} + R_{i2})} + \frac{U_{q2} \cdot R_{i1}}{R_{i1} \cdot R_{i2} + R \cdot (R_{i1} + R_{i2})}$$

$$\underline{\underline{I = \frac{U_{q1} \cdot R_{i2} + U_{q2} \cdot R_{i1}}{R_{i1} \cdot R_{i2} + R \cdot (R_{i1} + R_{i2})}}}$$

Eine andere Möglichkeit wäre, jeweils die Anteile U_1 und U_2 der Spannung U mit der Spannungsteilerformel zu berechnen und die Anteile zu addieren. Der Strom ergibt sich dann nach dem ohmschen Gesetz $I = \frac{U}{R}$.

$$U_1 = U_{q1} \cdot \frac{R_{i2} \| R}{R_{i1} + R_{i2} \| R} = U_{q1} \cdot \frac{\frac{R_{i2} \cdot R}{R_{i2} + R}}{R_{i1} + \frac{R_{i2} \cdot R}{R_{i2} + R}} = U_{q1} \cdot \frac{R_{i2} \cdot R}{R_{i1} \cdot R_{i2} + R \cdot (R_{i1} + R_{i2})}$$

$$U_2 = U_{q2} \cdot \frac{R_{i1} \| R}{R_{i2} + R_{i1} \| R} = U_{q2} \cdot \frac{\dfrac{R_{i1} \cdot R}{R_{i1} + R}}{R_{i2} + \dfrac{R_{i1} \cdot R}{R_{i1} + R}} = U_{q2} \cdot \frac{R_{i1} \cdot R}{R_{i1} \cdot R_{i2} + R \cdot (R_{i1} + R_{i2})}$$

$$U = U_1 + U_2 = U_{q1} \cdot \frac{R_{i2} \cdot R}{R_{i1} \cdot R_{i2} + R \cdot (R_{i1} + R_{i2})} + U_{q2} \cdot \frac{R_{i1} \cdot R}{R_{i1} \cdot R_{i2} + R \cdot (R_{i1} + R_{i2})}$$

$$U = \frac{R \cdot (U_{q1} \cdot R_{i2} + U_{q2} \cdot R_{i1})}{R_{i1} \cdot R_{i2} + R \cdot (R_{i1} + R_{i2})}; \; I = \frac{U}{R}$$ ergibt obiges Ergebnis.

Beispiel 57

Gegeben ist das Netzwerk nach Abb. 119. Die Spannung U_4 ist mit dem Überlagerungssatz zu bestimmen.

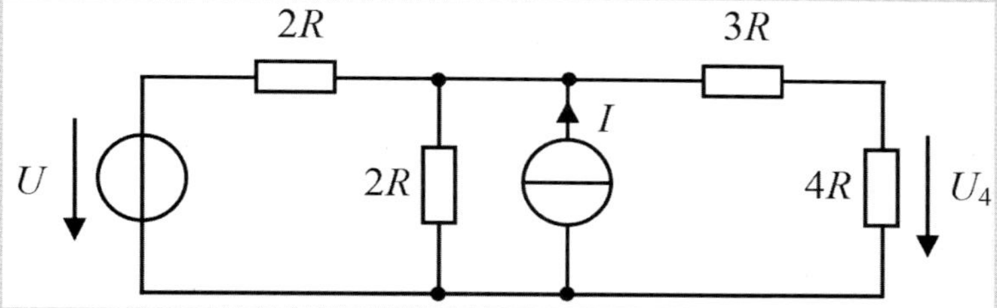

Abb. 119: Netzwerk mit Spannungs- und Stromquelle

Lösung:

Zuerst wird die Stromquelle deaktiviert. Der Anteil $U_4{}'$ der Spannungsquelle U an U_4 wird mit der Spannungsteilerformel berechnet.

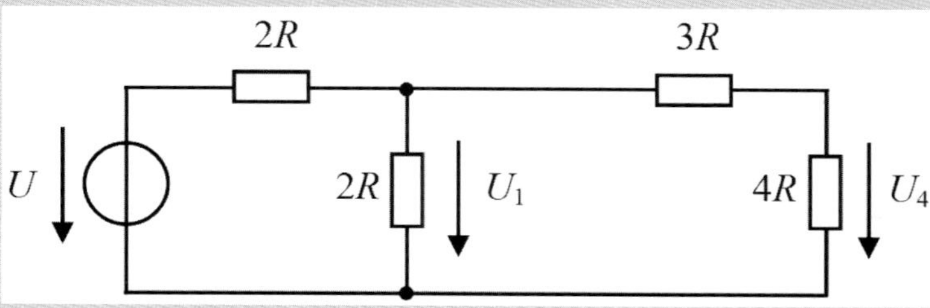

Abb. 120: Nur die Spannungsquelle ist aktiv

$$U_1 = U \cdot \frac{2R \| (3R + 4R)}{(2R + 2R) \| (3R + 4R)} = U \cdot \frac{\dfrac{2R \cdot 7R}{2R + 7R}}{2R + \dfrac{2R \cdot 7R}{2R + 7R}} = \frac{\dfrac{14}{9} R}{2R + \dfrac{14}{9} R} = U \cdot \frac{14}{32}$$

$$U_4' = U_1 \cdot \frac{4R}{3R+4R} = U_1 \cdot \frac{4}{7} = U \cdot \frac{14}{32} \cdot \frac{4}{7} = \frac{1}{4} \cdot U$$

Jetzt wird die Spannungsquelle deaktiviert und die Stromteilerformel verwendet.

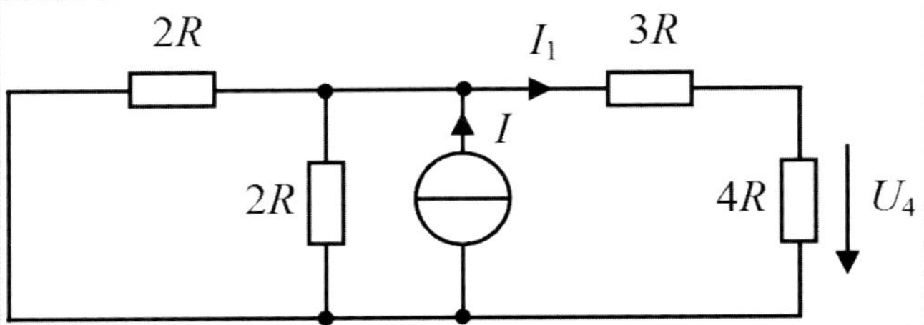

Abb. 121: Nur die Stromquelle ist aktiv

$$I_1 = I \cdot \frac{2R \,||\, 2R}{(2R \,||\, 2R) + (3R + 4R)} = I \cdot \frac{R}{8R} = \frac{1}{8} \cdot I$$

$$U_4'' = I_1 \cdot 4R = \frac{1}{8} \cdot I \cdot 4 \cdot R = \frac{1}{2} \cdot R \cdot I$$

Die beiden Teilspannungen werden zur Gesamtspannung addiert:

$$U_4 = U_4' + U_4''; \; \underline{\underline{U_4 = \frac{1}{4} U + \frac{1}{2} \cdot R \cdot I}}$$

5.6 Der Satz von der Ersatzspannungsquelle

Nach den Sätzen für Quellenersatzschaltungen von Thévenin (Satz von der Ersatzspannungsquelle) und Norton (Satz von der Ersatzstromquelle) gilt: Jedes lineare aktive Netzwerk lässt sich bezüglich zweier beliebiger Klemmen durch eine lineare Ersatzspannungs- oder Ersatzstromquelle nachbilden. Die Ersatzquellen sind äquivalente, reale Spannungs- oder Stromquellen mit Innenwiderstand. Bezüglich der betrachteten Klemmen verhalten sich die Ersatzquellen von *außen* gesehen (an den beiden Klemmen) genauso wie das ursprüngliche Netzwerk. Die Daten der Ersatzquellen sind durch zwei der drei Netzwerkgrößen **Leerlaufspannung**, **Kurzschlussstrom** und **Innenwiderstand** festgelegt.

Ob man eine Ersatzspannungs- oder Ersatzstromquelle verwendet, hängt von der jeweils vorliegenden Aufgabenstellung ab. Da sich jede reale Spannungsquelle in eine reale Stromquelle umwandeln lässt (Abschnitt 2.8), wird hier nur die Ersatzspannungsquelle betrachtet.

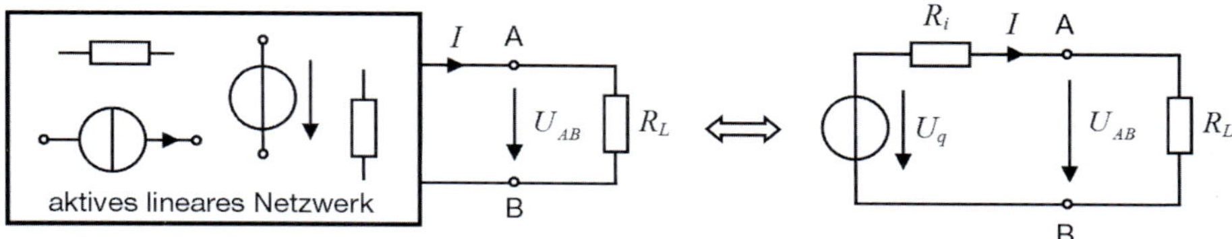

Abb. 122: Ein beliebiger aktiver linearer Zweipol (links) lässt sich durch eine Ersatzschaltung (rechts) in Form einer realen Spannungsquelle beschreiben

Die Methode der Ersatzspannungsquelle erweist sich häufig als nützlich, wenn ausschließlich der Strom in **einem** bestimmten Zweig eines Netzwerkes berechnet werden soll (oder eine einzige Zweigspannung). Das gesamte übrige Netzwerk, das diesen Zweig umgibt, kann man sich durch eine Spannungsquelle mit Innenwiderstand ersetzt denken. Das Netzwerk wird als aktiver linearer Zweipol interpretiert.

Die Kenngrößen der Ersatzspannungsquelle sind die Quellenspannung U_q und der Innenwiderstand R_i. Die Bestimmung dieser Parameter der Ersatzspannungsquelle kann auf zweierlei Art erfolgen. In beiden Fällen wird der Widerstand im Netzwerk, durch den der zu bestimmende Strom I fließt, als Lastwiderstand R_L angesehen und zunächst entfernt (der Zweig wird aufgetrennt).

1. Die Schaltung des zu ersetzenden Netzwerkes ist **nicht** bekannt.

   In diesem Fall wird die Leerlaufspannung U_L an den offenen Klemmen A–B des Netzwerkes gemessen. Die Spannung U_L ist gleich der Quellenspannung U_q der Ersatzspannungsquelle: $U_q = U_L$. Zusätzlich wird der Kurzschlussstrom I_K an den kurzgeschlossenen Klemmen A–B des Netzwerkes gemessen. Der Innenwiderstand der Ersatzspannungsquelle ergibt sich dann rechnerisch aus $R_i = U_L / I_K$ (siehe Abschnitt 2.6.4.4). Bei der Messung des Kurzschlussstromes I_K an den Klemmen A–B ist zu berücksichtigen, ob der Kurzschlussfall zu Problemen führt. Wird I_K zu groß, so sollte der Innenwiderstand indirekt bestimmt werden (siehe Abschnitt 2.6.4.4).

2. Die Schaltung des zu ersetzenden Netzwerkes ist bekannt.

   Der Innenwiderstand des Netzwerkes ist häufig am einfachsten zu bestimmen. Von den Klemmen A und B aus schauen wir in das Netzwerk hinein und denken uns **ideale Spannungsquellen kurzgeschlossen** und **ideale Stromquellen unterbrochen**. Der Widerstand R_{AB}, den man dann zwischen den Klemmen A–B sieht und der bestimmt werden muss, entspricht dem **Innenwiderstand R_i** der **Ersatzspannungsquelle**: $R_i = R_{AB}$. Das restliche, den Widerstand R_L umgebende Netzwerk wird also auf einen einzigen Widerstand R_i reduziert, dessen Wert als Widerstand zwischen den Anschlusspunkten A–B des aufgetrennten Zweiges bei deaktivierten Quellen ermittelt wird.

   Als zweite Größe wird die **Leerlaufspannung** U_L zwischen den offenen Klemmen A–B des Netzwerkes berechnet. Die Spannung U_L entspricht der **Quellenspannung** U_q der **Ersatzspannungsquelle**: $U_q = U_L$.

   Statt der Berechnung des Innenwiderstandes kann zusätzlich zur Leerlaufspannung auch der Kurzschlussstrom I_K zwischen den Klemmen A–B des Netzwerkes berechnet werden. Der Innenwiderstand der Ersatzspannungsquelle ergibt sich dann rechnerisch aus $R_i = U_L / I_K$ (siehe Abschnitt 2.6.4.4). Ebenso ist es möglich, zusätzlich zum Innenwiderstand den Kurzschlussstrom und dann die Leerlaufspannung zu berechnen: $U_L = R_i \cdot I_K$.

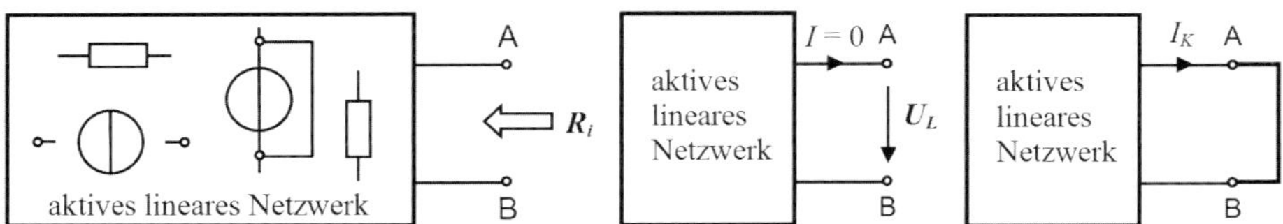

Abb. 123: Zur Ermittlung der Kenngrößen einer Ersatzspannungsquelle

Sind jetzt die Daten U_q und R_i der Ersatzspannungsquelle bekannt, so wird der Lastwiderstand R_L wieder an die Klemmen A–B angeschlossen. Der zu ermittelnde Strom durch R_L kann jetzt leicht aus der Spannung U_q und der Reihenschaltung aus Innenwiderstand R_i und Lastwiderstand R_L berechnet werden. Auch die Klemmenspannung U_{AB} am Lastwiderstand R_L kann nun leicht bestimmt werden (siehe Abschnitt 2.6.4.3).

Beispiel 58

Bestimmen Sie die Ersatzspannungsquelle der folgenden Schaltung bezüglich der Klemmen A–B.

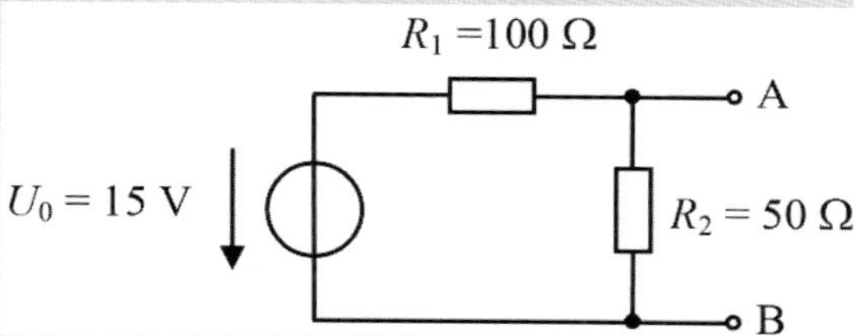

Abb. 124: Gesucht ist die Ersatzspannungsquelle

Lösung:

Der Innenwiderstand der Ersatzspannungsquelle ergibt sich bei kurzgeschlossener Spannungsquelle zu $R_1 \parallel R_2 = 33{,}3\ \Omega$.

Die Leerlaufspannung an den Klemmen A–B ist nach der Spannungsteilerregel:

$$U_L = 15\ \text{V} \cdot \frac{50\ \Omega}{100\ \Omega + 50\ \Omega} = 5\ \text{V}$$

Die Daten der Ersatzspannungsquelle sind somit: $\underline{\underline{U_q = 5\ \text{V}}}$, $\underline{\underline{R_i = 33{,}3\ \Omega}}$

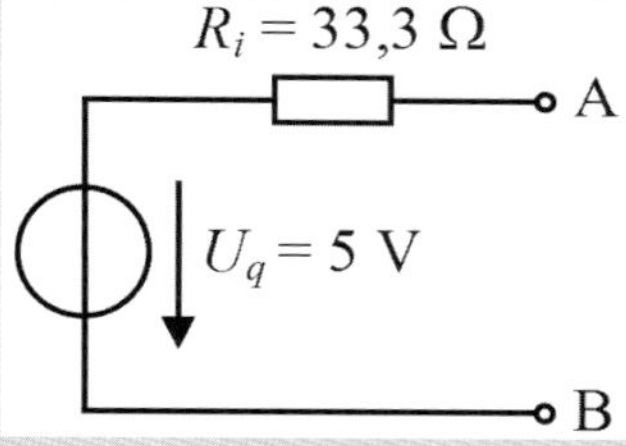

Abb. 125: Ersatzspannungsquelle zu Abb. 124

Beispiel 59

Bestimmen Sie die Ersatzspannungsquelle der Schaltung in Abb. 126 bezüglich der Klemmen A–B.

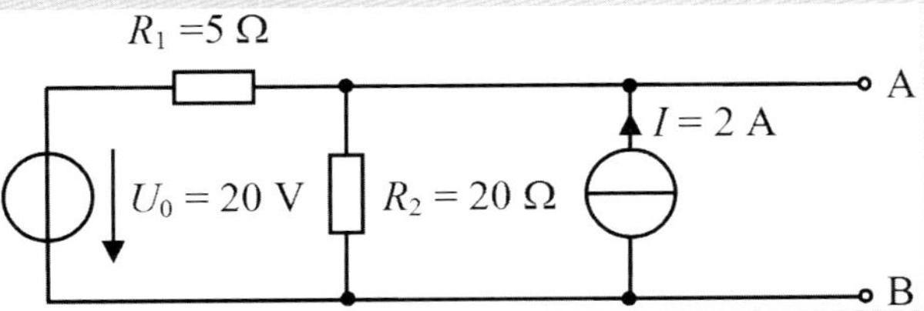

Abb. 126: Zu bestimmen ist die Ersatzspannungsquelle der Schaltung

Lösung:

Die Spannungsquelle wird kurzgeschlossen, die Stromquelle aus der Schaltung entfernt. In die Klemmen A–B „sieht" man den Innenwiderstand R_i der Ersatzspannungsquelle.

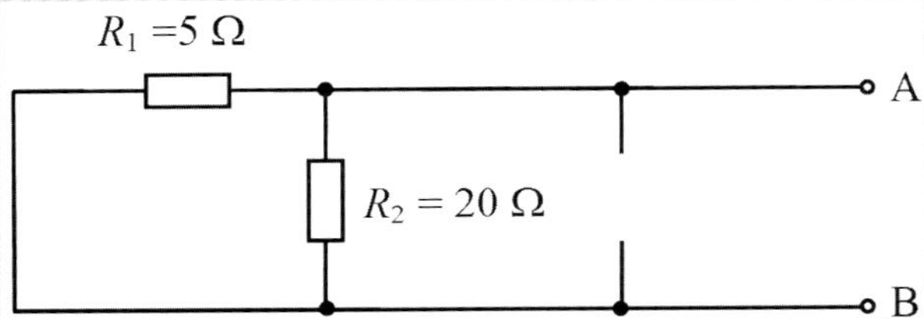

Abb. 127: Berechnung des Innenwiderstandes

Der Innenwiderstand ist: $R_i = R_1 \,||\, R_2 = \dfrac{5\ \Omega \cdot 20\ \Omega}{5\ \Omega + 20\ \Omega} = 4\ \Omega$

Zur Berechnung der Leerlaufspannung zwischen den Klemmen A–B kann der Überlagerungssatz verwendet werden. Zuerst wird die Stromquelle in Abb. 126 aus dem Netzwerk entfernt. Der Spannungsabfall U_U an R_2 durch die Spannungsquelle U_0 ist:

$$U_U = 20\ \text{V} \cdot \frac{20\ \Omega}{5\ \Omega + 20\ \Omega} = 16\ \text{V}$$

Jetzt wird die Spannungsquelle kurzgeschlossen und der durch die Stromquelle bedingte Spannungsabfall U_I an R_2 bestimmt:

$$U_I = (R_1 \,||\, R_2) \cdot I = 4\ \Omega \cdot 2\ \text{A} = 8\ \text{V}$$

Die beiden Anteile werden addiert und ergeben die Leerlaufspannung:

$$U_L = U_U + U_I = 16\ \text{V} + 8\ \text{V} = 24\ \text{V}$$

Die Daten der Ersatzspannungsquelle sind: $\underline{\underline{U_q = 24\ \text{V}}}$, $\underline{\underline{R_i = 4\ \Omega}}$

Beispiel 60

Bestimmen Sie die Daten der Ersatzspannungsquelle bezüglich der Klemmen A–B. Ermitteln Sie den Strom I_L. Gegeben sind folgende Werte:

$U = 10\ \mathrm{V},\ R_1 = 1{,}5\ \mathrm{k\Omega},\ R_2 = 3\ \mathrm{k\Omega},\ R_3 = 1\ \mathrm{k\Omega},\ R_L = 2{,}2\ \mathrm{k\Omega}$

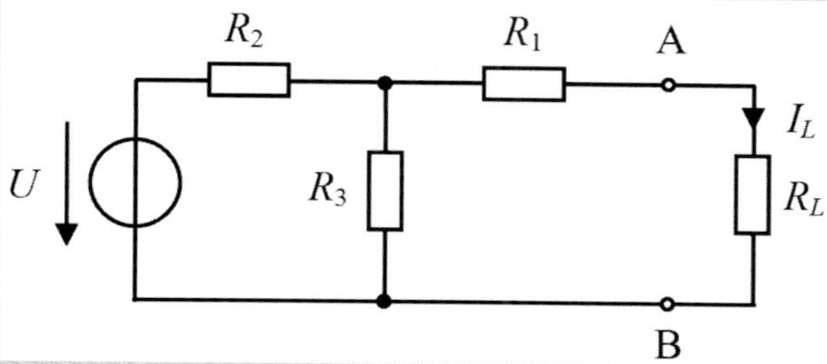

Abb. 128: Gesucht sind die Daten der Ersatzspannungsquelle

Lösung:

Der Innenwiderstand ist:

$$R_i = R_1 + (R_2 \parallel R_3) = 1{,}5\ \mathrm{k\Omega} + \frac{3\ \mathrm{k\Omega} \cdot 1\ \mathrm{k\Omega}}{3\ \mathrm{k\Omega} + 1\ \mathrm{k\Omega}} = 2{,}25\ \mathrm{k\Omega}$$

Durch R_1 fließt im Leerlauffall (R_L ist abgeklemmt) kein Strom. Die Leerlaufspannung an den Klemmen A–B ist (Spannungsteiler):

$$U_L = U \cdot \frac{R_3}{R_2 + R_3} = 10\ \mathrm{V} \cdot \frac{1\ \mathrm{k\Omega}}{3\ \mathrm{k\Omega} + 1\ \mathrm{k\Omega}} = 2{,}5\ \mathrm{V}$$

Die Daten der Ersatzspannungsquelle sind: $\underline{\underline{U_q = 2{,}5\ \mathrm{V}}}$, $\underline{\underline{R_i = 2{,}25\ \mathrm{k\Omega}}}$

Der Strom I_L ist:

$$I_L = \frac{U_q}{R_i + R_L} = \frac{2{,}5\ \mathrm{V}}{2{,}25\ \mathrm{k\Omega} + 2{,}2\ \mathrm{k\Omega}} = \underline{\underline{562\ \mu\mathrm{A}}}$$

Beispiel 61

Geben Sie zu der folgenden Schaltung die Kenngrößen einer Ersatzspannungsquelle an, die bezüglich der Klemmen A–B äquivalent zu der Schaltung ist. Gegeben sind folgende Werte:

$R_1 = 20\ \Omega,\ R_2 = 10\ \Omega,\ R_3 = 30\ \Omega,\ R_4 = 40\ \Omega,\ U_{q1} = 10\ \text{V},\ U_{q2} = 3\ \text{V}$

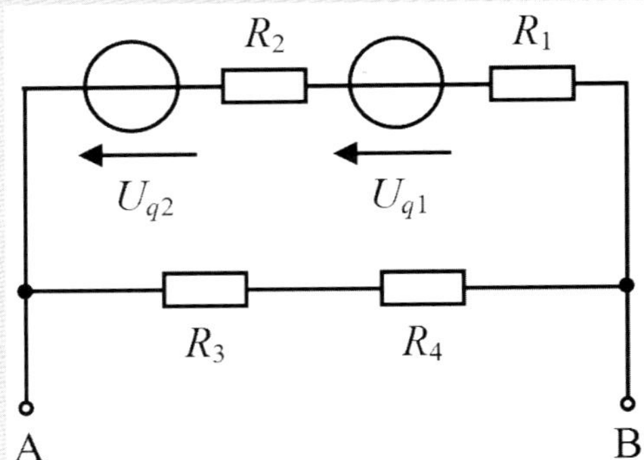

Abb. 129: Gesucht sind die Kenngrößen der Ersatzspannungsquelle

Lösung:

Die Schaltung wird vereinfacht:

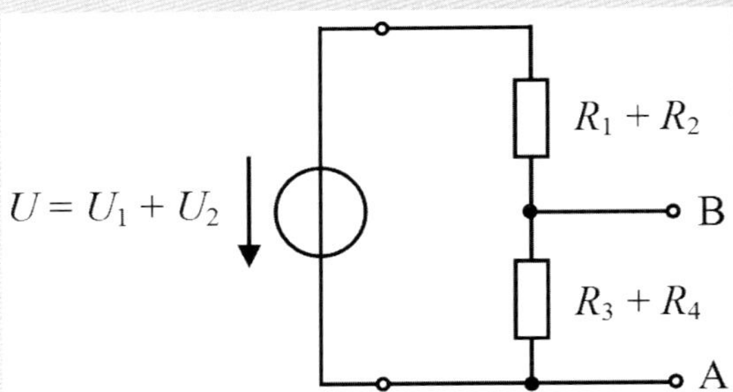

Abb. 130: Vereinfachte Schaltung nach Abb. 129

Die Leerlaufspannung an den Klemmen A–B ist:

$$U_L = U \cdot \frac{R_3 + R_4}{R_1 + R_2 + R_3 + R_4} = 13\ \text{V} \cdot \frac{70\ \Omega}{100\ \Omega} = 9{,}1\ \text{V}$$

Der Innenwiderstand ist:

$$(R_1 + R_2) \,||\, (R_3 + R_4) = \frac{(R_1 + R_2) \cdot (R_3 + R_4)}{R_1 + R_2 + R_3 + R_4} = \frac{30\ \Omega \cdot 70\ \Omega}{100\ \Omega} = 21\ \Omega$$

Die Daten der Ersatzspannungsquelle sind: $\underline{\underline{U_q = 9{,}1\ \text{V}}}$, $\underline{\underline{R_i = 21\ \Omega}}$

Beispiel 62

Gegeben ist die nicht abgeglichene Wheatstone-Brücke von Abb. 131. Gesucht sind die Spannung U und der Strom I. Gegeben sind folgende Werte:

$U_0 = 10\ \text{V}$, $R = 470\ \Omega$, $R_1 = 100\ \Omega$, $R_2 = 150\ \Omega$, $R_3 = 330\ \Omega$, $R_4 = 220\ \Omega$

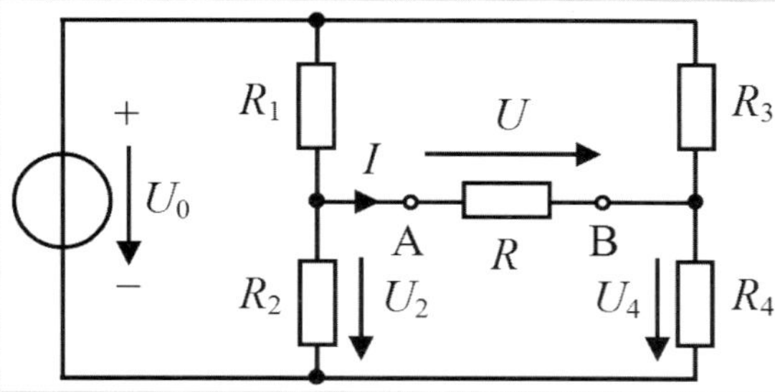

Abb. 131: Wheatstone-Brücke

Lösung:

Die Verwendung einer Ersatzspannungsquelle hat den Vorteil, dass damit Strom und Spannung im Brückenzweig sehr einfach bestimmt werden können. Die gesamte Schaltung wird bis auf den Widerstand R durch eine Ersatzspannungsquelle ersetzt. Zuerst wird die Leerlaufspannung zwischen den Klemmen A–B des Brückenzweiges bestimmt. Im Leerlauf fließt kein Brückenstrom ($I = 0$), zur Berechnung von U_2 und U_4 kann somit die Spannungsteilerformel verwendet werden.

$$U_L = U_2 - U_4 = U_0 \cdot \left(\frac{R_2}{R_1 + R_2} - \frac{R_4}{R_3 + R_4} \right)$$

Mit den gegebenen Zahlenwerten ist $U_L = 2{,}0\ \text{V}$.

Zur Berechnung des Innenwiderstandes der Ersatzspannungsquelle wird die Spannungsquelle U_0 durch einen Kurzschluss ersetzt. Dadurch sind die Widerstände R_1, R_2 sowie R_3, R_4 parallel geschaltet, die beiden Parallelschaltungen liegen in Reihe.

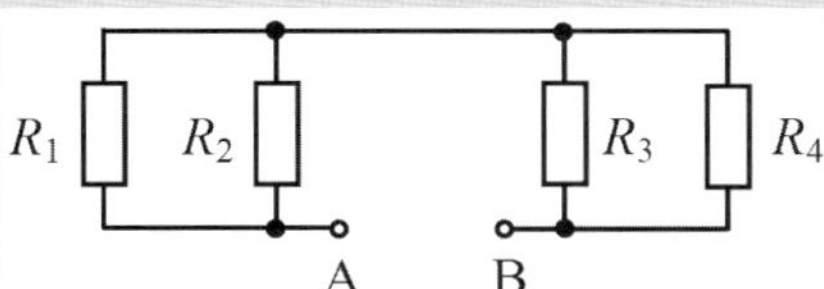

Abb. 132: Restliches Netzwerk bei kurzgeschlossener Spannungsquelle

Der Innenwiderstand kann jetzt leicht berechnet werden.

$$R_i = R_{AB} = R_1 \parallel R_2 + R_3 \parallel R_4 = \frac{R_1 \cdot R_2}{R_1 + R_2} + \frac{R_3 \cdot R_4}{R_3 + R_4}$$

Als Zahlenwert erhält man: $R_i = 192\ \Omega$.

Nun wird der Widerstand R an die Ersatzspannungsquelle angeschlossen und Strom und Spannung werden berechnet.

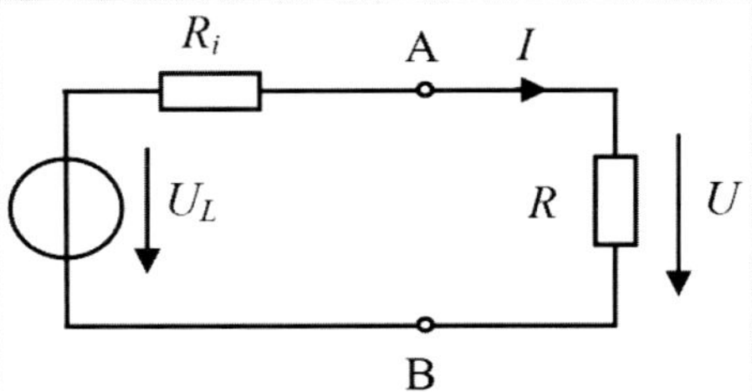

Abb. 133: Ersatzschaltung zu Abb. 131

Für den Strom erhalten wir:

$$I = \frac{U_L}{R_i + R} = \frac{2{,}0\ \text{V}}{192\ \Omega + 470\ \Omega} = \underline{\underline{3{,}02\ \text{mA}}}$$

Die Spannung ist:

$$U = R \cdot I = 470\ \Omega \cdot 3{,}02\ \text{mA} = \underline{\underline{1{,}42\ \text{V}}}$$

5.7 Zusammenfassung

1. Die Topologie elektrischer Netzwerke kann durch Netzwerkgraphen dargestellt werden.
2. Eine Netzwerkanalyse kann mit den kirchhoffschen Gleichungen erfolgen. Dies ist die sogenannte Zweigstromanalyse.
3. Maschenanalyse und Knotenanalyse sind formalisierte Analyseverfahren, welche unter Anwendung der Matrizenrechnung auch auf Computern eingesetzt werden.
4. Ist ein Netzwerk (ein System) linear, so gilt das Superpositionsprinzip.
5. Der Überlagerungssatz ermöglicht oft eine einfache Berechnung, wenn ein Netzwerk von zwei oder mehr Quellen gespeist wird und nur ein einziger Zweigstrom (oder eine Zweigspannung) gesucht ist.
6. Auch mit dem Satz von der Ersatzspannungsquelle ist es häufig leicht möglich, eine gesuchte Größe eines Zweiges zu berechnen.

6 Ausgleichsvorgänge in Gleichstromkreisen

Häufig wird der Gleichstromkreis nur im **stationären** Zustand betrachtet, d. h. lange Zeit nach dem Anlegen einer Spannung an den Stromkreis. Man spricht dann auch vom **eingeschwungenen** Zustand. Im stationären Zustand sind Spannungen und Ströme im Gleichstromkreis zeitlich konstant und im Wechselstromkreis verlaufen sie periodisch.

Gleich nach dem Ein- oder Ausschalten eines Stromkreises und auch noch für eine gewisse Zeit danach sind die Spannungen und Ströme unterschiedlich zu ihren Werten, die sie längere Zeit nach dem Schaltvorgang annehmen. Unmittelbar nach einem Schaltvorgang findet im Stromkreis ein **Ausgleichsvorgang** oder **Einschwingvorgang** (*transienter* Vorgang) statt, bei dem sich Spannungen und Ströme zeitlich ändern und mit ihren Werten in den stationären Zustand übergehen.

Während eines Ausgleichsvorgangs ist die Form des Ausgleichsstromes nur von den Schaltelementen (Widerstände, Kondensatoren und Spulen) und deren Zusammenschaltung abhängig, nicht aber von der anregenden Spannung. Im eingeschwungenen Zustand wird der Ausgleichsstrom in der Form seines Verlaufes und in seiner Größe von der anregenden Spannung bestimmt.

Der Begriff des Ausgleichsvorgangs ist über die Elektrotechnik hinaus von allgemeiner physikalischer Bedeutung: Wird in einem physikalischen System ein stationärer Zustand bzw. Vorgang durch einen Eingriff gestört, so erfolgt der Übergang von einem eingeschwungenen Zustand in einen anderen eingeschwungenen Zustand nicht sprungartig im Zeitpunkt der Störung, sondern stetig. Dieser Ausgleichsvorgang zwischen zwei eingeschwungenen Zuständen wird durch das Zeitverhalten einer bestimmten physikalischen Größe beschrieben.

Beispiel 63

Ein Körper wird von der Temperatur ϑ_1 auf eine höhere Temperatur ϑ_2 erwärmt. Im ersten eingeschwungenen Zustand hat der Körper die Temperatur ϑ_1. Es erfolgt ein Eingriff in Form von Wärmezufuhr. Dadurch findet ein Ausgleichsvorgang statt, in dessen Verlauf sich die Temperatur des Körpers in Abhängigkeit der Zeit stetig erhöht. Nach einiger Zeit hat der Körper im zweiten eingeschwungenen Zustand die Temperatur ϑ_2.

In elektrischen Netzen sind die häufigsten Ursachen von Ausgleichsvorgängen **Schaltvorgänge**, also das Schließen oder Öffnen eines Schalters oder das Anlegen einer sich sprunghaft ändernden Spannung. Bei Schaltvorgängen wird ein elektrisches Netzwerk durch Hinzufügen oder Abtrennen von passiven oder aktiven Schaltkreiselementen verändert. Dadurch können Ausgleichsvorgänge entstehen, die nach einer bestimmten Zeit abklingen. Von besonderer Bedeutung sind Schaltvorgänge, bei denen Energiespeicher, d. h. Kondensatoren oder Spulen, zu- oder abgeschaltet werden.

Es sollte bekannt sein, dass Kondensatoren elektrische bzw. Induktivitäten magnetische Energie speichern können. Werden Schaltungen, die derartige Energiespeicher enthalten, an eine Gleichspannungsquelle angeschlossen, so wird für eine gewisse Zeit Leistung aus der Quelle benutzt, um die vorhandenen Energiespeicher zu füllen. Während dieser Zeit ändern sich die Spannungen und Ströme in der Schaltung. Danach, im neuen stationären Zustand, nehmen die Speicher keine Energie mehr auf. Die Spannungen und Ströme in der Schaltung sind dann wieder zeitlich konstant. Auch beim Abschalten der Quellen können beim Entleeren der Energiespeicher für eine bestimmte Zeit sich zeitlich ändernde Spannungen und Ströme in der Schaltung auftreten. Also selbst bei der Benutzung von Gleichspannungs- oder Gleichstromquellen können bei Schaltvorgängen zeitliche Änderungen der einzelnen Ströme und Spannungen vorkommen.[18]

Diese zeitlichen Änderungen sollen im Folgenden in linearen Netzen mit konzentrierten, also idealen Schaltungselementen untersucht werden. Dabei beschränken wir uns auf einen einzigen, zeitlich nicht veränderlichen Energiespeicher in der zu untersuchenden Schaltung. In diesem speziellen Fall werden die Vorgänge beim Füllen und Entleeren der Speicher durch gewöhnliche lineare Differenzialgleichungen 1. Ordnung mit konstanten Koeffizienten beschrieben.

Bei der Berechnung von Ausgleichsvorgängen müssen Differenzialgleichungen gelöst werden, wenn die Berechnungen im Zeitbereich durchgeführt werden, d. h. ohne Anwendung der sogenannten Laplace-Transformation erfolgen sollen. Es folgen deshalb zunächst einige Grundlagen zu Differenzialgleichungen.

18 In Wechselstromnetzen können Ausgleichsvorgänge auch eingeleitet werden, wenn sich Amplitude, die Frequenz, die Form der Quellenspannung oder die Konfiguration des Netzwerkes ändern.

6.1 Allgemeines zu Differenzialgleichungen

Eine Differenzialgleichung (DGL) der Form

$$a_n \cdot y(t)^{(n)} + a_{n-1} \cdot y(t)^{(n-1)} + \ldots + a_0 \cdot y(t) = f(t) \tag{6.1}$$

heißt *gewöhnliche lineare* DGL n-ter Ordnung mit konstanten Koeffizienten a_0 bis a_n.

In Gl. (6.1) ist $y(t)^{(n)}$ die n-te Ableitung von $y(t)$ nach der einzigen unabhängigen Variablen t.

Anmerkung: Die n-te Ableitung $y(t)^{(n)}$ darf nicht mit der n-ten Potenz $y(t)^n$ verwechselt werden.

Gewöhnlich heißt eine DGL, wenn sie nur gewöhnliche und keine partiellen Ableitungen enthält. Eine gewöhnliche DGL besitzt nur eine einzige, eine *partielle* DGL mehrere unabhängige Variablen.

Eine DGL ist **linear**, wenn sie aus einer Summe linearer Terme besteht, in denen die gesuchte Funktion (hier ist dies $y(t)$) und ihre Ableitungen nur in der 1. Potenz auftreten.

Beispiel 64

Beispiele für DGL mit *nicht*linearen Anteilen:

1. $a_1 \cdot \frac{dy(t)}{dt} + a_0 \cdot \sqrt{y(t)} = u(t)$; Wurzel $\Rightarrow$ nichtlinear
2. $a_1 \cdot \frac{d[y(t)]^2}{dt} + a_0 \cdot y(t) = b_0 \cdot u(t)$; Quadrat der Ableitung von $y \Rightarrow$ nichtlinear
3. $a_1 \cdot \frac{dy(t)}{dt} + a_0 \cdot \sin[y(t)] = u(t)$; Sinus von $y \Rightarrow$ nichtlinear

Die rechte Seite $f(t)$ der DGL (6.1) wird als **Störfunktion**, Störterm oder **Inhomogenität** bezeichnet. Ist die Störfunktion gleich null, so spricht man von einer **homogenen**, andernfalls von einer **inhomogenen** linearen DGL. Bei einem elektrischen Netzwerk ist die **Störfunktion gleich der Erregung** (der Eingangsgröße) des Systems.

Sogenannte LTI-Systeme (lineare, zeitinvariante[19] Systeme) werden durch gewöhnliche, lineare Differenzialgleichungen (lineare ODE = Ordinary Differential Equation) mit konstanten, reellen Koeffizienten beschrieben.

---

19 Bei einem zeitlich invarianten System ist die Form des Ausgangssignals unabhängig davon, wann das Eingangssignal einsetzt. Wird ein Eingangssignal zeitlich verschoben, so verschiebt sich das Ausgangssignal in gleicher Weise, ohne sich in seinem Verlauf zu ändern. Ein lineares System ist zeitinvariant, wenn die Koeffizienten der beschreibenden linearen Differenzialgleichung konstant sind.

Der *Wert der Koeffizienten* wird von den *Parametern des Systems* bestimmt (z. B. von den *Kenngrößen elektronischer Bauteile* wie Wert eines Widerstandes oder Wert einer Kapazität). Die Koeffizienten bestimmen die dynamischen Eigenschaften des Systems (z. B. die Stabilität). Sind die Koeffizienten nicht konstant, sondern abhängig von der Zeit, so ist das System nicht zeitinvariant, sondern zeitvariant und ändert seine Verhaltenseigenschaften im Laufe der Zeit.

Die Ordnung n eines Systems entspricht der Ordnung seiner beschreibenden DGL. Als Ordnung der DGL wird die höchste vorkommende Ableitung der Ausgangsgröße bezeichnet. Die Ableitungen der Ausgangsgröße stehen im Allgemeinen auf der linken Seite der DGL.

Die **Ordnung eines Systems** gibt die **Anzahl der Energiespeicher** in einem System an.

Die höchste Ableitung der Eingangsgröße (zusammen mit weiteren Ableitungen) steht i. Allg. auf der rechten Seite der DGL. Der Grad dieser Ableitung wird mit m bezeichnet.

Bei einem SISO-System (**s**ingle **i**nput **s**ingle **o**utput) mit der Eingangsgröße $u(t)$ und der Ausgangsgröße $y(t)$ ist die zugehörige DGL im allgemeinen Fall:

$$\begin{aligned} y(t)^{(n)} + \ldots + a_2 \cdot \frac{d^2 y(t)}{dt^2} + a_1 \cdot \frac{dy(t)}{dt} + a_0 \cdot y(t) = \\ b_k \cdot u(t)^{(m)} + \ldots + b_2 \cdot \frac{d^2 u(t)}{dt^2} + b_1 \cdot \frac{du(t)}{dt} + b_0 \cdot u(t) \end{aligned} \tag{6.2}$$

Um diese inhomogene DGL mit $n+1$ Unbekannten ($y(t)$ und alle Ableitungen davon) eindeutig lösen zu können, werden noch weitere n Gleichungen benötigt, die sich aus den **Anfangsbedingungen**, d. h. aus dem Systemzustand zum Zeitpunkt $t = 0$ gewinnen lassen.

$$y(0) = c_0;\ \dot{y}(0) = c_1;\ \ldots\ ; y(0)^{(n-1)} = c_{n-1}$$

Ist z. B. die Systemgröße y eine Wegstrecke, dann ist $\dot{y}$ eine Geschwindigkeit und $\ddot{y}$ eine Beschleunigung. Für eine zugehörige DGL zweiter Ordnung muß also zur eindeutigen Lösung für $t > 0$ noch die zum Zeitpunkt $t = 0$ geltende Wegstrecke und die gerade vorhandene Geschwindigkeit bekannt sein.

Wenn die Eingangsgröße identisch verschwindet $\left(u(t) \equiv 0\right)$, wird das **System** als **frei** bezeichnet. Das resultierende Systemverhalten heißt **Eigenverhalten**. Es wird durch die homogene lineare DGL

$$y(t)^{(n)} + \ldots + a_2 \cdot \frac{d^2 y(t)}{dt^2} + a_1 \cdot \frac{dy(t)}{dt} + a_0 \cdot y(t) = 0 \tag{6.3}$$

beschrieben. Spezielle Lösungen dieser DGL werden **Eigenbewegungen** des Systems genannt.

Die Berechnung des Systemausgangssignals kann durch Lösung der DGL n-ter Ordnung erfolgen, die das System beschreibt. Gesucht wird also die Funktion $y(t)$, welche die DGL erfüllt.

6.2 Lösen von linearen Differenzialgleichungen

Gezeigt wird, wie man durch einen Exponentialansatz eine gewöhnliche lineare Differenzialgleichung erster Ordnung mit konstanten Koeffizienten im Zeitbereich löst.

Gegeben ist folgende **inhomogene** DGL:

$$\frac{dy(t)}{dt} + a \cdot y(t) = f(t) \tag{6.4}$$

Anmerkung:

$\frac{dy(t)}{dt}$ und $y(t)$ müssen linear auftreten. Das gemischte Produkt $\frac{dy(t)}{dt} \cdot y(t)$ ist nicht erlaubt.

$f(t)$ wird als Störfunktion bezeichnet. Für $f(t) = 0$ ist die zugehörige **homogene** DGL:

$$\frac{dy(t)}{dt} + a \cdot y(t) = 0 \tag{6.5}$$

Das Lösen der DGL (6.4) kann in vier Schritten nach folgendem Schema erfolgen:

1. Schritt: Ermitteln der *allgemeinen* (homogenen) Lösung $y_h(t)$ der homogenen DGL (6.5).

Zum Lösen der homogenen DGL ist ein Exponentialansatz empfehlenswert. Grund: Die Ableitung einer e-Funktion ist wieder eine e-Funktion. Der Ansatz ist:

$$y_h(t) = k \cdot e^{\lambda t} \tag{6.6}$$

Damit ist:

$$\frac{dy_h(t)}{dt} = \lambda \cdot k \cdot e^{\lambda t} \tag{6.7}$$

λ wird durch Einsetzen von $\frac{dy_h(t)}{dt}$ und von $y_h(t)$ in die homogene DGL berechnet.

$y_h(t)$ enthält dann noch den unbekannten Parameter k.

2. Schritt: Ermitteln einer *speziellen* (partikulären) Lösung $y_p(t)$ der inhomogenen DGL (6.4).

Beim Aufsuchen einer partikulären Lösung hängt der Lösungsansatz nur vom Typ der Störfunktion $f(t)$ ab. Meist führen die folgenden Vorschläge zur Lösung.

Tabelle 2: Lösungsansätze für die spezielle Lösung der linearen inhomogenen DGL 1. Ordnung je nach Störfunktion

Störfunktion $f(t)$	**Lösungsansatz $y_p(t)$**
konstante Funktion	konstante Funktion $y_p(t) = k_0$
lineare Funktion	lineare Funktion $y_p(t) = k_1 \cdot t + k_0$
$f(t) = A \cdot \sin(\omega t)$	$y_p(t) = K_1 \cdot \sin(\omega t) + K_2 \cdot \cos(\omega t)$ *oder* $y_p(t) = K \cdot \sin(\omega t + \varphi)$
$f(t) = B \cdot \cos(\omega t)$	
$f(t) = A \cdot \sin(\omega t) + B \cdot \cos(\omega t)$	
$f(t) = A \cdot e^{bt}$	$y_p(t) = K \cdot e^{bt}$ für $b \neq -a$ $y_p(t) = K \cdot t \cdot e^{bt}$ für $b = -a$

3. Schritt: Die *allgemeine* Lösung der *inhomogenen* DGL ist dann:

$$y(t) = y_h(t) + y_p(t) \qquad (6.8)$$

4. Schritt: Die allgemeine Lösung hängt wieder vom Parameter k ab, der durch Berücksichtigung des Anfangswertes bestimmt wird.

Zusammenfassung der generellen Vorgehensweise beim Lösen gewöhnlicher linearer Differenzialgleichungen mit konstanten Koeffizienten im Zeitbereich:

1. Bestimmung der allgemeinen Lösung der homogenen DGL mit unbekannten Parametern
2. Bestimmung der partikulären Lösung der inhomogenen DGL
3. Gesamtlösung = homogene Lösung + partikuläre Lösung
4. Bestimmung der unbekannten Parameter durch Anpassung der Gesamtlösung an Anfangsbedingungen. Liegt nur eine homogene DGL vor, so ist durch Bestimmung der unbekannten Parameter aus den Anfangsbedingungen eine partikuläre Lösung der homogenen DGL zu suchen (2. und 3. entfallen).

Die ***homogene* Lösung** einer DGL berücksichtigt die Anfangsbedingungen eines Systems und gibt das ***Einschwingverhalten*** an. Die ***partikuläre* Lösung** berücksichtigt die Störfunktion (Erregung des Systems von außen) und gibt den ***eingeschwungenen Zustand*** an. Den **gesamten Zeitverlauf** der Ausgangsgröße erhält man als **Summe der homogenen und partikulären Lösung**.

Bei der Berechnung eines Ausgleichsvorgangs erfolgt also eine Zerlegung in einen eingeschwungenen Zustand und in einen flüchtigen Vorgang. Grundsätzlich wird ein Ausgleichsvorgang als Überlagerung eines zu erwartenden, eingeschwungenen Zustands und eines flüchtigen Vorgangs aufgefasst. Es wird folglich angenommen, dass bereits zum Zeitpunkt des Eingriffs bei $t = 0$ der eingeschwungene Zustand vorhanden ist, dass ihm aber ein flüchtiger Anteil überlagert ist, der sich natürlich beim Erreichen des eingeschwungenen Zustands „verflüchtigt“ hat.

Ist der zu erwartende eingeschwungene Vorgang der physikalischen Größe null, so besteht der Ausgleichsvorgang selbstverständlich nur aus dem flüchtigen Anteil.

Die Lösung der homogenen DGL enthält so viele frei wählbare Konstanten wie die Ordnung der DGL ist: Die Lösung einer DGL 1. Ordnung enthält eine Konstante, die Lösung einer DGL 2. Ordnung enthält zwei Konstanten. Diese Konstanten werden durch die **Anfangsbedingungen der Schaltvorgänge** bestimmt (Begründungen siehe Abschnitte 6.4.1.2 und 6.6.1.2):

Für die Spannung an einem Kondensator gilt: In jedem Zweig eines Netzes, der eine Kapazität enthält, hat die Spannung unmittelbar nach Beginn des Schaltvorganges bei $t = 0$ denselben Wert, den sie vor dem Schaltvorgang hatte.

Für den Strom durch eine Spule gilt: In jedem Zweig eines Netzes, der eine Induktivität enthält, hat der Strom unmittelbar nach Beginn des Schaltvorgangs bei $t = 0$ denselben Wert, den er vor dem Schaltvorgang hatte.

6.3 Schaltvorgang beim ohmschen Widerstand

Das ohmsche Gesetz beschreibt das Verhalten von Strom und Spannung am ohmschen Widerstand, wie es in Abb. 134 gezeigt wird. Schalten wir zum Zeitpunkt $t = t_0$ eine sprungförmige Spannung an einen ohmschen Widerstand R, so folgt der Strom I_R ohne Zeitverzögerung dem Spannungsverlauf, da R lediglich als Proportionalitätsfaktor im ohmschen Gesetz wirkt. Sowohl beim An- als auch Abschalten einer Gleichspannung bestehen beim ohmschen Widerstand keine Unterschiede von Spannung und Strom zu deren stationären Werten. Es existiert kein Ausgleichsvorgang, weil ein Widerstand keine Energie speichert.

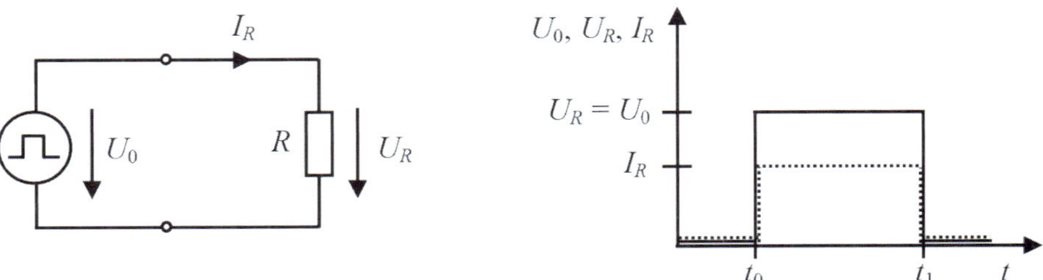

Abb. 134: Schaltverhalten eines ohmschen Widerstandes

6.4 Der Kondensator

Neben den ohmschen Widerständen sind vor allem Kondensatoren und (in geringerem Maße) auch Spulen wichtige passive Bauelemente. Kondensatoren und Spulen werden in der Schule im Physikunterricht behandelt und als bekannt vorausgesetzt. Ihre Eigenschaften werden nur kurz wiederholt.

6.4.1 Grundsätzlicher Aufbau und Eigenschaften

Ein Kondensator besteht grundsätzlich aus zwei sich gegenüberstehenden, elektrisch leitenden Metallschichten (Elektroden, auch *Beläge* genannt), zwischen denen sich ein Isolierstoff (ein Dielektrikum) befindet. Bekannt sein dürfte der Plattenkondensator, der zwar keine technische Bedeutung hat, aber zur Erläuterung von Aufbau und Wirkungsweise eines Kondensators häufig herangezogen wird. Ein Plattenkondensator besteht aus zwei planparallelen Metallplatten mit jeweils der Fläche A, die in gegenüber den Plattenabmessungen geringem Abstand d zueinander angeordnet sind.

Wird eine konstante Gleichspannung an die Metallplatten angelegt, so fließt ein zeitlich begrenzter Ladestrom. Dabei fließen Elektronen auf die eine Platte, während gleich viel Elektronen von der anderen Platte des Kondensators abfließen. Dadurch entsteht auf dem einen Belag ein Elektronenüberschuss und auf dem anderen Belag ein Elektronenmangel. Die Elektroden laden sich gegeneinander auf, es findet eine Ladungstrennung statt. Zwischen den Belägen des Kondensators besteht dann eine Spannung, die der angelegten Spannung umso stärker entgegenwirkt, je mehr der Kondensator bereits aufgeladen ist. Nach einiger (theoretisch unendlich langer) Zeit sind beide Platten auf die von außen angelegte, ladende Spannung aufgeladen. Der **geladene Kondensator sperrt** dann den **Gleichstrom**. Jeder vollständig aufgeladene Kondensator wirkt gegenüber Gleichstrom wie ein unendlich großer Widerstand, ein Gleichstromkreis wird praktisch komplett unterbrochen.[20]

Auf den Elektroden ist jetzt eine jeweils entgegengesetzt gleich große elektrische Ladung gespeichert. Je größer die ladende Spannung ist, umso mehr Ladung wird getrennt. Für den Betrag der gespeicherten Ladung gilt:

$$Q = C \cdot U \tag{6.9}$$

Der Proportionalitätsfaktor mit dem Formelzeichen C wird als **Kapazität** des Kondensators bezeichnet. Die Kapazität kann als „Fassungsvermögen" bezüglich der im Kondensator speicherbaren Ladung aufgefasst werden.

Das Einheitenzeichen für die Kapazität C ist F (Farad).

$$[C] = \frac{\mathrm{C}\ (\mathrm{Coulomb})}{\mathrm{V}} = \frac{\mathrm{As}}{\mathrm{V}} = \frac{\mathrm{s}}{\Omega} = \mathrm{F} \tag{6.10}$$

Die Kapazität eines Plattenkondensators ist:

$$C = \varepsilon_0 \cdot \varepsilon_r \cdot \frac{A}{d} \tag{6.11}$$

$\varepsilon_0 = 8{,}85 \cdot 10^{-12}\ \frac{\mathrm{As}}{\mathrm{Vm}}$ ist die **elektrische Feldkonstante** (Dielektrizitätskonstante des Vakuums).

ε_r ist ein einheitenloser, vom Material des Dielektrikums abhängiger Faktor und heißt **Dielektrizitätszahl** (relative Permittivität, relative Dielektrizitätskonstante).

A ist die Fläche *einer* Platte des Plattenkondensators.

d ist der Plattenabstand.

20 Dies gilt für den idealen Kondensator mit unendlich hohem Isolationswiderstand zwischen den Belägen. Beim realen Kondensator fließt wegen des endlichen Isolationswiderstandes des Dielektrikums ein sehr kleiner Leckstrom.

6.4.1.1 Beziehung zwischen Spannung und Strom beim Kondensator

Aus $I = Q/t$ bzw. $I = dQ/dt$ und $Q = C \cdot U$ bzw. $dQ = C \cdot dU$ folgt:

$$I(t) = C \cdot \frac{dU(t)}{dt} \tag{6.12}$$

Durch den Kondensator fließt also Strom bei *Änderung* der Spannung. Dies ist die **Bauteilgleichung** für den Kondensator. Sie gibt den differenziellen Zusammenhang zwischen den Augenblickswerten von Strom und Spannung beim Kondensator an.

Aus dieser Gleichung ist auch ersichtlich, dass der Strom umso größer (und damit der Widerstand des Kondensators umso kleiner) wird, je schneller die Spannungsänderung erfolgt. Der **Widerstand eines Kondensators nimmt** also **mit wachsender Frequenz** der Spannung **ab**.

Aus Gleichung (6.12) erhält man durch Umstellen und Integrieren den integralen Zusammenhang zwischen Spannung und Strom beim Kondensator:

$$U(t) = \frac{1}{C} \cdot \int_{t=0}^{t_1} I(t)\, dt + U(t=0) \tag{6.13}$$

$U(t=0)$ ist die Integrationskonstante und stellt die **Anfangsbedingung** dar, also die Spannung, auf die der Kondensator zu Beginn der Integration zum Zeitpunkt $t = 0$ aufgeladen ist.

6.4.1.2 Kondensator als Energiespeicher

Wurde ein zu Beginn der Aufladung vollständig entladener Kondensator der Kapazität C auf die Spannung U voll aufgeladen, so ist in ihm die elektrische Energie W_C gespeichert.

Es ist:

$$W = U \cdot Q \tag{6.14}$$

Außerdem gilt:

$$Q = I \cdot t \tag{6.15}$$

Daraus folgt:

$$W = U \cdot I \cdot t \quad \text{bzw.} \quad dW = U \cdot I \cdot dt \tag{6.16}$$

Mit

$$I = \frac{dQ}{dt} \quad \text{und} \quad dQ = C \cdot dU \qquad (6.17)$$

erhält man

$$dW = C \cdot U \cdot dU \qquad (6.18)$$

Integration ergibt:

$$\int_0^W dW = C \cdot \int_0^U U'\, dU' = C \cdot \left[\frac{U^2}{2} \right]_0^U \qquad (6.19)$$

Die gespeicherte elektrische Energie W_C ist:

$$W_C = \frac{1}{2} \cdot C \cdot U^2 \qquad (6.20)$$

Durch Anwendung von Gl. (6.9) kann diese Gleichung in anderer Form geschrieben werden:

$$W_C = \frac{1}{2} \frac{Q^2}{C} \qquad (6.21)$$

Die Einheit von W_C ist:

$$[W_C] = \mathrm{W \cdot s = J\ (Joule)} \qquad (6.22)$$

Die im Kondensator gespeicherte Energie ist nicht auf den Elektroden, sondern im elektrischen Feld zwischen den Kondensatorplatten gespeichert.

Die gespeicherte Energie kann sich nicht sprunghaft ändern, also auch nicht die Spannung U am Kondensator. Würde die Änderung dU/dt unendlich groß werden, so würde auch die Spannung am Kondensator auf einen unendlich hohen Wert steigen, und dies würde wiederum eine (physikalisch nicht realisierbare) unendlich große Augenblicksleistung bedeuten. Oder anders gesagt: Wegen $U = \frac{Q}{C}$ und $Q = \int I(t)\, dt$ wäre für eine sprunghafte Spannungsänderung ein unendlich großer Ladestrom erforderlich. Die Spannung am Kondensator bleibt deshalb im Umschaltzeitpunkt stetig, sie ist kurz nach dem Schaltzeitpunkt $t = 0$ genauso groß wie kurz vor dem Schaltzeitpunkt.

Die Kondensatorspannung ist stetig, sie kann sich nicht sprungförmig ändern.

6.4.1.3 Kondensator als Bauelement

Das Schaltzeichen eines Kondensators leitet sich von der stilisierten Darstellung der Doppelplatte des Plattenkondensators ab. – Elektrolytkondensatoren besitzen einen besonders großen Kapazitätswert. Es sind gepolte Kondensatoren, bei deren Anschluss auf die richtige Polung der angeschlossenen Spannung zu achten ist.

Abb. 135: Schaltzeichen eines Kondensators mit festem Kapazitätswert (links) und eines Elektrolytkondensators (rechts)

Kondensatoren werden u. a. zum Trennen von Gleich- und Wechselspannung, zur Glättung von Spannungen und für Filter- und Entstörzwecke verwendet. Gebräuchlich sind in der Elektronikpraxis überwiegend Kapazitätswerte von einigen pF bis einigen tausend $\mu\mathrm{F}$.

Die hauptsächlichen Kenngrößen von Kondensatoren als technische Bauelemente sind:

- Kapazitätswert in Farad ($\mu\mathrm{F}$, nF, pF)
- Nennspannung (maximale Betriebsspannung) in Volt
- Kapazitätstoleranz in Prozent

Technische Bauformen von Kondensatoren werden hier nicht behandelt. Die folgende Abbildung soll eine Vorstellung vom Aussehen dieser Bauelemente vermitteln.

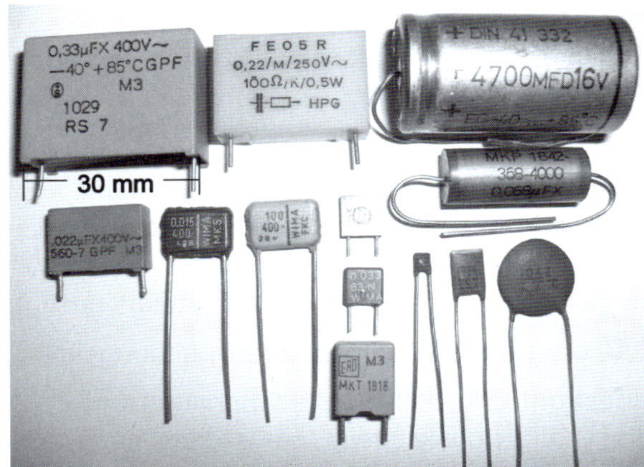

Abb. 136: Beispiele für bedrahtete Kondensatoren

6.4.2 Zusammenschaltung von Kondensatoren

6.4.2.1 Reihenschaltung

Werden Kondensatoren in Reihe geschaltet, so ist der reziproke Wert der Gesamtkapazität C_{ges} gleich der Summe der Kehrwerte der Einzelkapazitäten:

$$\frac{1}{C_{ges}} = \frac{1}{C_1} + \frac{1}{C_2} + \ldots + \frac{1}{C_n} \tag{6.23}$$

Bei zwei in Reihe geschalteten Kondensatoren gilt:

$$C_{ges} = \frac{C_1 \cdot C_2}{C_1 + C_2} \tag{6.24}$$

Beim kapazitiven Spannungsteiler ist die Teilspannung U_i am Teilkondensator C_i von n in Reihe geschalteten, an der Gesamtspannung U liegenden Kondensatoren:

$$U_i = U \cdot \frac{C_{ges}}{C_i} \tag{6.25}$$

6.4.2.2 Parallelschaltung

Die Gesamtkapazität C_{ges} von n parallel geschalteten Kondensatoren ist gleich der Summe der Einzelkapazitäten.

$$C_{ges} = C_1 + C_2 + \ldots + C_n \tag{6.26}$$

6.5 Schaltvorgang beim Kondensator

6.5.1 Kondensator laden

Zunächst wird der rein theoretische, nicht realisierbare Fall betrachtet, dass eine ideale Gleichspannungsquelle auf einen idealen, ungeladenen Kondensator geschaltet wird. Der Schalter S in Abb. 137 ist seit langer Zeit in Stellung 2, der Kondensator ist also vollständig entladen. Das Einschalten der Gleichspannung erfolgt, indem der Schalter in Stellung 1 gebracht wird. Der Strom $I(t)$ wird im Einschaltaugenblick unendlich groß. **Der Widerstand des idealen, ungeladenen Kondensators ist null, er stellt einen Kurzschluss dar.** Der Kondensator lädt sich in unendlich kurzer Zeit auf, nimmt dann aber keinen Strom mehr auf. **Vollgeladen verhält sich ein Kondensator im Gleichstromkreis wie eine Unterbrechung, d. h., sein Widerstandswert ist unendlich groß.**

Beim Kurzschließen des geladenen Kondensators geschieht das Umgekehrte, er entlädt sich schlagartig. Danach ist der Strom gleich null.

Schaltet man eine ideale Gleichstromquelle auf einen Kondensator, so steigt seine Ladung und damit seine Klemmenspannung linear an. In diesem Fall würde die Klemmenspannung im Laufe der Zeit gegen Unendlich gehen.

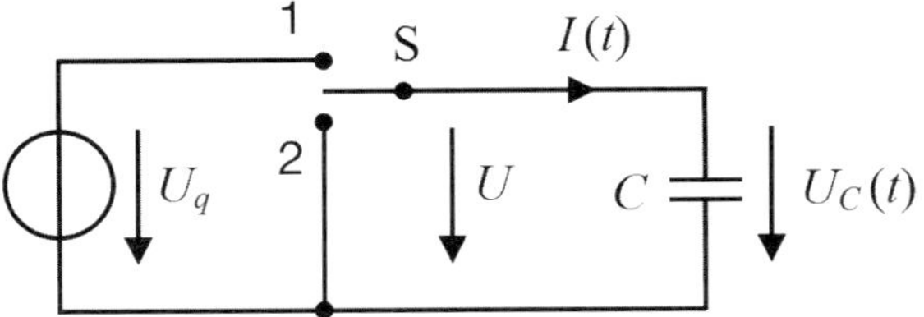

Abb. 137: Schalten einer idealen Spannungsquelle auf einen idealen Kondensator

In realen Schaltungen kann die Ladung eines Kondensators nicht unendlich schnell erfolgen, da seine Zuleitungen einen, wenn auch geringen, ohmschen Widerstand haben. Außerdem gibt es nur reale Spannungs- und Stromquellen mit einem Innenwiderstand. Wir betrachten deshalb den realitätsnahen Fall, dass ein Kondensator über einen Widerstand aufgeladen wird.

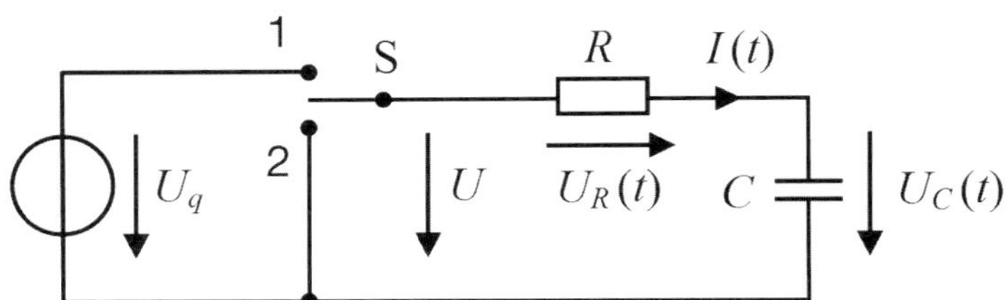

Abb. 138: Zum Schaltvorgang beim Kondensator

Der Schalter S in Abb. 138 ist seit langer Zeit in Stellung 2, der Kondensator ist also vollständig entladen und der Strom $I(t)$ ist null. Der Ladevorgang beginnt, wenn der Schalter zum Zeitpunkt $t = 0$ in Stellung 1 gebracht wird.

Für Zeiten $t > 0$ erhalten wir durch einen Maschenumlauf eine Bestimmungsgleichung für die Kondensatorspannung:

$$\boxed{-U + R \cdot I(t) + U_C(t) = 0} \tag{6.27}$$

Unter Verwendung der Strom-Spannungsbeziehung $I(t) = C \cdot \frac{dU_C(t)}{dt}$ ergibt sich für $U_C(t)$ eine gewöhnliche Differenzialgleichung erster Ordnung mit konstanten Koeffizienten:

$$R \cdot C \cdot \frac{dU_C(t)}{dt} + U_C(t) = U \qquad (6.28)$$

Diese Differenzialgleichung muss gelöst werden, um $U_C(t)$ in Abhängigkeit von der Eingangsspannung $U = U_q$ und den Werten von R und C zu erhalten.

Beispiel 65

Die Differenzialgleichung Gl. (6.28), die das Laden eines Kondensators beschreibt, soll gelöst werden.

Die inhomogene DGL ist: $R \cdot C \cdot \frac{dU_C(t)}{dt} + U_C(t) = U$

Mit der Abkürzung $T = \frac{1}{R \cdot C}$ folgt:

$$\frac{dU_C(t)}{dt} + T \cdot U_C(t) = T \cdot U \qquad (6.29)$$

Die homogene DGL ist:

$$\frac{dU_C(t)}{dt} + T \cdot U_C(t) = 0 \qquad (6.30)$$

Für die Grundlagen zu folgenden Schritten siehe Abschnitt 6.2.

Schritt 1: Exponentialansatz für die allgemeine Lösung von Gl. (6.30):

$$U_{Ch}(t) = k \cdot e^{\lambda t} \Rightarrow \frac{dU_{Ch}(t)}{dt} = k \cdot \lambda \cdot e^{\lambda t}$$

Durch Einsetzen in die homogene DGL (6.30) folgt:

$$k \cdot \lambda \cdot e^{\lambda t} + T \cdot k \cdot e^{\lambda t} = 0 \Rightarrow \lambda = -T$$

Die Gleichung für die Konstante λ heißt auch **charakteristische Gleichung**. Alle Werte für λ, die Lösung dieser Gleichung sind, werden **Eigenwerte** genannt.

Die allgemeine Lösung der homogenen DGL ist:

$$U_{Ch}(t) = k \cdot e^{-T \cdot t} \qquad (6.31)$$

Schritt 2: Aufsuchen einer partikulären Lösung der inhomogenen DGL (6.29) für den jetzt angenommenen Fall, dass die Eingangsspannung eine Gleichspannung der Höhe U ist und zum Zeitpunkt $t = 0$ eingeschaltet wird.

Die Störfunktion ist eine konstante Funktion: $f(t) = T \cdot U$.

Deswegen ist der Lösungsansatz nach Tabelle 2:

$$U_{Cp}(t) = k_0 \tag{6.32}$$

Die erste Ableitung der Konstanten ist null:

$$\frac{dU_{Cp}(t)}{dt} = 0 \tag{6.33}$$

$\frac{dU_{Cp}(t)}{dt}$ und $U_{Cp}(t)$ einsetzen in die inhomogene DGL (6.29) ergibt:

$$0 + T \cdot k_0 = T \cdot U \tag{6.34}$$

Somit ist:

$$k_0 = U \tag{6.35}$$

Die partikuläre Lösung der inhomogenen DGL ist:

$$U_{Cp}(t) = U \tag{6.36}$$

Dieses Ergebnis war vorhersehbar, da die partikuläre Lösung den eingeschwungenen Zustand beschreibt, bei dem der Kondensator auf die Spannung U aufgeladen ist.

Schritt 3: Die allgemeine Lösung der inhomogenen DGL ist

$$U_C(t) = U_{Ch}(t) + U_{Cp}(t) \tag{6.37}$$

$$U_C(t) = k \cdot e^{-T \cdot t} + U \tag{6.38}$$

Schritt 4: Der Kondensator sei zum Zeitpunkt $t = 0$ vollständig entladen. Die Anfangsbedingung ist somit:

$$U_C(0) = 0 \tag{6.39}$$

Daraus folgt:

$$0 = k \cdot e^{-0} + U \quad \text{bzw.} \quad k = -U \tag{6.40}$$

Somit folgt für den Spannungsverlauf am Kondensator:

$$U_C(t) = U \cdot \left(1 - e^{-T \cdot t}\right) \tag{6.41}$$

Die Zeitkonstante ist:

$$\tau = \frac{1}{T} = R \cdot C \tag{6.42}$$

$$U_C(t) = U \cdot \left(1 - e^{-\frac{t}{\tau}}\right) = U \cdot \left(1 - e^{-\frac{t}{R \cdot C}}\right) \tag{6.43}$$

Die **Spannung am Kondensator verläuft stetig,** sie steigt exponentiell an und strebt gegen ihren Endwert U.

Aus $I(t) = C \cdot \frac{dU_C(t)}{dt}$ wird noch der Stromverlauf bestimmt.

$$C \cdot \frac{dU_C(t)}{dt} = -C \cdot \frac{1}{R \cdot C} \cdot U \cdot \left(-e^{-\frac{t}{R \cdot C}}\right) = \frac{U}{R} \cdot e^{-\frac{t}{R \cdot C}}$$

Der Stromverlauf beim Laden des Kondensators nach Abb. 138 ist:

$$I(t) = \frac{U}{R} \cdot e^{-\frac{t}{R \cdot C}} \tag{6.44}$$

Im Einschaltzeitpunkt springt also der Strom schlagartig auf den Wert U/R und sinkt dann exponentiell gegen null ab. Im Einschaltzeitpunkt wird der Strom nur durch den Widerstand R begrenzt.

Die Spannung am Widerstand ist:

$$U_R(t) = U \cdot e^{-\frac{t}{R \cdot C}} \tag{6.45}$$

Nach Ablauf der Zeit, die durch die Zeitkonstante $\tau = R \cdot C$ angegeben wird, ist der Kondensator auf die Spannung $U_C = 0,63 \cdot U$ (also auf 63 % des Endwertes) aufgeladen. Der Strom ist nach dieser Zeit um 63 % auf 37 % des Anfangswertes (also auf $0,37 \cdot (U/R)$) gefallen. Nach der Zeit $5 \cdot \tau$ ist der Kondensator praktisch vollständig (zu 99,3 %) auf die Spannung U aufgeladen.

Mit dem Mathematikprogramm „Maple“ können Differenzialgleichungen unmittelbar *symbolisch* gelöst werden. Der Funktionsverlauf von $U_C(t)$ wird als Plot dargestellt. Hierzu folgt ein Beispiel.

Beispiel 66

```
> # RC-Glied, Kondensator laden
> restart: with(plots):
> # Definition der inhomogenen DGL:
> DGL:=R*C*diff(U[c](t),t)+U[c](t)=U[q];
```

$$DGL := R\,C\left(\frac{\mathrm{d}}{\mathrm{d}t}\,U_c(t)\right) + U_c(t) = U_q$$

```
> # Allgemeine Lösung der inhomogenen DGL:
> Uc:=dsolve(DGL,U[c](t));
```

$$Uc := U_c(t) = U_q + \mathrm{e}^{-\frac{t}{R\,C}}\,\_C1$$

```
> # _C1 ist eine willkürliche Konstante
> # Der Anfangswert wird hier zu null angenommen!
> Anfangswert:=U[c](0)=0;
```

$$Anfangswert := U_c(0) = 0$$

```
> # Allgemeine Lösung mit dem gegebenen Anfangswert:
> Uc:=dsolve({DGL,Anfangswert},U[c](t));
```

$$Uc := U_c(t) = U_q - \mathrm{e}^{-\frac{t}{R\,C}}\,U_q$$

```
> # Der Anfangswert wird hier NICHT zu null angenommen!
> Anfangswert:=U[c](0)=0.8;
```

$$Anfangswert := U_c(0) = 0.8$$

```
> # Allgemeine Lösung mit dem gegebenen Anfangswert:
> Uca:=dsolve({DGL,Anfangswert},U[c](t));
```

$$Uca := U_c(t) = U_q + \mathrm{e}^{-\frac{t}{R\,C}}\left(\frac{4}{5} - U_q\right)$$

```
> # Angenommene (normierte) Werte für Uq, R, C:
> U[q]:=2; R:=7; C:=2;
```

$$U_q := 2$$
$$R := 7$$
$$C := 2$$

```
> # Wert der Funktion mit Anfangswert null bei t=tau=R*C:
> Eval(rhs(Uc), t=R*C);
```

$$\left(2 - 2\,e^{-\frac{1}{14}t}\right)\Bigg|_{t=14}$$

```
> Wert_bei_tau:=value(%);
```

$$Wert\_bei\_tau := 2 - 2\,e^{-1}$$

```
> # Graph der Funktion mit Anfangswert = 0:
> f1:=plot(rhs(Uc), t=0..70, 0..2, color=black, thickness=2,
 labels=["t","Uc(t)"], labeldirections=[horizontal,vertical],
 labelfont=[HELVETICA,BOLD,12], tickmarks=[10,10],
 axesfont=[HELVETICA,BOLD,12]):
> # Graph der Funktion mit Anfangswert verschieden null:
> f2:=plot(rhs(Uca), t=0..70, 0..2, color=black,
 thickness=2, linestyle=spacedash):
> # Horizontale Linie des Endwertes:
> f3:=plot(U[q], t=0..80, color=black, thickness=2, linestyle=dot):
> # Senkrechte Linie bei t=tau=R*C
 (Funktion mit Anfangswert = 0):
> f4:=plot([R*C,t, t=0..Wert_bei_tau], color=black,
 thickness=2, linestyle=dashdot):
> # Horizontale Linie bei Funktionswert mit t=tau=R*C
 (Funktion mit Anfangswert = 0):
> f5:=plot(Wert_bei_tau, t=0..R*C, color=black,
 thickness=2, linestyle=dashdot):
> display ([f1,f2,f3,f4,f5]);
```

Anmerkung:
Einige Beschriftungen wurden nachträglich in den Plot eingefügt.

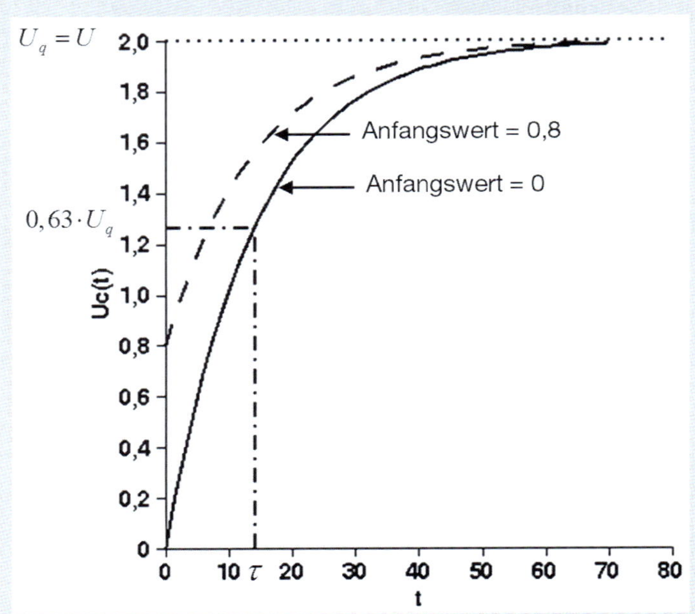

Abb. 139: Zeitlicher Verlauf der Kondensatorspannung $U_C(t)$ beim Laden des Kondensators

6.5.2 Kondensator entladen

Der Schalter S in Abb. 138 ist seit langer Zeit in Stellung 1, der Kondensator ist also vollständig auf die Spannung $U = U_q$ aufgeladen und der Strom $I(t)$ ist null. Der Entladevorgang beginnt, wenn der Schalter zum Zeitpunkt $t = 0$ in Stellung 2 gebracht wird.

Für Zeiten $t > 0$ erhalten wir durch einen Maschenumlauf:

$$U_R(t) + U_C(t) = 0 \tag{6.46}$$

Mit $U_R(t) = I(t) \cdot R$, $I(t) = \dfrac{dQ(t)}{dt}$ und $Q(t) = C \cdot U_C(t)$ folgt:

$$R \cdot C \cdot \frac{dU_C(t)}{dt} + U_C(t) = 0 \tag{6.47}$$

Diese DGL wird jetzt mit einem alternativen Verfahren zum Exponentialansatz gelöst (mittels Trennung der Variablen). Auflösen nach dt ergibt:

$$dt = -R \cdot C \cdot \frac{dU_C(t)}{U_C(t)} \tag{6.48}$$

Beide Seiten werden integriert:

$$\int dt = -R \cdot C \cdot \int \frac{1}{U_C(t)} dU_C(t) \tag{6.49}$$

Aus $\int dt = t$ und $\int \frac{1}{U_C(t)} dU_C(t) = -\ln\left(U_C(t)\right) + K$ folgt:

$$t = -R \cdot C \cdot \ln\left(U_C(t)\right) + K \tag{6.50}$$

Zum Zeitpunkt $t = 0$ ist $U_C(t = 0) = U$ (Anfangsbedingung). Aus Gl. (6.50) folgt somit:

$$0 = -R \cdot C \cdot \ln(U) + K \tag{6.51}$$

$$K = R \cdot C \cdot \ln(U) \tag{6.52}$$

Einsetzen von Gl. (6.52) in Gl. (6.50):

$$t = -R \cdot C \cdot \ln\left(U_C(t)\right) + R \cdot C \cdot \ln(U) \tag{6.53}$$

$$t = -R \cdot C \cdot \left[\ln\left(U_C(t) - \ln(U)\right)\right] \tag{6.54}$$

Durch Umformung erhält man:

$$-\frac{t}{R \cdot C} = \ln\left(\frac{U_C(t)}{U}\right) \tag{6.55}$$

Mit der Definition des Logarithmus $x = \ln(a) \;\Rightarrow\; e^x = a$ folgt:

$$e^{-\frac{t}{R \cdot C}} = \frac{U_C(t)}{U} \tag{6.56}$$

$$U_C(t) = U \cdot e^{-\frac{t}{R \cdot C}} \tag{6.57}$$

Die **Spannung am Kondensator verläuft wieder stetig**, sie nimmt von ihrem Maximalwert U exponentiell gegen null ab.

Die Zeitkonstante ist hier wie beim Laden des Kondensators:

$$\tau = R \cdot C \tag{6.58}$$

Durch Anwendung von Gl. (6.12) auf Gl. (6.57) erhalten wir den Strom:

$$I(t) = -\frac{U}{R} \cdot e^{-\frac{t}{R \cdot C}} \tag{6.59}$$

Zu Beginn des Entladevorgangs springt der Strom schlagartig auf den Wert $-U/R$ und sinkt dann exponentiell gegen null ab.

Der Entladestrom fließt entgegengesetzt zu der Richtung des Stromes beim Aufladen des Kondensators. Die Zählpfeile von Strom und Spannung am Kondensator sind entgegengesetzt gerichtet, der Kondensator wirkt also jetzt als Erzeuger.

Für die Schaltvorgänge beim Kondensator sind in der nächsten Abbildung die Kurvenformen von $U_C(t)$ und $I(t)$ für das Laden ab $t = 0$ und das Entladen ab $t = t_1$ zusammenfassend dargestellt.

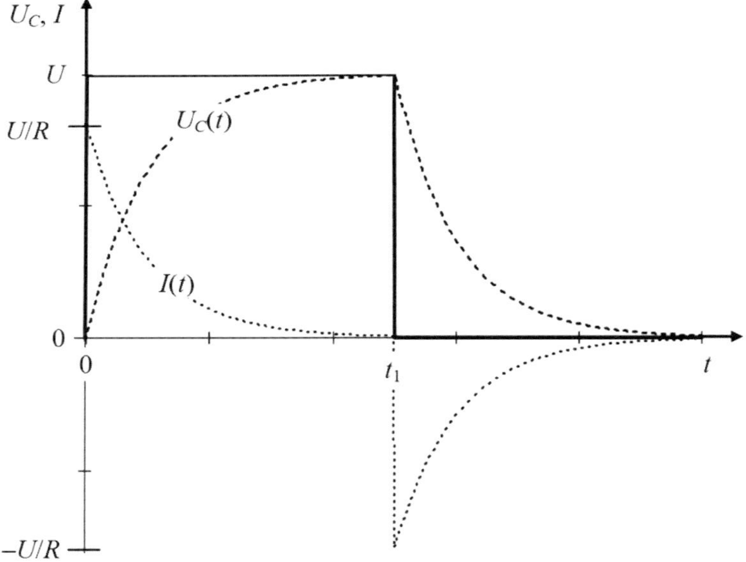

Abb. 140: Verlauf von Strom und Spannung beim Laden und Entladen eines Kondensators

6.6 Die Spule

Grundkenntnisse des Magnetismus und des magnetischen Feldes werden hier als bekannt vorausgesetzt.

6.6.1 Grundsätzlicher Aufbau und Eigenschaften

Eine Spule besteht aus Drahtwindungen, sie werden als Wicklung der Spule bezeichnet. Ein Kern aus ferromagnetischem Material, auf den die Spule aufgewickelt ist, erhöht ihre Induktivität.

Jeder stromdurchflossene Leiter ist von einem Magnetfeld umgeben. Wird eine Spule von einem Gleichstrom durchflossen, so wird in ihrem Inneren und in ihrer Umgebung ein Magnetfeld erzeugt. Das Magnetfeld der „langen“ Spule ist im Inneren der Spule homogen, die dort vorhandene magnetische Feldstärke berechnet sich nach der Formel:

$$\boxed{H = \frac{I \cdot N}{l}} \quad [H] = \frac{\mathrm{A}}{\mathrm{m}} \tag{6.60}$$

N ist die Anzahl der Windungen, I ist die Stromstärke und l ist die Länge der Spule (die Länge der Wicklung). Eine Spule gilt als lang, wenn ihre Länge l größer ist als der 10-fache Durchmesser d:

$$\boxed{l \geq 10 \cdot d} \tag{6.61}$$

Wird an eine Spule eine Gleichspannung angelegt, so fließt durch die Spule ein Gleichstrom, der nur von dem ohmschen Widerstand des Wicklungsdrahtes abhängt. Eine ideale Spule hat den Wicklungswiderstand null. **Die ideale Spule bildet für Gleichstrom einen Kurzschluss.**

Ändert sich das Magnetfeld einer Spule, so wird in ihr eine elektrische Spannung induziert. Die Änderung des Magnetfeldes kann durch eine mechanisch bedingte Ortsänderung (Bewegung) der Spule selbst, eine örtliche Verschiebung des sie umgebenden Magnetfeldes oder durch eine Änderung des die Spule durchfließenden Stromes hervorgerufen werden. Wir betrachten hier nur den letzten Fall.

Die in einer Spule durch eine Strom**änderung** induzierte Spannung durch **Selbstinduktion** hat die Größe:

$$\boxed{U_i(t) = -L \cdot \frac{dI(t)}{dt}} \tag{6.62}$$

Das Minuszeichen in Gl. (6.62) entspricht dem Gesetz von Lenz[21], nach dem induzierte Spannungen und Ströme stets so gerichtet sind, dass ein durch sie erzeugtes Magnetfeld der induzierenden Ursache entgegenwirkt.

21 Heinrich Lenz (1804–1865), deutscher Physiker

Für eine konstante Änderungsgeschwindigkeit der Stromstärke kann Gl. (6.62) auch als Differenzenquotient geschrieben werden.

$$U_i = -L \cdot \frac{\Delta I}{\Delta t} \tag{6.63}$$

Der Proportionalitätsfaktor L in Gl. (6.62) wird **Induktivität** der Spule genannt.

Die Induktivität einer langen Spule ist:

$$L = \mu_0 \cdot \mu_r \cdot \frac{A}{l} \cdot N^2 \tag{6.64}$$

μ_0 wird als **magnetische Feldkonstante** (des leeren Raumes), als absolute Permeabilität des leeren Raumes oder als Induktionskonstante bezeichnet. Ihr Wert ist:

$$\mu_0 = 1{,}26 \cdot 10^{-6}\ \frac{\Omega \cdot \mathrm{s}}{\mathrm{m}} = 4\pi \cdot 10^{-7}\ \frac{\mathrm{V} \cdot \mathrm{s}}{\mathrm{A} \cdot \mathrm{m}} \tag{6.65}$$

μ_r ist die einheitenlose, vom Material des Spulenkerns abhängige **Permeabilitätszahl**. Für Luft ist $\mu_r \approx 1$. Für ferromagnetische Materialien (z. B. Eisen, Nickel, Legierungen) ist $\mu_r = 100 \ldots 10^5$. A ist die Querschnittsfläche, l die Länge und N die Windungszahl der Spule.

Das Einheitenzeichen für die Induktivität L ist H (Henry[22]).

$$[L] = \frac{\mathrm{Vs}}{\mathrm{A}} = \Omega \cdot \mathrm{s} = \mathrm{H} \tag{6.66}$$

6.6.1.1 Beziehung zwischen Spannung und Strom bei der Spule

An einer idealen Spule fällt nur dann eine Spannung ab, wenn sich der Strom durch die Spule *ändert*.

$$U(t) = L \cdot \frac{dI(t)}{dt} \tag{6.67}$$

Gl. (6.67) ist die **Bauteilgleichung** für die Spule. Sie gibt den differenziellen Zusammenhang zwischen den Augenblickswerten von Spannung und Strom der Spule an.

Aus dieser Gleichung ist auch ersichtlich, dass die induzierte Spannung (und damit auch der Widerstand der Spule) umso größer wird, je schneller die Strom-

22 Joseph Henry (1787–1878), amerikanischer Physiker

änderung erfolgt. Der **Widerstand einer Spule nimmt** also **mit wachsender Frequenz** der Spannung (und damit des Stromes) **zu**.

Aus Gleichung (6.67) erhält man durch Umstellen und Integrieren den integralen Zusammenhang zwischen Strom und Spannung beim Kondensator:

$$I(t) = \frac{1}{L} \cdot \int_{t=0}^{t_1} U(t)\,dt + I(t=0) \tag{6.68}$$

$I(t=0)$ ist die Integrationskonstante und stellt die **Anfangsbedingung** dar, also den Strom, der zu Beginn der Integration zum Zeitpunkt $t=0$ bereits durch die Spule fließt.

6.6.1.2 Spule als Energiespeicher

Die Augenblicksleistung, die eine stromdurchflossene Spule aufnimmt, ist:

$$P(t) = U(t) \cdot I(t) \tag{6.69}$$

Die Leistung baut das Magnetfeld der Spule auf und erhöht die magnetische Energie der Spule. Die elektrische Energie der Quelle wird in magnetische Energie der Spule umgewandelt. Im magnetischen Feld einer Spule ist die magnetische Energie W_L gespeichert.

Mit $W = \int_0^{t_1} U(t) \cdot I(t)\,dt$ und $U(t) = L \cdot \frac{dI(t)}{dt}$ folgt:

$$W = L \cdot \int_0^{t_1} \left[\frac{dI(t)}{dt} \cdot I(t)\,dt \right] \tag{6.70}$$

Kürzen von dt ergibt:

$$W = L \cdot \int_0^{I} I'(t)\,dI'(t) = L \cdot \left[\frac{I'^2}{2} \right]_0^I \tag{6.71}$$

Die gespeicherte magnetische Energie W_L ist:

$$W_L = \frac{1}{2} \cdot L \cdot I^2 \tag{6.72}$$

Die im Magnetfeld der Spule gespeicherte Energie wird beim Ausschalten des Stromes wieder als elektrische Energie frei.

Die gespeicherte Energie kann sich nicht sprunghaft ändern, also auch nicht der Strom I durch die Spule. Bei einer sprunghaften Änderung des Spulenstromes würde die induzierte Spannung und damit auch die Augenblicksleistung gegen Unendlich streben. Der Strom durch die Spule bleibt deshalb im

Umschaltzeitpunkt stetig, er ist kurz nach dem Schaltzeitpunkt $t = 0$ genauso groß wie kurz vor dem Schaltzeitpunkt.

Der Spulenstrom ist stetig, er kann sich nicht sprungförmig ändern.

6.6.1.3 Spule als Bauelement

Das Schaltzeichen einer idealen Spule zeigt die nächste Abbildung.

Abb. 141: Zwei gebräuchliche Schaltzeichen einer idealen Spule

Spulen werden u. a. im Gleichstromkreis als Wicklung eines Elektromagneten oder eines Relais verwendet. Im Wechselstromkreis finden sie z. B. Anwendung als Wicklung von Transformatoren oder, da ihr Widerstand frequenzabhängig ist, zur Trennung von Signalen mit unterschiedlicher Frequenz.

Gebräuchlich sind in der Elektronikpraxis überwiegend Induktivitätswerte von einigen nH bis einigen hundert mH.

Die hauptsächlichen Kenngrößen von Spulen als technische Bauelemente sind:

- Induktivitätswert in Henry (mH, $\mu\mathrm{H}$, nH)
- ohmscher Widerstand der Wicklung
- Induktivitätstoleranz in Prozent

Technische Bauformen von Spulen werden hier nicht behandelt. Die folgende Abbildung soll eine Vorstellung vom Aussehen dieser Bauelemente vermitteln.

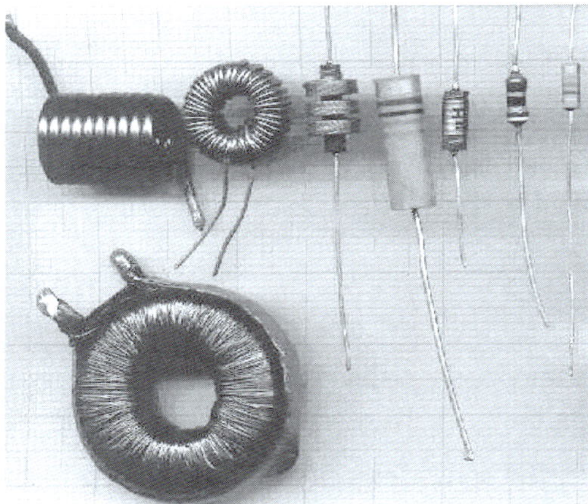

Abb. 142: Beispiele für Ausführungsformen von Spulen

6.6.2 Zusammenschaltung von Spulen

Die folgenden Formeln gelten nur für Spulen, die magnetisch nicht gekoppelt sind, deren Magnetfelder also die jeweils andere Spule nicht durchsetzen.

6.6.2.1 Reihenschaltung

Die Gesamtinduktivität L_{ges} von n in Reihe geschalteten Spulen ist gleich der Summe der Einzelinduktivitäten.

$$L_{ges} = L_1 + L_2 + \ldots + L_n \tag{6.73}$$

6.6.2.2 Parallelschaltung

Werden Spulen parallel geschaltet, so ist der reziproke Wert der Gesamtinduktivität L_{ges} gleich der Summe der Kehrwerte der Einzelinduktivitäten:

$$\frac{1}{L_{ges}} = \frac{1}{L_1} + \frac{1}{L_2} + \ldots + \frac{1}{L_n} \tag{6.74}$$

Bei zwei parallel geschalteten Spulen gilt:

$$L_{ges} = \frac{L_1 \cdot L_2}{L_1 + L_2} \tag{6.75}$$

6.7 Schaltvorgang bei der Spule

6.7.1 Spule einschalten

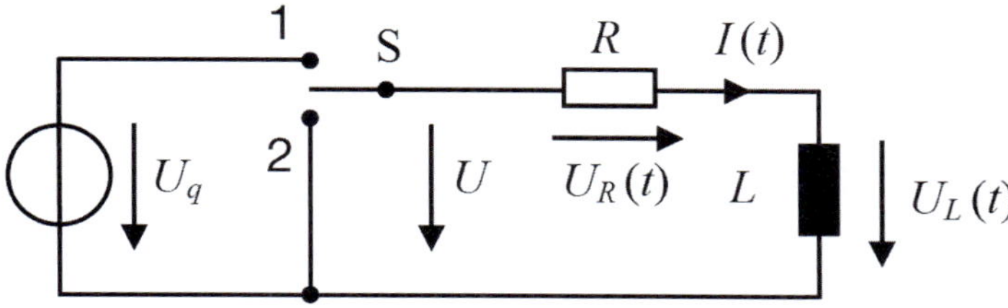

Abb. 143: Zum Schaltvorgang bei der Spule

Der Schalter S in Abb. 143 ist seit langer Zeit in Stellung 2, die Spule L besitzt also kein Magnetfeld und der Strom $I(t)$ ist null. Der Einschaltvorgang beginnt, wenn der Schalter zum Zeitpunkt $t = 0$ in Stellung 1 gebracht wird.

Für Zeiten $t > 0$ erhalten wir durch einen Maschenumlauf eine Bestimmungsgleichung für den Spulenstrom:

$$L \cdot \frac{dI(t)}{dt} + R \cdot I(t) - U = 0 \tag{6.76}$$

$$\frac{L}{R} \cdot \frac{dI(t)}{dt} + I(t) = \frac{U}{R} \tag{6.77}$$

Diese DGL entspricht Gl. (6.28) beim Laden eines Kondensators.

Ersetzen wir die Größen in Gl. (6.28), es wird $R \cdot C$ zu L/R, U zu U/R und $U_C(t)$ zu $I(t)$, so erhalten wir die Lösung von Gl. (6.77) unmittelbar aus der Lösung von Gl. (6.28), nämlich aus Gl. (6.43):

$$I(t) = \frac{U}{R} \cdot \left(1 - e^{-\frac{t}{\tau}}\right) = \frac{U}{R} \cdot \left(1 - e^{-\frac{R}{L} \cdot t}\right) \tag{6.78}$$

Der **Strom durch die Spule verläuft stetig**, er steigt exponentiell an und strebt gegen seinen Endwert U/R.

Die Zeitkonstante ist:

$$\tau = \frac{L}{R} \tag{6.79}$$

Die Spannung $U_L(t)$ erhalten wir durch Differenzieren des Stromes: $U_L(t) = L \cdot \dfrac{dI(t)}{dt}$.

$$U_L(t) = U \cdot e^{-\frac{R}{L} \cdot t} \tag{6.80}$$

Im Einschaltzeitpunkt springt die Spannung an der Spule schlagartig auf den Wert U und sinkt dann exponentiell gegen null ab.

6.7.2 Spule ausschalten

Der Schalter S in Abb. 143 ist seit langer Zeit in Stellung 1, durch die Spule fließt der konstante Strom U/R. Die Spule besitzt somit ein Magnetfeld, in dem Energie gespeichert ist. Der Ausschaltvorgang beginnt, wenn der Schalter zum Zeitpunkt $t = 0$ in Stellung 2 gebracht wird.

Da die Spannungsquelle abgetrennt wurde, will der Strom jetzt abnehmen. In der Spule wird eine Spannung induziert, die dafür sorgt, dass der Strom zunächst in gleicher Richtung weiterfließt. Die induzierte Spannung $U_i(t)$ hat umgekehrte Polarität zur Spannung $U_L(t)$ in Abb. 143. Die Zählpfeile von Strom und Spannung der Spule sind entgegengesetzt gerichtet, die Spule wirkt also jetzt als Erzeuger.

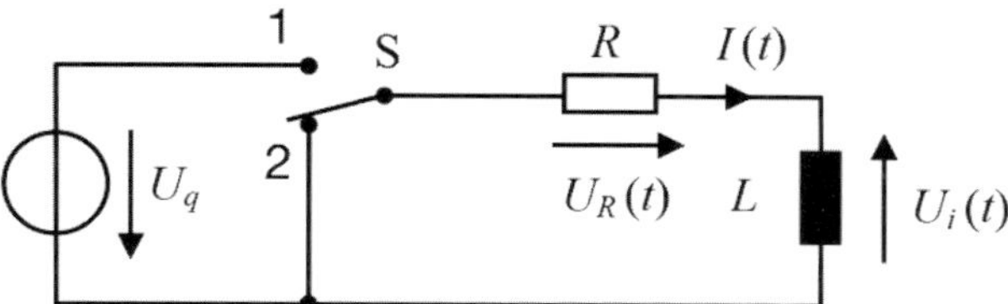

Abb. 144: Spule ausschalten

Es gilt die Maschengleichung:

$$U_{R(t)} - U_i(t) = R \cdot I(t) + L \cdot \frac{dI(t)}{dt} = 0 \qquad (6.81)$$

Wir separieren wieder die Variablen:

$$\frac{R}{L} \cdot dt = -L \cdot dI(t) \qquad (6.82)$$

Integrieren auf beiden Seiten ergibt:

$$\frac{R}{L} \cdot t + K = -\ln\left(I(t)\right) \qquad (6.83)$$

$$I(t) = e^{-K} \cdot e^{-\frac{R}{L} \cdot t} \qquad (6.84)$$

Der Strom durch die Spule springt nicht, er ist für $t = 0$ gleich U/R (Anfangsbedingung). Damit ist auch:

$$I(t=0) = e^{-K} = \frac{U}{R} \qquad (6.85)$$

Der Ausschaltstrom ist somit:

$$I(t) = \frac{U}{R} \cdot e^{-\frac{R}{L} \cdot t} \qquad (6.86)$$

Der **Strom durch die Spule verläuft stetig**, er nimmt von seinem Maximalwert U/R exponentiell gegen null ab.

Die Zeitkonstante ist wie beim Einschalten der Spule:

$$\tau = \frac{L}{R} \qquad (6.87)$$

Durch Anwendung von Gl. (6.67) auf Gl. (6.86) erhalten wir für die Spannung an der Spule:

$$U_L(t) = -U \cdot e^{-\frac{R}{L} \cdot t} \tag{6.88}$$

Zum Ausschaltzeitpunkt springt die Spannung an der Spule schlagartig auf den Wert $-U$ und sinkt dann exponentiell gegen null ab.

Es ergibt sich der gleiche Spannungsverlauf wie beim Einschalten der Spule, nur mit entgegengesetztem Vorzeichen.

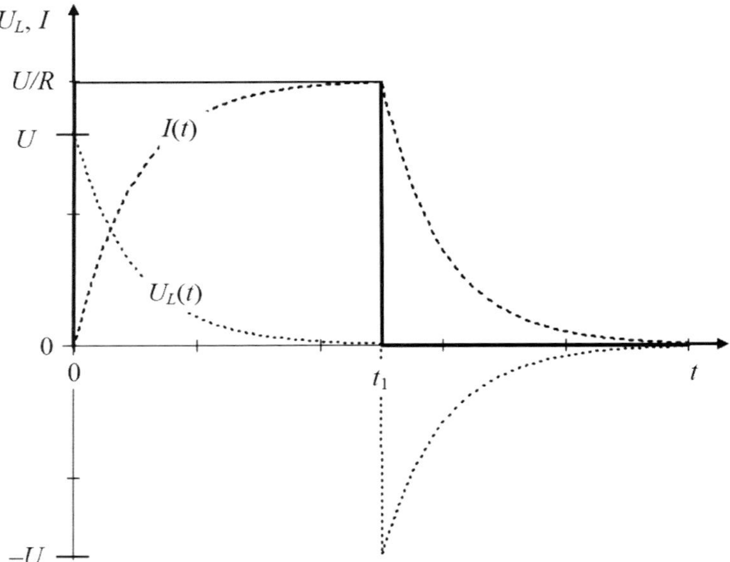

Abb. 145: Verlauf von Strom und Spannung beim Ein- und Ausschalten einer Spule

Hinweis für die Praxis:
Kann beim Abschalten einer Spule der Strom nicht weiterfließen, so ändert sich der Stromfluss in sehr kurzer Zeit. In der Spule wird in diesem Fall eine sehr hohe Spannung induziert, die z. B. elektronische Halbleiter-Bauelemente zerstören kann. Das Entstehen einer solchen Überspannung kann durch den Einsatz einer sogenannten *Freilaufdiode* verhindert werden. Eine Diode ist ein elektronisches Bauelement, das einem Strom in einer Richtung einen geringen und in entgegengesetzter Richtung einen hohen Widerstand bietet. Die Freilaufdiode wird parallel zur Spule geschaltet. Ihre Polung erfolgt so, dass sie für die normale Betriebsspannung im Einschaltzustand der Spule sperrt. Nur für die induzierte Spannung wird sie leitend und schließt diese kurz bzw. begrenzt sie auf einen erlaubten Wert.

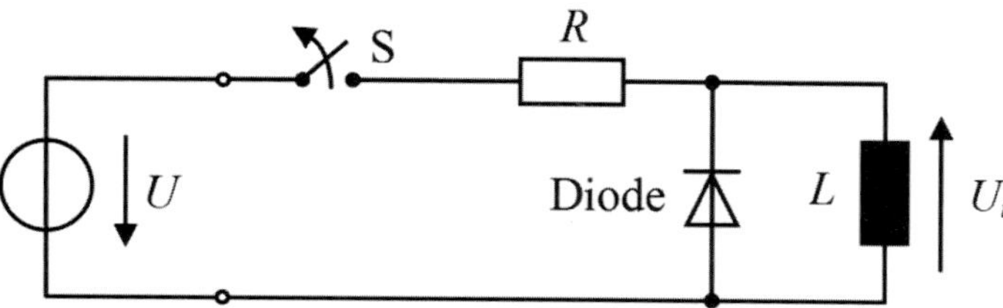

Abb. 146: Spule mit Freilaufdiode. Für U ist die Diode in Sperrrichtung, für u_{ind} in Durchlassrichtung gepolt.

Ausblick

Auch bei komplizierteren Netzwerken ist die Vorgehensweise analog. Unter Verwendung der kirchhoffschen Gesetze und mit den Strom-Spannungs-Beziehungen von Widerstand, Spule und Kondensator wird ein System von linearen Differenzialgleichungen aufgestellt, dessen Lösung sich aus der Überlagerung der allgemeinen Lösung des homogenen Systems und einer partikulären Lösung des inhomogenen Systems ergibt. Wenn sich in einem Netzwerk n Energiespeicher (Kondensatoren und/oder Spulen) befinden, so enthält die Lösung n Konstanten, die so bestimmt werden müssen, dass die n Anfangswerte (die Spannung bei Kondensatoren und der Strom bei Spulen) der Energiespeicher erfüllt werden, d.h., es muss ein lineares Differenzialgleichungssystem mit n Unbekannten gelöst werden. In aller Regel wendet man aber zur Berechnung von Einschwingvorgängen die sogenannte Laplace-Transformation an, die uns das Auflösen dieses linearen Differenzialgleichungssystems erspart.

6.8 Zusammenfassung

1. Im Gegensatz zum stationären (dem eingeschwungenen) Zustand wird der Ausgleichs- oder Einschwingvorgang nach einem Schaltvorgang unterschieden.
2. Bei der Berechnung von Ausgleichsvorgängen sind Differenzialgleichungen (DGL) zu lösen.
3. Der Typ einer Differenzialgleichung kann sein: partiell, gewöhnlich, linear, homogen, inhomogen.
4. Ein LTI-System ist ein lineares, zeitinvariantes System.
5. Die Ordnung eines Systems (die höchste vorkommende Ableitung der Ausgangsgröße) gibt die Anzahl der Energiespeicher in einem System an.
6. Anfangsbedingungen lassen sich aus dem Systemzustand zum Zeitpunkt $t = 0$ gewinnen.
7. Eine allgemeine (homogene) Lösung einer homogenen DGL kann durch einen Exponentialansatz ermittelt werden.
8. Für die Ermittlung einer speziellen (partikulären) Lösung einer inhomogenen DGL gibt es je nach Typ der Störfunktion verschiedene Ansätze.
9. Die allgemeine Lösung einer inhomogenen DGL ist die Summe aus homogener und partikulärer Lösung.
10. Beim Schaltvorgang am ohmschen Widerstand existiert kein Ausgleichsvorgang.
11. Im elektrischen Feld eines geladenen Kondensators ist elektrische Energie gespeichert.
12. Der Widerstand des idealen, ungeladenen Kondensators ist null, er stellt einen Kurzschluss dar.
13. Vollgeladen verhält sich ein Kondensator im Gleichstromkreis wie eine Unterbrechung, sein Widerstandswert ist unendlich groß. Ein geladener Kondensator sperrt Gleichstrom.
14. Der Widerstand eines Kondensators nimmt mit wachsender Frequenz der Spannung ab.
15. Bei einem Schaltvorgang an einem Kondensator verläuft die Spannung stetig, der Strom springt schlagartig. Die Ausgleichsvorgänge verlaufen exponentiell.
16. Im magnetischen Feld einer stromdurchflossenen Spule ist magnetische Energie gespeichert.

17. Durch eine Stromänderung wird in einer Spule eine Spannung induziert (Selbstinduktion).
18. Nach dem Gesetz von Lenz sind induzierte Spannungen und Ströme stets so gerichtet, dass ein durch sie erzeugtes Magnetfeld der induzierenden Ursache entgegenwirkt.
19. Der Widerstand der idealen Spule ist für Gleichstrom null, die ideale Spule bildet für Gleichstrom einen Kurzschluss.
20. Der Widerstand einer Spule nimmt mit wachsender Frequenz der Spannung zu.
21. Bei einem Schaltvorgang an einer Spule verläuft der Strom stetig, die Spannung springt schlagartig. Die Ausgleichsvorgänge verlaufen exponentiell.
22. Eine Freilaufdiode verhindert die Entstehung von Überspannungen beim Ausschalten einer Spule.

7 Nichtlineare Gleichstromkreise

Bisher wurden stets lineare Netzwerke vorausgesetzt, die keine stromabhängigen Widerstände enthalten. Der ohmsche Widerstand hat einen konstanten, vom Strom unabhängigen Wert. Die Kennlinie des ohmschen Widerstandes ist linear (siehe Abschnitt 2.4.1). Die Beziehung zwischen Spannung und Strom wird beim Kondensator und bei der Spule jeweils durch eine lineare Differenzialgleichung beschrieben, Kapazitäts- und Induktivitätswerte sind nicht von der angelegten Spannung abhängig. Kondensator und Spule sind ebenfalls lineare Bauelemente.

Jetzt werden elektrische Schaltungen betrachtet, die außer linearen Schaltelementen auch Bauelemente enthalten, deren Widerstandswert abhängig von der Höhe und von der Richtung des Stromes ist. Solche Bauelemente und die Netzwerke, in die sie eingebaut sind, werden als *nichtlinear* bezeichnet.

Zur Analyse linearer Systeme gibt es geschlossene Theorien und Verfahren. Hilfsmittel sind z. B. die lineare Algebra, Systembeschreibungen durch lineare Differenzialgleichungen sowie lineare Integral-Transformationen (z. B. die Laplace- und Fourier-Transformation).

Ein nichtlineares System wird in allgemeiner Form durch eine nichtlineare Differenzialgleichung oder ein System von nichtlinearen Differenzialgleichungen beschrieben. Zur Analyse nichtlinearer Systeme gibt es kein allgemeines Verfahren. Die eingesetzten Verfahren sind häufig Näherungsverfahren, deren Anwendung abhängig ist z. B. vom Typ der Nichtlinearität, von der Art der Signale oder von der Zielsetzung der Untersuchung.

Enthält ein Netzwerk nichtlineare Elemente, so gelten nach wie vor die kirchhoffschen Regeln. Die algebraische Berechnung der Ströme und Spannungen ist jedoch kaum möglich, selbst wenn die Strom-Spannungs-Gleichungen für die nichtlinearen Elemente existieren.

Häufig liegen für die nichtlinearen Elemente anstelle von Strom-Spannungs-Gleichungen grafische Darstellungen von Strom-Spannungskennlinien vor. Entweder werden dann zur Ermittlung stationärer Strom- und Spannungswerte im nichtlinearen Netzwerk grafische Verfahren eingesetzt, oder man verwendet in numerischen Verfahren eine stückweise Linearisierung der Kennlinien. Die nichtlineare Eigenschaft des Elementes wird dann für eine kleine Änderung näherungsweise durch eine lineare Eigenschaft ersetzt, wenn von einer bestehenden Strom-Spannungs-Beziehung nur kleine Abweichungen zu berechnen sind.

Da eine vollständige Analyse einer nichtlinearen Schaltung sehr schwierig ist (und in der Praxis meist mit einem Simulationsprogramm am PC durchgeführt wird), beschränken wir uns auf einfache Fälle mit höchstens zwei nichtlinearen Bauelementen.

7.1 Nichtlineare Bauelemente

In nichtlinearen Netzwerken haben die Netzwerkelemente keinen proportionalen Zusammenhang zwischen Ursache und Wirkung, d.h., die Werte von Widerstand, Kapazität und Induktivität sind nicht mehr konstant. Lineare Netzwerkelemente haben immer eine Gerade als Strom-Spannungskennlinie, nichtlineare Elemente haben gekrümmte Kennlinien. Hier werden als Beispiele nur einige nichtlineare Schaltungselemente vorgestellt.

7.1.1 Nichtlineare Widerstände

Nichtlineare Widerstände sind Heißleiter (NTC), Kaltleiter (PTC) und spannungsabhängige Widerstände (VDR). Es sind Widerstände, deren Widerstandswert durch physikalische Größen verändert werden kann. Ihr ohmscher Wert ändert sich in Abhängigkeit der Temperatur oder der elektrischen Spannung.

Nichtlineare Widerstände sind Widerstände mit nichtlinearer, also gekrümmter I-U-Kennlinie. Bei dieser Art von Widerständen ist das ohmsche Gesetz nicht mehr gültig, da der Widerstand in jedem Punkt der Kennlinie einen anderen Wert hat. Er wird daher als *differenzieller* Widerstand r in einem bestimmten Arbeitspunkt der Kennlinie ausgedrückt, er ist gleich dem reziproken Wert des Kennlinienanstiegs im Arbeitspunkt U_1, I_1 und kann aus der Steigung der Tangente an die nichtlineare I-U-Kennlinie im Punkt U_1, I_1 ermittelt werden.

$$r = \frac{dU}{dI} \approx \frac{\Delta U}{\Delta I} \qquad (7.1)$$

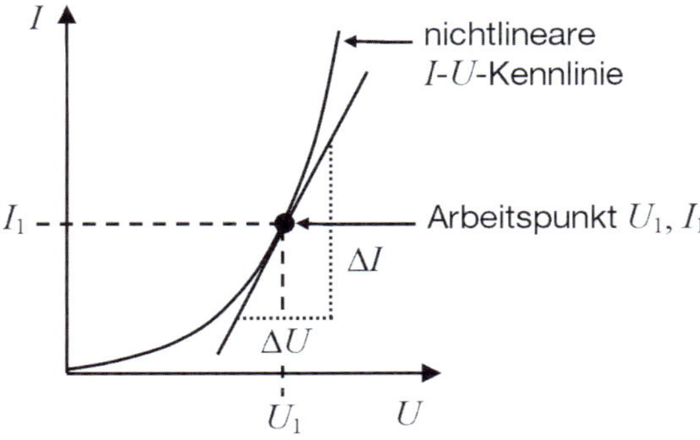

Abb. 147: Beispiel für eine nichtlineare I-U-Kennlinie mit Definition des differenziellen Widerstandes im Arbeitspunkt U_1, I_1

Temperaturabhängige Widerstände bezeichnet man als **Thermistoren**. Bei den Thermistoren wird zwischen **NTC-Widerstand** (**Heißleiter**) und **PTC-Widerstand** (**Kaltleiter**) unterschieden. Mit steigender Temperatur wird der Widerstandswert beim Heißleiter kleiner, beim Kaltleiter größer. Heißleiter und Kaltleiter werden u.a. zur Temperaturmessung verwendet.

Ein spannungsabhängiger Widerstand wird **Varistor** oder **VDR-Widerstand** genannt. Sein Widerstandswert fällt stark nichtlinear mit der angelegten Spannung. Varistoren werden zum Schutz vor Überspannungen eingesetzt.

Den prinzipiellen Verlauf der Kennlinie von NTC-, PTC- und VDR-Widerstand zeigt die folgende Abbildung.

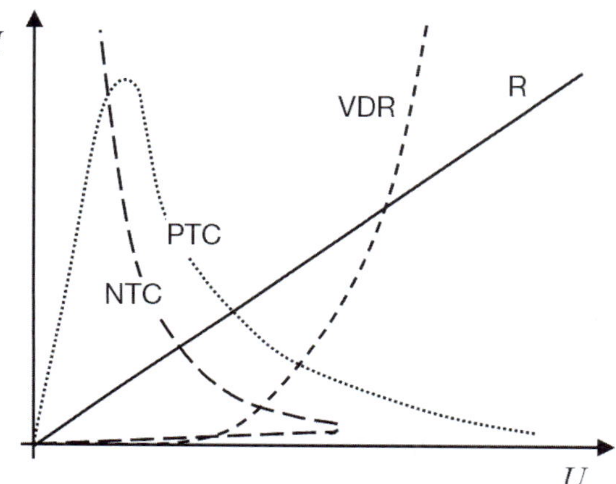

Abb. 148: I-U-Kennlinien nichtlinearer Widerstände; NTC-, PTC- und VDR-Widerstand im Vergleich zu einem linearen ohmschen Widerstand R

Die Abkürzungen in Abb. 148 bedeuten:
NTC = Negative Temperature Coefficient = Heißleiter
PTC = Positive Temperature Coefficient = Kaltleiter
VDR = Voltage Dependent Resistor = Varistor

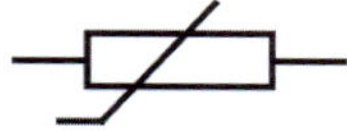

Abb. 149: Schaltzeichen eines nichtlinearen Widerstandes

7.1.2 Die Diode

Unter einer Diode verstehen wir hier eine normale, universelle Silizium-Diode. Bauarten, innerer Aufbau, Details der Eigenschaften und Funktionsweise gehören in das Gebiet der Elektronik und werden hier nicht besprochen. Die elektrische Wirkungsweise und die Kennlinie der Diode werden kurz vorgestellt, um mit dem Bauelement im nichtlinearen Gleichstromkreis einfache Berechnungen durchführen zu können.

Die Diode ist ein *nichtlineares* Bauelement. Wird der Strom durch die Diode in Abhängigkeit von der an ihr liegenden Spannung grafisch dargestellt, so ergibt sich eine stark asymmetrische, gekrümmte Strom-Spannungs-Kennlinie.

Der *Flussbereich* ist gekennzeichnet durch einen großen Strom bei relativ kleiner Spannung, der Sperrbereich durch einen kleinen Strom bei relativ großer Spannung. Wir betrachten hier ausschließlich die Arbeitsweise und die Kennlinie im Flussbereich.

Die Diode ist ein Halbleiterbauelement mit zwei Anschlüssen, diese werden mit *Anode* (A) und *Kathode* (K) bezeichnet. Das Schaltzeichen der Diode zeigt Abb. 150. Dieses Schaltsymbol trifft bereits eine Aussage über die elektrische Funktion einer Diode. Die Spitze des Dreiecks gibt symbolisch die einzig mögliche Richtung des Stromes durch die Diode in Flussrichtung an, in umgekehrter Richtung (Sperrrichtung) ist kein Stromfluss möglich. Eine Diode wirkt für den Strom wie ein Ventil: Strom wird nur in einer Richtung (in Pfeilrichtung) durchgelassen. Die Anschlüsse einer Diode sind somit bipolar, d. h. nicht vertauschbar.

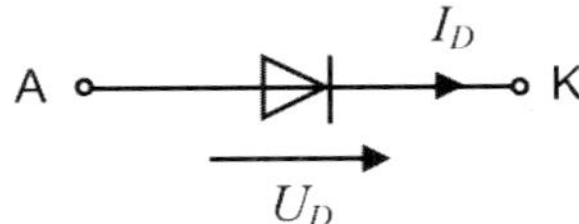

Abb. 150: Schaltzeichen der Diode

Für $U_D > 0\ \mathrm{V}$ arbeitet die Diode im Durchlassbereich, der Strom nimmt mit zunehmender Spannung exponentiell zu. Im Durchlassbereich steigt die Kennlinie stark an, wenn die von außen in Flussrichtung der Diode angelegte Spannung größer wird als die sogenannte Schleusenspannung U_S, die bei Silizium-Dioden ca. 0,7 Volt beträgt.

Wird an eine Diode eine Gleichspannung $U_{D,AP}$ angelegt, so markiert sie auf der Diodenkennlinie einen Arbeitspunkt „AP“, der auch durch den zugehörigen Gleichstrom $I_{D,AP}$ angegeben werden könnte. **Der Arbeitspunkt ist ein durch *Gleichgrößen* festgelegter Punkt auf einer Kennlinie eines Bauelementes.** Die für ihn geltenden Gleichgrößen werden durch einen Index „AP“ gekennzeichnet. Das Wertepaar $\left(U_{D,AP}\,;\,I_{D,AP}\right)$ muss die Kennlinienfunktion erfüllen, eine Lage außerhalb einer Kennlinie ist deshalb nicht möglich.

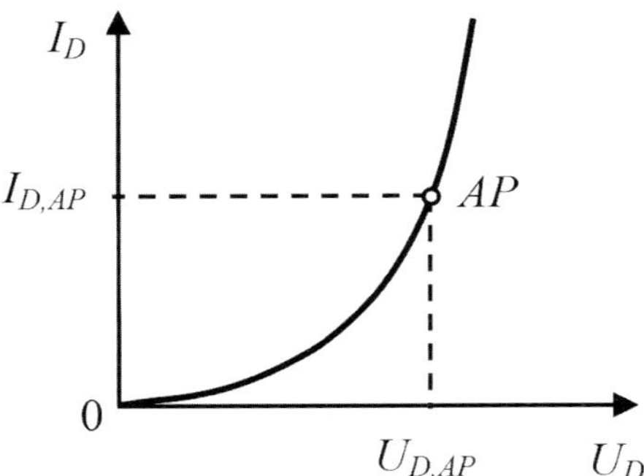

Abb. 151: Diodenkennlinie im Durchlassbereich mit Arbeitspunkt

Im Durchlassbereich $U_D > 0$ wird die Diode mathematisch (in analytischer Form) durch folgende Gleichung beschrieben:

$$I_D(U_D) = I_S \cdot \left(e^{\frac{U_D}{U_T}} - 1 \right) \quad (7.2)$$

$I_S \approx 10^{-12}...10^{-6}$ A ist der Sperr*sättigungsstrom* (ein typabhängiger Datenblattwert).

$U_T = \dfrac{k \cdot T}{e}$ ist die *Temperaturspannung* (bei Raumtemperatur ca. 26 mV).

$k = 1{,}38 \cdot 10^{-23}\ \dfrac{\text{J}}{\text{K}}$ ist die Boltzmannkonstante.

$e = 1{,}60 \cdot 10^{-19}$ As ist der Betrag der Elementarladung.

T ist die Temperatur in Kelvin.

U_D ist die an die Diode angelegte äußere Spannung.

Als Bahnwiderstand wird der mit zunehmendem Strom immer stärker wirkende ohmsche Widerstand des Halbleitermaterials bezeichnet. R_B liegt zwischen $0{,}01\ \Omega$ bei Leistungsdioden und $10\ \Omega$ bei Kleinsignaldioden. Berücksichtigt man sowohl die Schleusenspannung U_S als auch den Bahnwiderstand R_B, so erhält man eine **linearisierte Kennlinie**.

$$I_D = \frac{U_D - U_S}{R_B} \quad \text{für } U_D \geq U_S \quad (7.3)$$

Die Steigung der Geraden im Flussbetrieb ist $1/R_B$.

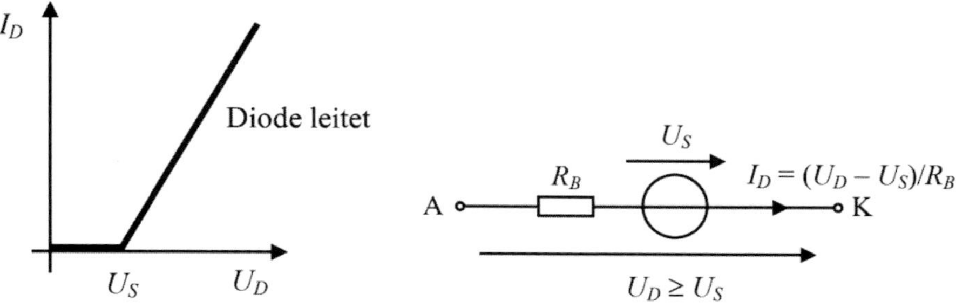

Abb. 152: Linearisierte Kennlinie der Diode (links), linearisierte Ersatzschaltung für den Flussbetrieb unter Berücksichtigung von Schleusenspannung und Bahnwiderstand (rechts)

Wird statt einer nichtlinearen Kennlinie eine lineare Näherung verwendet, so lässt sich eine grafische Analyse häufig erheblich vereinfachen oder durch eine einfache Berechnung ersetzen. Zu beachten ist, dass eine lineare Ersatzschaltung eines nichtlinearen Bauelementes nur innerhalb eines definierten Arbeitsbereiches (Kennlinienbereiches) gültig ist.

7.2 Behandlung nichtlinearer Gleichstromkreise

7.2.1 Arbeitspunkt eines nichtlinearen Widerstandes

In einem einfachen Gleichstromkreis aus einer Spannungsquelle mit Innenwiderstand und ohmscher Last können Spannung an der Last und Strom durch die Last mithilfe der kirchhoffschen Maschenregel berechnet werden. In Abschnitt 2.6.4.3 wurde dieser Lastfall bei einer realen Spannungsquelle bereits besprochen. Wie dort erwähnt und in Abb. 33 gezeigt, besteht eine weitere Möglichkeit in einer grafischen Lösung. Die abfallende Kennlinie der realen Spannungsquelle und die ohmsche Kennlinie der Last (die Lastgerade) schneiden sich im Arbeitspunkt. Im Arbeitspunkt sind Spannung und Strom von Erzeuger und Verbraucher gleich groß.

Auch für einen Stromkreis aus einem linearen aktiven und einem nichtlinearen passiven Zweipol gilt, dass Ströme und Spannungen an den gemeinsamen Klemmen gleich sein müssen. Diese Tatsache nützt man für die grafische Ermittlung dieser Größen (grafisches Schnittpunktverfahren). Die Kennlinien von Quellen-Zweipol und Verbraucher-Zweipol werden in ein gemeinsames Koordinatensystem eingezeichnet. Ströme und Spannungen sind dort für beide Zweipole gleich, wo sich die beiden Kennlinien schneiden. Eine grafische Bestimmung von Lastspannung und -strom ist somit auch für eine nichtlineare Last möglich. Die Eigenschaft eines nichtlinearen Zweipols wird im Datenblatt meist als I-U-Kennlinie angegeben. Eine analytische Angabe der Kennlinie liegt überwiegend nicht vor, sodass eine rechnerische Lösung nicht möglich ist. Eine grafische Lösung hingegen ist relativ einfach, wie in Abb. 153 gezeigt wird. Die Kennlinie des nichtlinearen Lastwiderstandes R_L wurde willkürlich vorgegeben. Die Spannung an der Last $U_{Kl,AP}$ und der Strom durch die Last $I_{L,AP}$ können als zum Arbeitspunkt gehörige Werte in der Grafik unmittelbar abgelesen werden.

Befindet sich die nichtlineare Last in einem verzweigten Netzwerk, so kann das den Zweipol umgebende Netzwerk zuerst in eine Ersatzspannungsquelle umgewandelt werden, ehe das grafische Verfahren angewandt wird.

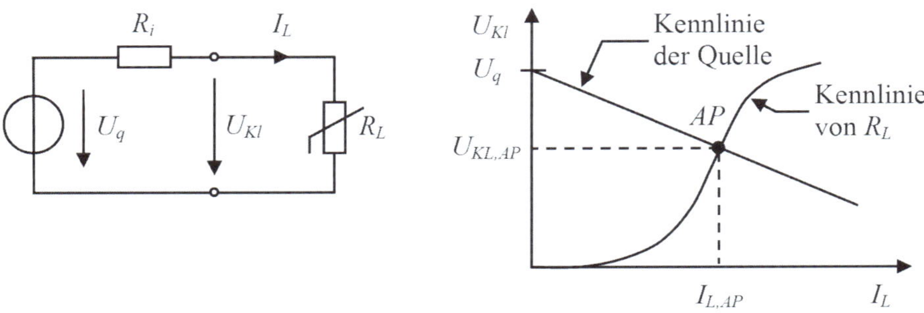

Abb. 153: Bestimmung der Werte des Arbeitspunktes für eine nichtlineare Last

7.2.2 Nichtlinearer Spannungsteiler

Die nächste Abbildung zeigt eine Reihenschaltung eines ohmschen Widerstandes und einer Diode. Ein linearer und ein nichtlinearer Zweipol sind somit in Reihe geschaltet. Die Werte von U_B und R sind gegeben, gesucht sind die Spannungen U_R und U_D sowie der Strom I.

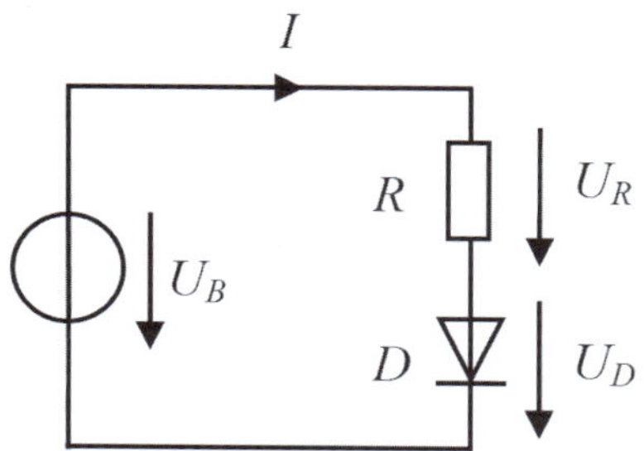

Abb. 154: Ein nichtlinearer Spannungsteiler aus ohmschem Widerstand und Diode

Wird Gl. (7.2) nach U_D aufgelöst, so erhalten wir:

$$U_D = U_T \cdot \ln\left(\frac{I}{I_S} + 1\right) \tag{7.4}$$

Aus einer Maschengleichung erhalten wir als Gleichung für den Strom:

$$R \cdot I + U_T \cdot \ln\left(\frac{I}{I_S} + 1\right) = U_B \tag{7.5}$$

Gl. (7.5) ist eine transzendente Gleichung, der Strom kann nicht explizit angegeben werden. Eine Lösung kann numerisch mit einem Näherungsverfahren oder grafisch erfolgen. Hier wird nur die zeichnerische Lösung erläutert. Dazu benötigen wir allerdings die Kennlinie der Diode im Durchlassbereich.

Die Maschengleichung lautet:

$$-U_B + I \cdot R + U_D = 0 \tag{7.6}$$

Nach dem Strom aufgelöst erhalten wir:

$$I = -\frac{1}{R} \cdot U_D + \frac{U_B}{R} \tag{7.7}$$

Gl. (7.7) wird als **Widerstandsgerade** oder als **Arbeitsgerade** bezeichnet. Es handelt sich um die Gleichung einer Geraden mit negativer Steigung. Als zwei Punkte, welche die Gerade festlegen, wählen wir die beiden Achsenabschnitte:

$$I = \frac{U_B}{R} \text{ für } U = 0 \tag{7.8}$$

$$U = U_B \text{ für } I = 0 \tag{7.9}$$

Die Widerstandsgerade wird jetzt in die grafische Darstellung der Diodenkennlinie eingezeichnet.

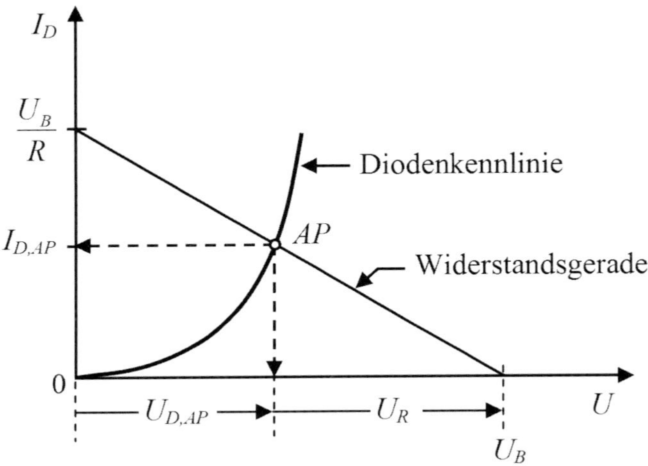

Abb. 155: Diodenkennlinie und Widerstandsgerade

Durch Widerstand und Diode fließt der gleiche Strom. Im Schnittpunkt der Arbeitsgeraden mit der Diodenkennlinie (dem Arbeitspunkt AP) sind sowohl die Maschengleichung als auch die Beziehung zwischen Spannung und Strom am nichtlinearen Element erfüllt. Die sich einstellenden Werte $I_{D,AP}$ und $U_{D,AP}$ können direkt abgelesen werden. Nun sind der Strom $I = I_{D,AP}$ und die Spannung an der Diode $U_D = U_{D,AP}$ ermittelt. Die Spannung am Widerstand ergibt sich einfach aus:

$$U_R = R \cdot I \tag{7.10}$$

Beispiel 67

Gegeben ist die folgende Schaltung einer Diode und ihre Durchlasskennlinie. Mit einer grafischen Lösung sollen der Strom I und die Spannungen U_V und U_D ermittelt werden.

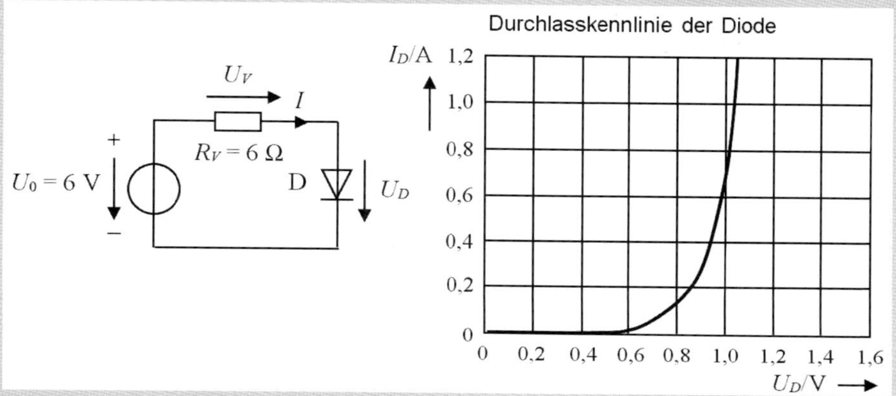

Abb. 156: Diodenschaltung mit Kennlinie der Diode

Lösung:

Die Maschengleichung lautet: $-U_0 + R_V \cdot I + U_D = 0$.

Aufgelöst nach dem Strom erhalten wir die Gleichung der Widerstandsgeraden (WG):

$$I = -\frac{1}{R_V} \cdot U_D + \frac{U_0}{R_V}$$

Der Schnittpunkt der WG mit der Ordinate ist für $U_D = 0$: $I = \frac{U_0}{R_V} = \frac{6\ \text{V}}{6\ \Omega} = 1{,}0\ \text{A}$.

Der Schnittpunkt der WG mit der Abszisse ist für $I = 0$: $U_D = U_0 = 6\ \text{V}$. Dieser Schnittpunkt liegt außerhalb des Zeichnungsbereiches der Diodenkennlinie. In die Gleichung der WG wird deshalb $U_D = 1{,}6\ \text{V}$ eingesetzt, dies ergibt $I_D = 0{,}73\ \text{A}$.

Die beiden Punkte $(0\ \text{V} / 1{,}0\ \text{A})$ und $(1{,}6\ \text{V} / 0{,}73\ \text{A})$ legen die WG fest. Der Schnittpunkt der WG mit der Diodenkennlinie ergibt den Arbeitspunkt AP der Diode. Auf den Koordinatenachsen wird abgelesen: $\underline{\underline{I = I_D \approx 0{,}82\ \text{A}}}$ und $\underline{\underline{U_D \approx 1{,}02\ \text{V}}}$.

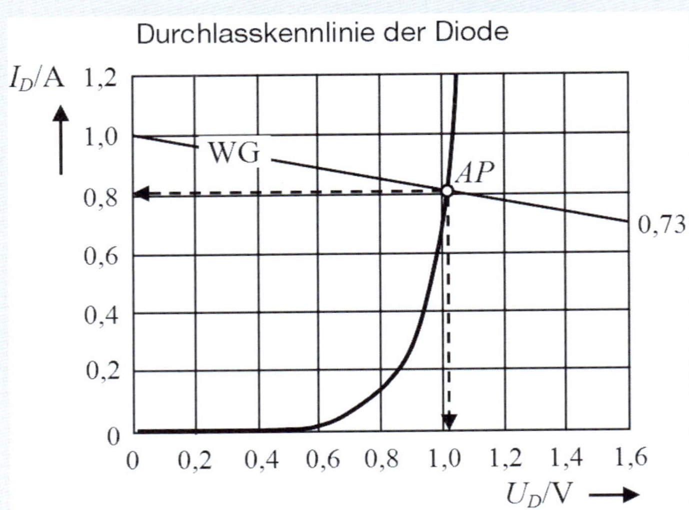

Abb. 157: Grafische Lösung mit Widerstandsgerader und Arbeitspunkt

Die Spannung am Vorwiderstand wird berechnet.

$$U_V = R_V \cdot I = 6\ \Omega \cdot 0{,}82\ \text{A} = \underline{\underline{4{,}92\ \text{V}}}$$

Anmerkung: Wegen der Zeichnungsungenauigkeit ist $U_V + U_D \neq U_0$

7.2.3 Grafische Reihenschaltung

Werden ein lineares und ein nichtlineares Element in Reihe geschaltet, so fließt durch beide Elemente der gleiche Strom, die Spannungen an den beiden Elementen addieren sich zur Gesamtspannung. Es gilt:

$$\boxed{U = U_R + U_N \text{ für alle } I} \qquad (7.11)$$

U_R ist die Spannung am linearen Element.
U_N ist die Spannung am nichtlinearen Element.

Entsprechend der Rechenvorschrift nach Gl. (7.11) erhält man die Kennlinie des Ersatzwiderstandes R_{ers}, indem die Kennlinien der in Reihe geschalteten Einzelelemente in Spannungsrichtung addiert werden.

Dieses Vorgehen gilt auch für die Reihenschaltung von zwei nichtlinearen Elementen. Bei der Reihenschaltung addieren sich die Spannungen. Daraus folgt eine punktweise Addition der beiden Kennlinien in Spannungsrichtung.

Beispiel 68

Mit der Reihenschaltung eines linearen und eines nichtlinearen Elementes kann die Wirkung des Bahnwiderstandes (siehe Abschnitt 7.1.2) der realen Diode erläutert werden.

In Gl. (7.2) wird angenommen, dass die ganze Spannung U_D an der Sperrschicht abfällt, bzw. dass der Widerstand der Sperrschicht groß gegenüber dem Widerstand des übrigen Halbleitergebietes ist. Bei großen Strömen ist diese Annahme nicht mehr zulässig. Der Bahnwiderstand R_B kann im Ersatzschaltbild der Diode durch die Reihenschaltung eines ohmschen Widerstandes mit einer idealen Diode berücksichtigt werden. Der Bahnwiderstand bewirkt eine Linearisierung der Kennlinie für große Ströme. Der exponentielle Stromanstieg geht mit zunehmender Durchlassstromstärke in eine Gerade über, da sich in horizontaler Richtung ein linearer Ast zum exponentiellen Anstieg der Diodenkennlinie addiert. In der Reihenschaltung von Diode und Widerstand addieren sich die Spannungswerte für jeden Stromwert. Der sehr steile Anstieg der Kennlinie einer idealen Diode ab der Schleusenspannung wird also durch den Bahnwiderstand oberhalb der Schleusenspannung flacher.

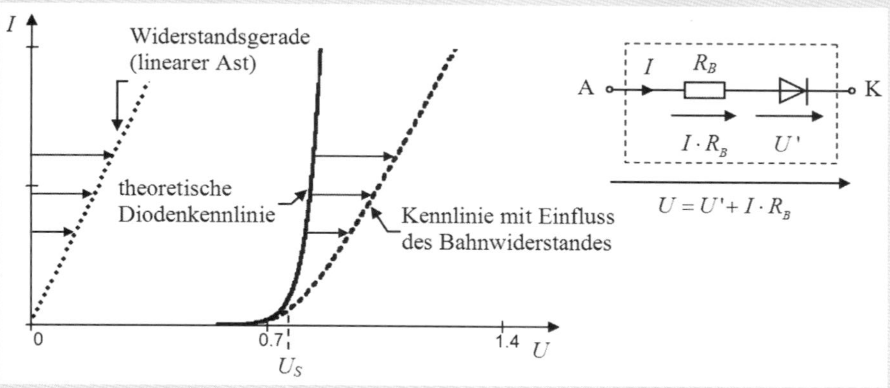

Abb. 158: Einfluss des Bahnwiderstandes auf die Durchlasskennlinie (links) und Ersatzschaltbild einer Diode mit Bahnwiderstand (rechts)

Beispiel 69

Gegeben sind die Kennlinien von zwei Dioden D_1 und D_2. Gesucht ist die Kennlinie der Reihenschaltung der beiden Dioden.

Lösung:

Bei der Reihenschaltung addieren sich die Spannungen. Die beiden Diodenkennlinien werden in Spannungsrichtung punktweise addiert.

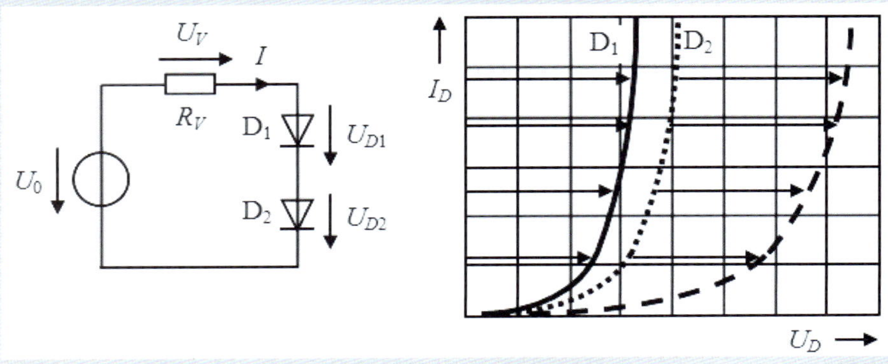

Abb. 159: Konstruktion der Kennlinie von zwei in Reihe geschalteten Dioden

7.2.4 Grafische Parallelschaltung

Bei der Parallelschaltung eines linearen und eines nichtlinearen Elementes liegt an beiden Elementen die gleiche Spannung, die Summe der Ströme durch die beiden Elemente addieren sich zum Gesamtstrom. Es gilt:

$$I = I_R + I_N \text{ für alle } U \tag{7.12}$$

I_R ist der Strom durch das lineare Element.
I_N ist der Strom durch das nichtlineare Element.

Die Kennlinie des Ersatzwiderstandes wird konstruiert, indem die Kennlinien der parallel geschalteten Einzelelemente in Stromrichtung addiert werden.

Beispiel 70

Es liegt eine Parallelschaltung einer Diode mit einem ohmschen Widerstand vor. Die Kennlinien der beiden Elemente sind gegeben. Die Kennlinie der Parallelschaltung ist zeichnerisch zu bestimmen.

Lösung:

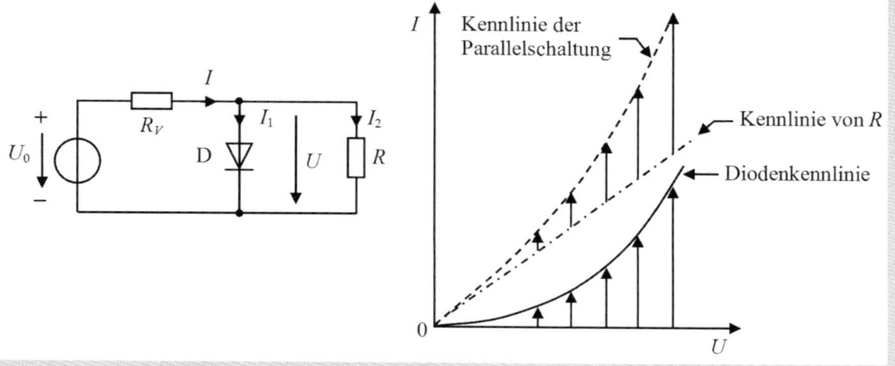

Abb. 160: Konstruktion der Kennlinie einer Parallelschaltung einer Diode und eines ohmschen Widerstandes

8 Literaturverzeichnis

Ahlers, H.: Grundlagen der Elektrotechnik I und II, Skript 2008, FH Wilhelmshaven

Albach, M.: Grundlagen der Elektrotechnik 1, Erfahrungssätze, Bauelemente, Gleichstromschaltungen, Pearson Studium

Baier, P. W.: Grundlagen der Elektrotechnik I, Uni Kaiserslautern, Juli 1998

Beuler, M.: Grundlagen der Elektrotechnik, Gleichstromtechnik

Dössel, O.: Lineare Elektrische Netze, Vorlesungsskript Uni Karlsruhe, Oktober 2008

Eppmann, K.: Elektrische Meßtechnik für Elektrotechniker, FH Osnabrück

Geiger, G.: Lektionen zur Vorlesung Messtechnik, 29.5.2009

Gellißen, H. D.: Netzwerke bei Gleichstromerregung, Eine Einführung, 2005

Götze, J.: Vorlesungsunterlagen Grundlagen der Schaltungstechnik, Uni Dortmund, WS 98/99

Grune, R.: Ergänzungen zu Grundlagen der Elektrotechnik, TU Berlin, WS 07/08

Kampert, K-H.: Physik für Bauingenieure, 4. Gleichstromkreise, SS 2001

Laur, R.: Grundlagen der Elektrotechnik für Produktionstechniker und Wirtschafts-ingenieure

Marklein, R.: Grundlagen der Elektrotechnik I, Uni Kassel, 2006

Mester, R.: Elektrotechnische und Digitaltechnische Grundlagen der Informatik, Uni Frankfurt

Petri, U.: Elektrotechnik I, Vorlesungsunterlagen Wintersemester 2002/03 FH Ulm

Prechtl, A.: Vorlesungen über die Grundlagen der Elektrotechnik, Band 1 und 2, Springer-Verlag

Rieger, M.: Vorlesung Technikgrundlagen

Schaub, G.: Elektrotechnik I, Skript FH Ulm

Schneider-Obermann, H.: Basiswissen der Elektro-, Digital- und Informationstechnik, Vieweg-Verlag, Wiesbaden 2006

Schröder, G.: Elektrotechnik für Maschinenbauer, Teil 1: Grundlagen, Vorlesungsskript Stand: 1.03, Uni Siegen

Skrotzki, T.: Elektrotechnik/Elektronik, Grundlagen der Gleich- und Wechselstromtechnik, Skript FH Südwestfalen

Steudler, K.: Einführung und Grundlagen zur Elektrotechnik, Berner Fachhochschule, 2004

Stiny, L.: Grundwissen Elektrotechnik, 6. Auflage, Franzis-Verlag, 2011

Stiny, L.: Aufgaben mit Lösungen zur Elektrotechnik, 2. Auflage, Franzis-Verlag, 2008

Stiny, L.: Handbuch aktiver elektronischer Bauelemente, Franzis-Verlag, 2009

Stiny, L.: Handbuch passiver elektronischer Bauelemente, Franzis-Verlag, 2007

Stiny, L.: Fertigung und Test elektronischer Baugruppen, Christiani-Verlag, 2010

Stiny, L.: Elektrotechnik für Studierende, Band 1: Grundlagen, Christiani-Verlag, 2012

Toonen, H.: Grundlagen der Elektrotechnik, Skript FH Gelsenkirchen

Weber, J.: Einführung in die Mechanik und Elektrotechnik, Gleichstromschaltungen mit linearen Bauelementen, Skriptum FH Köln, 2001

Weiß, P., Potchinkov, A.: Skript zur Vorlesung Grundlagen der Elektrotechnik, 7. Dezember 2005

Weißgerber, W.: Elektrotechnik für Ingenieure 1, Gleichstromtechnik und Elektromagnetisches Feld, Vieweg-Verlag, 2007

Wiesmüller, S.: Elektrotechnik

9 Stichwortverzeichnis

A

B

C

D

E

F

G

H

I

K

L

O

P

Q

R

S

T

U

V

W

Z